U0347207

装备科技译著出版基金

无线电监测自动化系统与组成

Radio Monitoring: Automated Systems and Their Components

［俄］安纳托尼·M. 让姆波夫斯基（Rembovsky A. M.）

［俄］亚历山大·V. 阿斯克敏（Ashikhmin A. V.）

［俄］弗拉基米尔·A. 科兹敏（Kozmin V. A.）　　　　著

［俄］谢尔盖·M. 斯莫尔斯基（Smolskiy S. M.）

　　王洪锋　王　瑛　赵书阁　陶雪娇

　　任兆瑞　李　强　张　弛　　　　　　　　译

国防工业出版社

·北京·

内 容 简 介

本书系统地介绍了自动化无线电监测系统、技术及其应用。描述了自动化无线电监测系统的功能组成;论述了系统的软硬件架构设计,包括信息交互和通信链路设计等内容;分析了辐射源的探测方法,并给出了自动化无线电监测系统的构建实例;讨论了无线电信号参数的测量方法以及干扰源定位算法;阐述了无线电信号分析系统的构建和功能实现。

本书可供高等院校信息与通信工程专业学生、教师和相关领域的工程技术人员阅读参考。

著作权合同登记 图字:军-2020-035号

图书在版编目(CIP)数据

无线电监测自动化系统与组成/(俄罗斯)安纳托尼·让姆波夫斯基(Rembovsky A. M.)等著;王洪锋等译 . —北京:国防工业出版社,2021.6 书名原文:Radio Monitoring:Automated Systems and Their Components ISBN 978-7-118-12346-3

Ⅰ.①无… Ⅱ.①安… ②王… Ⅲ.①无线电信号—监测—自动化监测系统—研究 Ⅳ.①TN911

中国版本图书馆 CIP 数据核字(2021)第 070598 号

First published in English under the title

Radio Monitoring:Automated Systems and Their Components by Anatoly M. Rembovsky, Alexander V. Ashikhmin, Vladimir A. Kozmin and Sergey M. Smolskiy

Copyright © Springer International Publishing AG,part of Springer Nature,2018

This edition has been translated and published under licence from Springer Nature Switzerland AG.

本书简体中文版由 Springer 出版社授权国防工业出版社独家出版发行。版权所有,侵权必究。

※

*国防工业出版社*出版发行

(北京市海淀区紫竹院南路 23 号 邮政编码 100048)

三河市腾飞印务有限公司印刷

新华书店经售

*

开本 710×1000 1/16 印张 25 字数 468 千字

2021 年 6 月第 1 版第 1 次印刷 印数 1—2000 定价 198.00 元

(本书如有印装错误,我社负责调换)

国防书店:(010)88540777 书店传真:(010)88540776

发行业务:(010)88540717 发行传真:(010)88540762

译者序

无线电监测技术在长期的发展实践中,形成了相对成熟的系统理论,同时随着科学技术的进步,又不断地在充实和更新技术手段并实现新方案。一直以来,关于国外无线电监测技术和系统发展,以美、英、法等国家为代表的监测系统和设备资料相对较多,而对于同样作为无线电频谱使用大国的俄罗斯,因为语言文字的原因和信息来源的局限,在此之前,还没有关于其无线电监测系统设计、实现和应用方面全面阐述的资料。

2018 年施普林格出版集团出版了 *Radio Monitoring：Automated Systems and Their Components* 一书,书中结合俄罗斯无线电监测系统主要制造商 IRCOS 公司在自动无线电监测系统研发的最新成果,系统地介绍了无线电监测设备的结构和功能、软件架构、无线电信号的处理算法等内容,为读者全面了解俄罗斯无线电监测技术发展,特别是实际系统设计和应用,提供了宝贵的参考。

基于此,在装备科技译著出版基金的大力支持下,由王洪锋牵头组织开展了全书的翻译工作,以期让更多的国内同行了解俄罗斯无线电监测领域的技术和系统现状,为我国无线电监测系统的改进发展,以及在无线电监测领域的国际合作,提供借鉴。

全书共 9 章,其中第 1 章、第 3 章以及前言、目录、缩略语、结论等部分由王洪锋翻译,第 2 章由李强、张弛翻译,第 4 章、第 5 章由赵书阁翻译,第 6 章由任兆瑞翻译,第 7 章、第 8 章由王瑛翻译,第 9 章由陶雪娇翻译。王洪锋负责全书的统稿工作。

在此特别感谢国防工业出版社唐应恒编审、辛俊颖编辑对本书编辑出版所做的大量工作。感谢羌胜莉、陶雪娇、吴凤贺、丛雨晨、李琨、杜鹏、金铁铭等在翻译过程中提供的咨询和校对工作。囿于译者专业基础和翻译水平,文中难免有疏漏或不当之处,还请广大读者和同行谅解并指正。

当今,我们见证了无线技术的突飞猛进,无线电通信与广播系统、电视系统和无线数据传输的发展日新月异。其主要的发展方向是提高系统容量、频谱效率和抗干扰能力,主要技术基础有包含码分和时分的复杂调制类型、超宽带信号技术、环境适应性技术,以及频率的再分配和重用技术等。

在民用领域,第二代 DVB – T2 数字电视系统正取代先前的第一代 DVB – T 数字系统。与第一代系统相比,第二代系统的信息传输速率提高 30% 以上。容量更大的 IEEE 802.11ac 标准系统取代采用 a/b/g/n Wi-Fi 标准的本地无线接入系统,得到广泛应用。在蜂窝通信网络中,LTE 技术广泛应用,较之前的 UMTS 技术更具有优势。

在军事领域,无线通信和控制技术得到快速发展。现代战争的概念是将军事装备的系统运用整合到可靠的一体化信息网络中,确保为指挥部和各作战单元实时提供可靠完整的状态和命令信息。无线电通信系统作为军事信息网络的关键要素,在从战术单元到战略层面的所有指挥层级得到全面应用。

无线电监测方法也有必要随着监测对象的发展与时俱进。无线电监测内容与综合电磁态势密切相关,包括无线电频率范围和频率占用情况,高频电子设备,用于工业、医疗和科研的高频装置以及工业干扰源等。在不增加员工数量的前提下,我们有必要采用现代化的自动化监测系统,实现对日益复杂任务的高效管理。无线电监测任务效率和准确性的提高,可将操作人员从重复烦琐的日常工作中解脱出来,从本质上提高劳动生产率。

本书在施普林格出版集团 2009 年版《无线电监测问题、方法和设备》一书的基础上,结合 IRCOS 公司自动无线电监测系统研发的最新成果,进行了扩充和完善。书中包括无线电监测设备的结构和功能、软件架构、无线电信号的处理算法等内容,目的是实现开阔地域或管制区域内,辐射源的搜索检测、参数测量和识别定位。

第 1 章阐述了自动化无线电监测系统的架构,可用于国家、地区和街区等不同层面的民用和军用系统构建。本章描述了各自动化单元(主要包括无线电监测设备、硬件系统架构和软件系统)的功能,并给出了 ARMADA 和 ASU RCHS

"Universiada – 2013"自动化无线电监测系统构建实例。

第2章探讨了建筑物中、有限区域和开阔地域内未授权辐射源的探测方法。对未授权辐射源进行分析并介绍了探测的不同阶段划分,以及需要使用的无线电监测设备。根据不同的应用环境,介绍了 AREAL 自动化无线电监测系统的构建实例,主要包括广阔的纵深区域、开放地域的管制区域、完全封闭区域和室内等,并对系统构建的典型示例进行了介绍。

第3章阐述了自动化无线电监测系统功能实现的软件架构。该软件将地理上分散的无线电监测设备集成起来,基于风险决策机制、集中数据存储和系统状态自动控制,为用户提供了交互操作界面,并能够生成报表和报告文档,还可以与外部信息系统交互。

第4章概述了自动化无线电监测系统的硬件架构。介绍了控制中心、控制点以及监测站点的布设,并介绍了自动化系统各节点间通信链路的设计。

第5章阐述了自动化无线电监测系统的监测功能组成,主要包括数字无线电接收机(DRR)、自动无线电测向仪和便携式无线电监测设备,并介绍了它们的系统结构和信号处理方法。

第6章讨论了无线电信号参数的测量方法,这些参数是无线电通信业务频率中空域规划中所必需的。主要包括模拟和数字信号的中心频率、占用带宽、电磁场强度、无线电干扰强度以及无线电频谱的占用情况。

第7章在介绍角度、幅度、时标、频率和到达时差一般测量方法的基础上,综合提出了干扰源定位算法,给出了到达时差系统的构造实例,并介绍了系统中无线电接收机的同步算法,这对于高精度干扰源定位计算十分必要。

第8章详述了电视和无线电广播信号的监测,介绍了数字电视信号的技术特点、数字电视信号分析仪以及广播内容多路监测自动化系统。

第9章介绍了无线电信号分析系统的构建和功能实现,系统主要用于数字通信和数据传输技术领域,包括 GSM、UMTS、LTE、DMR、APCO P25 和 Wi-Fi 技术等。系统以 ARGAMAK 系列无线电接收机作为基础设备,可在标准频率和非标准频率情况下进行无线电信号分析。

目　录

第1章

自动化无线电监测系统结构

◤ 1.1 引言

无线电频谱运用的管理方式需要不断改进,以适应无线电通信业务、无线电广播、电视系统、数据无线传输系统以及雷达和无线电导航技术的蓬勃发展。和土地、水等其他自然资源一样,无线电频谱(或者说无线电频率资源)作为有限的自然资源,于国家而言对其合理使用同样具有重要意义。对于无线电频谱的监测必将促进无线电通信设备和系统的发展,以及新技术的工程实现。此外,它也将促进经济发展,提高国防能力,更好地维护法律和秩序,改善人们的生活和健康[1-4]。如果没有国家无线电管理系统,上述这一切都将无法实现。国家无线电管理系统的功能包括无线电频谱使用的规划、管理和许可,无线电设备的使用,开展国际合作和频谱运用方法研究等。

用于信息传输或工业领域的设备极其复杂,无线电波的传播过程以及干扰产生机制同样复杂,实际上无线电频谱即使经授权使用,也不能确保一定按计划输出结果。因而,无线电监测成为国家无线电管理系统最重要的功能之一[1-3]。

目前,最有效的无线电监测系统采用分级结构,将国家监测站、区域监测站、固定站和机动站集成到统一的计算机网络,该网络通过基于客户端/服务器技术的复杂软件技术实现系统的实时运行[2-3,5-7]。

在包括国际电信联盟(ITU)出版的手册、建议书等在内的国际技术文献中,所使用的"频谱监测"一词,可以由俄罗斯所使用的"无线电监测"一词代替。每个国家都基于国际频谱划分管理的既定通用规则和条例,立法明确了无线电监测的目标和任务[8]。

每个国际电联成员国为履行频谱管理职能,都在充分考虑国际规则的基础上制定本国的法律法规。这些法规明确了设备用频授权程序,包括发射机特性的规范和标准。

1

根据文献[3]所述,在国家层面开展频谱管理工作的主要业务有:

- 频谱规划和立法;
- 频谱管理的经济事务,包括收缴频谱使用费用;
- 频段划分和分配;
- 频率指配和频率使用许可;
- 与国内其他部门业务交互;
- 国际和区域合作;
- 标准化和确定无线电设备技术要求;
- 无线电监测;
- 监督检查授权用户在频谱使用中履责情况;
- 实现频谱管控支持,包括计算机自动化、开发频谱使用方法和培训等。

无线电频谱管控和无线电监测密切相关,正如文献[3,5]所述:

- 管控工作建立了用于发射功率控制的指配频率的官方名单;
- 管控工作提供受控频段和管控任务的相关信息;
- 无线电监测系统从管控系统接受特定任务,如干扰搜索和识别任务;
- 通过监测结果,检查指配频率的占用率;
- 在无线电监测期间,测量发射机参数,验证发射机与已建立的规范和颁发的许可证持有者的技术对应关系,并检测定位非法发射机以及参数与规范不一致的发射机。

无线电监测是频谱管理最重要的工作之一,通过对行政结果的实际监测来推动管控过程的实施。在进行频率指配之前,有必要了解它们的实际状态。

无线电监测通过实际测量信道特性和频带使用情况,获得信道业务统计数据并估计频谱效能,促进频谱控制常规业务实施。基于上述数据,可以比较理论规划和实际使用情况的差异,比较结果可用于计划校正。

无线电监测还用于频谱使用领域的职责落实执行。基于实际频谱占用数据,负责职责执行的机构可依据权限许可实现有效的频谱管理。

无线电监测与检测、通信检查功能紧密相关,能够实现对干扰信号、辐射信号技术和工作特性的识别和测量,并能够实现对非法工作发射机的检测和识别。

由于现有频率使用许可并不能确保频谱资源按预期使用,因此需要获得无线电监测信息。设备的复杂性、与其他设备的相互作用、故意滥用或误用等情况,都需要通过无线电监测来解决。由于地面系统和卫星系统数量的快速增长,以及计算机等干扰产生设备的大量使用,使得问题愈演愈烈。

无线电监测是国家无线电频谱管理的组成部分,同时也是国际无线电频率或无线电频道分配法律保护的组成部分。

在无线电监测期间,执行以下程序:

(1)测量和估计无线电电子设备和高频设备发射参数,检查发射参数与无线电频率分配决定确定的参数之间的对应关系,以及与国家标准和技术规范的对应关系。

(2)检查无线电调配规章的执行情况。

(3)检查在执行特殊措施以及紧急情况下,无线电电子设备所有者对无线电频谱使用的临时禁令和限制的履行情况。

(4)搜索和定位不按预期使用无线电频率的无线电电子设备,包括参与救援行动服务的应急遇险无线电频率设备。

(5)搜索和定位产生不可接受干扰的无线电发射源,以及不允许使用的发射源。

在不增加操作人员数量的前提下,采用现代控制管理技术,是解决愈加复杂问题的唯一途径。

自动化系统的使用提高了测量任务的完成率和准确性,使操作者从日常任务执行中解脱出来,提高了劳动效率。此外,在自动后台模式下,由于多任务报告和处理的可行性,测量设备的利用率也得到了提高,如无线电波段占用监测任务、无证运行的无线电发射机搜索任务、注册设备的参数验证任务等。因此,通过基于计算机的自动化技术来解决效率问题,自动化无线电监测系统能够完成越来越多的无线电监测任务。

无线电自动监测系统应具有必要的通用功能集,否则无法完成频谱监测任务。对于这些通用功能,首先要考虑以下内容[9]:

(1)以最大速率和分辨率进行实时全景频谱分析。

(2)快速搜索"新"辐射源,测量其参数并确定其来源。

(3)无线电频道监测、无线电信号记录及技术分析。

(4)测量无线电辐射源场强、无线电信号带宽,以及许可/非法辐射源的调制参数。

(5)无线电辐射源的测向和定位。

上面列出了军用和民用无线电监测任务的必需功能,包括民用部门进行无线电频谱管理而执行的无线电监测任务,以及军队进行无线电监视和电子对抗任务必须开展的行动。

根据国际电联参考资料,民用业务为规范无线电频谱使用,主要任务包括监测频率分配对应的辐射源情况、观测无线电频谱并测量频道占用率、查找无线电干扰源,以及压制未经授权的无线电辐射源(RES)等活动[3]。

为军事或民用机构的利益而运行的无线电监测和辐射源定位系统,主要任务包括辐射源识别、干扰检测,以及干扰源定位和主要特征参数计算等。

目前,世界上有许多无线电频谱管理系统:SMS4DC(ITU)、ICS套件(AT-DI)、Iris(TES频谱控制系统)、SPECTRA(LS Telecom AG)等[2,10-12]。所有这些系统都是基于客户端/服务器架构开发,具备与无线电监测系统相匹配的可行性,并能够处理无线电频谱监管机构的全谱监管任务。

最著名的无线电监测系统是SCORPIO(TCI)和ARGUS(Rohde & Schwarz)[13-14]。这两个系统都提供了相似的功能集,其中以下功能至关重要:

- 全景频谱分析;
- 信号解调和解码,并可记录;
- 信号技术参数的测量和分析,包括频率、电平、强度、带宽和调制参数的估计;
- 频谱占用率的测量;
- 无线电辐射源的测向和定位;
- 检测非法或未知源,并生成有关检测情况的信息。

现代无线电监测系统结构的关键点包括客户端/服务器架构、集中式数据库、无线电监测任务执行规划、与外部信息系统的交互。

客户端/服务器架构能够基于统一中心实现对地理分布式设备的控制,并支持多用户模式。在现代监测系统中,无线电监测设备的控制由服务器来完成,工作站作为客户端,即控制点。

集中式数据库为无线电监测系统提供了实际数据,对于那些参数超出授权范围的辐射源,可以完成信号参数的源识别和登记等任务。

任务规划人员优化无线电监测设备的工作内容,无须操作人员参与,也不需要与控制点保持不间断的通信信道,最大限度地发挥其效能。

与外部系统集成的接口能够接收来自其他系统的任务和参考数据,返回接收结果,并实现对无线电监测设备的控制。接口有两种类型:交换文件接口和实时协议接口。从实现的角度来看,第一种接口更通用,成本更低。第二种接口能够实现"无缝"的系统集成和无线电监测设备的高效利用。

通常,最有效的无线电监测系统是由无线电监测设备的制造商或在其直接参与下开发的,因为在这种情况下,可以充分地发挥所生产设备的特性和特点,并能在开发过程中快速地实现软件现代化。

下面将分析国家自动无线电监测系统的一般构建原理。这些原理由IRCOS公司开发提供,旨在应用于民用和军用机构,其系统组成包括无线电监测设备、工程架构和软件支持。为了更好地说明情况,以下述实际的自动化系统作为案例进行介绍:ARMADA、AREAL和ASU RCHS UNIVERSIADA 2013。

1.2　自动化系统构建原理

目前,IRCOS 公司已经开发了各种用途和结构的自动化无线电监测系统(ARMS),并已交付民用、商用和军事机构使用。所有系统均基于统一的软硬件平台,包括无线电监测设备和配套软件。同时,根据用户对特定自动化监测系统的需求,系统的组成、配置和功能能够根据特定的目的和任务进行设计。

根据俄罗斯国家标准 GOST 34.003—90 定义,自动化系统由专业人员和基于信息技术实现指定功能的自动化设备组成[15]。对于自动化无线电监测系统,包括必需的无线电监测设备、软件和基础设施,如图 1.1 所示。

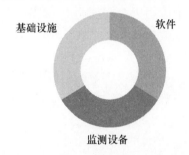

图 1.1　自动化无线电监测系统组成

IRCOS 公司生产的无线电监测设备,包括数字无线电接收机(DRR),如 ARGAMAK – IS、ARGAMAK – M、ARGAMAK – RS 等单通道接收机,ARC – D11 多通道接收机,ARTIKUL – C、ARTIKUL – M、ARC – RP3 M 等无线电测向仪,以及接收测量天线系统(AS)、各种支持旋转装置,上述系统是组成无线系统的主要设备。通过集成所有无线电监测设备构建监测系统,无线电接收机以 ARGAMAK 系列数字无线电接收机为基础,具有宽带同步分析、高运算率和大动态范围的特点。

所提供的软件包括 SMO – ARMADA 专用软件,该软件是自动化系统软件的主要组成部分,以及 SMO – PPK、SMO – BS、SMO – DX 等用户软件包[16-18]。软件采用开放式客户端/服务器构架,大量使用网络技术,能够灵活调整系统以适应任务规模、组织架构和功能等方面的特殊需求;并具备多任务规划模式、人工操作模式和后台工作模式下运行的能力。

SMO – ARMADA 软件的客户端/服务器架构由小型客户端、应用服务器和数据库服务器组成;能够最小化服务器和客户端之间的数据传输量,减少应用服务器和数据服务器之间的数据传输,并简化功能更新和软件升级程序。

基础设施包括数据传输系统、服务器设备、监控设备机房和天线杆装置安装专用平台等。

由于采用了统一的软硬件平台,IRCOS 公司提供的所有自动化系统都遵循通用的系统构建和功能组成原则。以下是与此相关的重要原则:

- 设备的分级架构和灵活控制;
- 规模调整的可行性;
- 运用地理和信息技术;
- 开放统一的设备控制协议;
- 与外部信息系统的交互能力;
- 具备自动(计划、后台)模式和手动(操作)模式执行无线电监测任务的能力;
- 设备任务执行、诊断和自诊断的决策机制。

自动化系统遵循分级设计原则,即任何系统的下节点在上节点的控制下运行。如图 1.2 所示,系统由控制中心和控制点、无线电监测站、可以作为节点的独立无线监测设备(控制服务器采用同类软件)等组成。

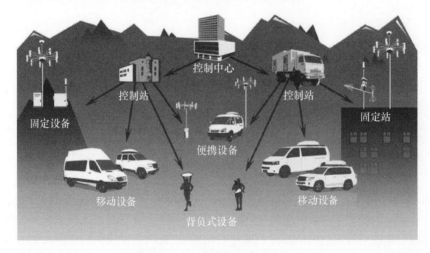

图 1.2　自动化系统的三级结构

第一级是控制中心(CC),第二级是控制点。控制点实际上执行与控制中心相同的功能,但属于下一个级别。例如,如果是国家级的系统,则控制中心对位于各地区的控制点进行控制。再低一级的是无线电监测设备:固定站、移动站、便携站、背负站,以及综合设施设备。系统中的设备量和控制层级数由系统应用规模确定,可以构建具有 4 级或更多控制级别的系统。显然,自动化系统中的控制结构应与所属主管部门的控制结构一致[2-3]。

上级节点的控制服务器从下级(受控)服务器获取信息,下一级的控制服务器也可应急访问无线电监测设备。三级系统中控制服务器间的相互关系如图 1.3 所示。节点的任务分配既可以由较高的级别执行,也可以直接由较低的级别执行,这样可以对本地事件做出快速响应。下级控制服务器可以控制一台或多台无线电监测设备。

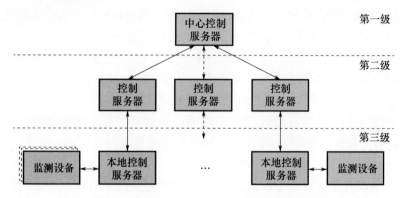

图 1.3 三级系统中控制服务器间的相互关系

节点之间通过封闭信道进行设备控制和数据传输。在最简单的示例中,采用了受保护网络的虚拟专用信道(Open VPN)技术。并提供了公共、备用和应急通信信道间的自动切换。一般来说,对于固定设备,有线或光纤信道用作公共信道,无线信道用作备用和应急信道。移动设备和背负设备通过无线信道进行控制。

系统用户使用自动化工作站(AWS)工作,相当于小型客户端。这使得对设备的灵活控制成为可能。设备灵活控制的几种方式如图 1.4 所示。

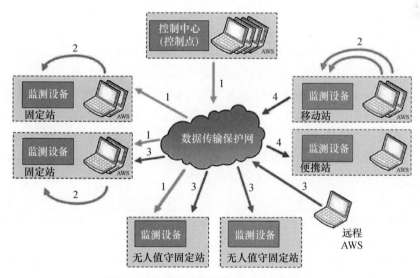

图 1.4 无线电监测设备的几种控制方式

根据管理和安全政策规定,在 AWS 工作的特定操作员能够控制设备、制订计划或操作任务。在用户访问无线电监测设备和存储在控制服务器数据库(DB)中的数据方面,采取了灵活的权限和优先级调整机制。在获得本地或远程 AWS 的必要许可后,操作员可以控制系统中的任意设备。

自动化系统具有可扩展性,能够在新增节点或层级工作。层级和节点的数量由应用系统的特性决定。当系统规模是单独的区域或地区时,可以只有控制中心而没有控制点,控制中心直接为无线监测站制订任务计划并获得结果,即系统只有两级结构。作为一种极端的情况,对于独立操作的设备,如测向仪或测量接收器,系统只有一个层级,可以在连接到设备的计算机上工作,ARMS 软件的服务器和客户端都安装在该计算机上。

(1)控制中心将任务分配给 3 个固定站的测向仪,其中两个是有人值守站、一个是无人值守站。

(2)站内操作员基于所属设备完成无线电监测任务。

(3)远程 AWS 操作员(如位于另一个城市)为 3 个固定站的测向仪制订任务计划。

(4)移动站的操作员基于便携设备进行远程操作。

为有效地完成无线电监测任务,必须掌握监测设备和无线电监测对象的相对位置关系以及定位特征,因此自动化系统采用了地理信息技术。地图子系统支持多种格式的矢量地图,包括 PANORAMA 全景地理信息系统、INGIT、MapInfo 等,也支持免费的互联网开源街区地图。此外,还可以将图像的光栅图形格式的图像用作电子地图。

图 1.5 给出了一个带有电子地图图像的 SMO – ARMADA 客户端接口片段,基于 5 个测向仪的无线电辐射源(RES)测向结果。

电子地图上显示了选自数据库的无线电辐射源(RES),固定、移动和便携式无线电监测设备以及包括控制中心在内的其他系统节点。机动台站的运动轨迹如图 1.6 所示。

当发生无线电监测事件或技术事件时,在电子地图上标出事件发生的位置。系统运行的决策机制将在后续章节详细讨论。

自动化系统使用开放式统一协议实现设备控制。基于开放式统一协议开发使得自动化系统不仅适用于 IRCOS 公司的设备,也可用于其他制造商的设备。该协议用于控制下述所有类型的无线电监测设备:提供测量结果和服务信息传输的固定、移动、便携式和背负式设备。专用软件(设备驱动程序)将协议的统一命令转换为特定设备接收的命令序列,与监测设备端的协议交互,用于完成对系统外部制造商设备的操作控制。现有操作和软件无须改动即可执行新增附加命令,这一方式在协议中广泛采用。换言之,如果需要启用新设备的一些功能,则在协议中添加系统原有设备驱动程序中没有的附加结构即可。

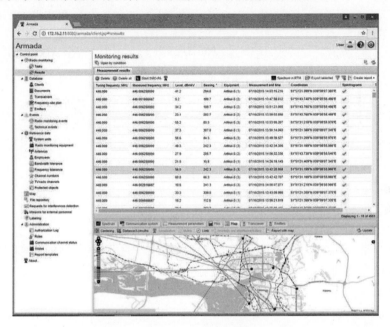

图 1.5　带有电子地图的软件窗口片段

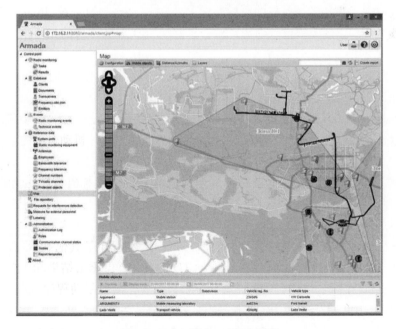

图 1.6　机动台站运动轨迹示例

数据交换基于使用 Web 服务、http 或 SOAP 的 xml 文档实现,也可使用 FTP 协议实现。与外部无线电频谱管理系统的信息交换示例如图 1.7 所示。

图 1.7   ARMS 与频谱使用控制系统之间的信息交互

在自动化系统中,实现了基于计划和操作模式的设备运行方式,提供了必要的无线电监测任务解决方案。其中包括:

- 监测信号参数;
- 测量发射参数;
- 比较无线电辐射源特性的标称值和测量值;
- 搜索干扰和未经授权的辐射源;
- 本地和室内无线电辐射源定位;
- 测量无线电频谱占用率;
- 监测模拟和数字无线电广播和电视,以及蜂窝和无线通信系统。

在计划模式下,位于系统节点的设备根据预定计划由任务驱动自动运行。可以在系统中的任何一台自动工作站进行任务分配,其执行队列基于制定任务的操作员优先级确定。节点控制服务器生成计划并完成任务,将执行结果传输保存在节点控制服务器的数据库中。当与较高节点的通信信道失效时,计划任务将继续执行。位于节点上的本地服务器控制任务的执行。当通信恢复后,将执行结果发送到制定任务的节点,并根据需要调整发送到更高级别的服务器。

计划模式使得操作员能够基于自动工作站控制大量不同类型的设备。自动任务执行使得无线电监测设备得到最大限度的利用,包括执行后台无线电监测任务——低优先级的计划任务,例如,电磁环境估计、新辐射源搜索、辐射源规范与许可检查,以及无线电频率占用测量等。

事件的记录保存在系统节点数据库中,在数据库中记录事件发生的位置,并根据预先设置调整传输给上级节点进行决策。除了在屏幕上显示消息和在软件界面上显示事件列表外,最终信息还显示在本地电子地图上和被监视对象的任务计划中,并可通过电子邮件和短信自动传输。

自动化系统采用的决策机制,为无线电监测任务方案制订和 ARMS 系统效率提高提供了风险导向的解决方案。

目前,IRCOS 公司研发的最著名的无线电监测系统是 ARMADA 和 AREAL 自动无线电监测系统。此外,在俄罗斯联邦喀山举办的第 27 届世界大学生夏季运动会期间,IRCOS 公司提供的 ASU RCHS UNIVERSIADA 2013 自动化系统,成功完成赛事无线电频谱管理工作。

ARMADA 自动无线电监测系统用于本地无线电监测,包括辐射源检测、测向、定位和识别,测量辐射源发射技术参数并与规范和许可比对。该系统提供有关频率实际使用情况的信息,并能对新型无线电信号进行技术分析。AREAL 无线电监测系统用于检测信息泄漏的技术信道,搜索未授权无线电辐射源并进行技术分析,在监视区域和市内进行辐射源定位。AREAL 无线电监测系统的两级结构如图 1.8 所示。

便携设备

车载移动设备

背负式设备

室内便携和固定设备

图 1.8　AREAL 无线电监测系统的两级结构

ARMADA 自动化无线电监测系统设计用于国家级无线电监测,通常有三到四个控制级别。而在典型 AREAL 系统的两级结构中,每个系统节点都参与到自身区域目标或相邻区域目标的监测活动中。ARMADA 和 AREAL 系统均由统一控制节点控制。

除通用特性外,ARMADA 和 AREAL 系统存在一些差异,这些差异是由其应用的特殊性决定的。

（1）ARMADA 自动化无线电监测系统目的是用于本地运行,其工作范围可扩展到更大的区域,甚至可以覆盖整个国家领土,而 AREAL 自动化无线电监测系统则用在有限的区域内和目标内工作。

（2）ARMADA 自动化无线电监测系统用来对非法使用的无线电辐射源,以及有意和无意干扰进行检测、识别和定位,这些无线电辐射会妨碍合法无线电设备的正常运行。更为重要的是,检测、识别和定位非法辐射源是 ARMADA 的主要功能。

（3）在 ARMADA 自动化无线电监测系统使用中,测量无线电辐射源的发射参数并确定其位置,目的是为国家主管部门实施无线电频率业务管理时,监测辐射源与授权许可和工作规范的对应关系。通常,AREAL 自动化无线电监测系统不具备完成类似任务的功能。

此外,在本章中,我们将回顾自动化无线电监测系统中使用的无线电监测设备,并将以 ARMADA 和 ASU RCHS UNIVERSIADA 2013 自动化系统作为示例加以说明。在第 2 章中将详细介绍各种 AREAL 自动化系统的典型应用。

◢1.3 监测设备

目前,在 ARGAMAK 系列数字全景无线电接收机的基础上,一系列可远程控制的国产现代化高性能多功能无线电监测和测向设备,在自动化无线电监测系统中得到有效应用,适用于各种环境和气候条件。设备提供了多种实施方案:固定无人值守式、陆基和空基移动式、车载及便携式,还有背负式[19-20]。工程实现上的创新应用到设备和控制软件中,其方法和设备已成功申请专利[19]。本节让我们熟悉一下自动化系统中使用的典型无线电监测设备。

首先,介绍固定无线电监测站 ARCHA - IN 和 ARCHA - INM。这些站采取无人值守方式工作,通过远程进行控制,不需要现场人员。通常,这些站位于人口密集区域、大城镇和工业中心。所需要的站点数量由区域面积、当地条件、给定区域内无线电辐射源的数量等确定。为确定辐射源坐标,监测地区内的任何一点应在设备工作覆盖范围内,至少在两个测向仪或测向站覆盖范围内。

ARCHA - IN 是无人值守固定无线电监测站。它由两个主要设备组成:ARTIKUL - C 相关干涉测向仪和 ARGAMAK - IS 全景测量数字无线电接收机(测量电磁场强度的设备)。ARTIKUL - C 无线电测向仪天线系统,以及 ARGAMAK - IS 接收机的远程射频传感器和测量天线,安装在多层建筑物的屋顶上,如图 1.9 所示。该设备置于有特殊保护的安全柜(箱)中,使其能够

在露天放置而不需工作间,如直接放置在建筑物屋顶上。环境温度适应范围
应为 -55 ～ +55℃。

　　集成无线电接收机直接固定在圆形天线阵列基座上,包括在台站结构中,这
是 ARTIKUL - C 无线电测向仪的显著特征。这种结构方案消除了天线效应,并
可提供高灵敏度和高精度的测向能力。对于大于 1.5MHz 的表面波的短波范围
内信号测向能力,是另一个富有吸引力的特征。测向仪的工作频率最高可
达 8000MHz。

图 1.9　ARTIKUL - S 无线电测向仪和
ARGAMAK - IS 接收机的远程射频传感器和
测量天线的天线系统

　　ARGAMAK - IS 数字接收机的测量天线采用非定向有源天线。定向天线也
可安装在支撑旋转装置上,如图 1.10 所示。目前,监测站使用的 ARC - KNV4
变频器,工作频率范围为 0.009 ～ 18000MHz。

　　ARCHA - INM 同样是无人值守固定无线电监测站。它与 ARCHA - IN 的不
同之处在于它由一个安装在天线架上的接收模块构成。接收模块中包括 AR-
GAMAK - IS 全景测量接收机,以及用于信号接收的附加同步信道。这种解决方
案使得在一个设备中集成测量接收机和相关干涉仪成为可能。ARCHA - INM
无线电监测站如图 1.11 所示。

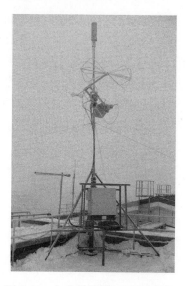

图 1.10 包含旋转装置测量天线的 ARGAMAK – IS 全景测量接收机

图 1.11 ARCHA – INM 无线电监测站

与 ARTIKUL – C 无线电测向仪一样,ARCHA – INM 中的接收机集成在天线系统的基座上。射频传感器天线安装在圆形测向天线阵列上,用来实现电磁场强度的测量。经由馈线的数据和控制命令,是通过以太网接口(双绞线或光纤)以数字形式进行传输。通过这种方式,传输以下命令和数据流:射频信号、频谱以及解调信号等的时间采样数据。利用集成数字接收机和数字接口进行数据传输,完全消除了馈线中的天线效应,提供了高灵敏度与高精度的测向和信号参数测量,保持了良好的动态范围,可以使用长达 100m 或更长的馈线。此外,还简化了测量路径的校准。

除固定站外,监测系统通常还包括具有测量和测向设备的移动站。利用移动站配合使用,可以基于最少的固定站点提供必要的覆盖区域,降低系统成本。

移动站可以快速机动到固定设备覆盖范围以外的区域。当辐射源采用小功率发射机、强方向性天线,且距离较远时,采用固定站进行监测变得困难或无法实现,而移动站可以有效地完成无线电监测操作。移动站可以集成到自动化无线电监测系统工作,也可以独立工作,实现无线电辐射源的参数测量和定位。

像大众汽车卡拉维尔、梅赛德斯奔驰斯宾特、福特全顺等各种面包车、丰田陆地巡洋舰、瓦滋爱国者等增强动力越野车,都可以用作移动无线电监测站 AR-GUMENT – I 的装载车。装配瓦滋爱国者上的移动测量站 ARGUMENT – I 如图 1.12 和图 1.13 所示,可以看到位于前排座椅后面的工作台。在四驱面包车福特全顺上安装的移动站如图 1.14 所示。

图 1.12　瓦滋爱国者车载移动测量站 ARGUMENT – I

图 1.13　瓦滋爱国者车载移动
测量站的操作员工作台

图 1.14　福特全顺车载的
ARGUMENT – I

　　移动站配置的无线电监测设备因监测目的不同而有所差别。通常,移动站配置有相干测量自动测向仪 ARTIKUL – M 和测量接收机 ARGAMAK – IS。最高配置(不改变天线系统)的移动测向仪 ARTIKUL – M 工作频率范围为 1.5 ~ 8000MHz。移动站可以在自动监测系统控制下工作,也可以独立工作,在运动和静止状态都具备工作能力。即使在运动中的独立工作,也可以提供无线电辐射源位置的高精度计算。

　　自动化监测系统中广泛使用便携(可移动)设备。这类设备的重量和尺寸更小,更便于车辆运输或由一个或多个操作员随身携带。

　　在没有供电的地方和开放区域,往往采用类似的设备作为固定或临时监测

15

点。它们可以在运输车辆无法抵达的山区或缺乏道路的地方,现场快速部署,也可在市内建筑物屋顶作为临时监测点使用。

ARGAMAK – RSS 作为紧凑型无线电监测和技术分析系统,基于数字测量接收机——射频传感器 ARGAMAK – RS 的加固版。系统包含全向射频传感器天线、GPS/GLONASS 天线、带有应急蓄电池的电源单元和控制器。

ARGAMAK – RSS 系统用于实现高频、甚高频、超高频和微波范围内无线电信号的搜索、检测、识别、记录、解调、频谱和技术分析,以及场强和信号参数测量,在分布式系统的结构中也可用于无线电辐射源定位。整个接收器尺寸不超过 300mm × 300mm × 150mm,质量不超过 7kg。系统外视如图 1.15 所示。

ARCHA – IT 移动式无线电监测和测向站如图 1.16 所示。其组成与 AR-CHA – INM 固定站类似,主体部分是用作测量接收机的数字全景接收器 ARGA-MAK – IS。ARCHA – IT 的附加(第二)射频信号接收信道,使其具备信号参数测量和相关干涉测向能力。

图 1.15　ARGAMAK – RSS 系统外观

图 1.16　基于 AS – HP5 天线系统的
用于监测和测向的 ARCHA – IT
移动式无线电监测和测向站

与 ARCHA – INM 站型类似,接收机直接安装在靠近天线系统的位置,这样能够提供更高灵敏度的测量和测向能力,以及更大的动态范围。与 ARCHA – INM 站型的不同之处在于 ARCHA – IT 使用质量轻、尺寸小的可拆卸天线。便携式天线系统 AS – HP5 用于测向,同时安装射频传感器天线用来测量电磁场强度。此外,还可以使用安装在二维或三维支撑旋转装置上的其他测量天线组,如图 1.17 所示。为了提供 1.5 ~ 8000MHz 的工作频率范围,该站配备了 AS - HP - KV 和 AS - HP2 天线系统。

图 1.17　带有三维支撑旋转装置 ARC - UP3D 和天线组的 ARCHA - IT 测量站

ARTIKUL - MT 移动式自动相干测向仪如图 1.18 所示。ARTIKUL - MT 用于无线电态势监测。它使用双通道数字无线电接收机 ARGAMAK,而不是测量接收机。由于对参数稳定性没有严格要求,装载接收机的盒子与 ARCHA - IT 站接收机的盒子相比,结构更简单,尺寸更小。AS - HP - KV、AS - HP2 和 AS - HP5 可变天线系统的工作频率范围为 1.5 ~ 8000MHz。

图 1.18　ARTIKUL - MT 移动式自动相干测向仪

ARTIKUL – H1 是背负式宽带自动相干测向仪,适用于固定、移动和背负站型谱。AS – HP – KV、AS – HP1、AS – HP2 和 AS – HP5 可变天线系统为测向仪提供了 1.5 ~ 8000MHz 的工作频率范围。

在固定站型谱中,测向仪的天线系统安装在天线架上,最高可达 6m。在临时监测点工作时,天线系统安装在折叠三脚架上,测向仪的外视如图 1.19 所示。

图 1.19　在临时监测点工作的 ARTIKUL – H1

在移动站型谱中,测向仪的天线系统借助磁性支撑安装在汽车车顶,如图 1.20 所示,也可安装在由透波材料制成的行李箱中,如图 1.21(a)、(b)所示。

图 1.20　基于磁性基座天线系统的 ARTIKUL – H1

18

(a) 关闭行李箱　　　　　　　　　　(b) 打开行李箱

图 1.21　带有天线系统的 ARTIKUL – H1

背负站型谱中,有一个特制的带有肩带和腰带的轻质帆布背包,可变天线系统和双通道全景无线电接收机 ARGAMAK – 2K 可连接其上,如图 1.22 所示。背负监测站的总质量不超过 16kg。

图 1.22　ARTIKUL – H1 在背负站型谱中的应用

ARTIKUL – P 便携式自动相干测向仪主要用于在临时监测点工作,如图 1.23 所示。天线系统由两个圆形天线阵列组成,第一副天线采用平面天线单元,具有横向折叠结构;第二副天线采取可拆卸设计。与其他设备一样,ARGA-MAK 系列设备的集成数字无线电接收机也可以放置于无线电测向仪天线系统基座中。在折叠状态下,可将测向仪放入特制的便携细管中。包含天线架、锁紧机构、支撑线和锚杆在内的天线系统总质量不超过 24kg。第二副天线的工作频率范围为 25 ~ 3000MHz。

图 1.23   ARTIKUL – P 便携式自动相干测向仪

ARC – D11 双通道全景数字无线电接收机,采用防震箱式设计,如图 1.24 所示。作为便携式无线电接收机,ARC – D11 的主要目的是解决楼宇和建筑物中未授权无线电辐射源的搜索任务。ARC – D11 全景数字无线电接收机基于 ARGAMAK 系列宽带模块,可使用两个相干接收通道有效搜索未经授权的无线电辐射源。

图 1.24   ARC – D11 双通道全景数字无线电接收机

　　通过系统组合，ARC – D11 可提供一个参考源和多达四路天线"信号"接收。为了扩展监测区域，它可以与 ARC – BUVM 双通道控制模块连接，从而提供与接收天线相连 8 个远程模块的额外连接。

　　ARC – D11 可用于本地无线电监测及测向。在具有可更换天线系统 AS – HP – KV、AS – HP1、AS – HP2 和 AS – HP5 的组合中，工作频率范围为 9kHz ~ 8000MHz，ARC – KNV4M 工作频率范围最高可达 18GHz。

　　ARC – RP3M 和背负式测量装置 ARC – NK5I，主要用于开放区域和建筑物内的无线电监测，以及无线电辐射源的精确定位。ARC – RP3M 无线电测向仪的操作示例如图 1.25 所示。除了具备对带宽不重叠的模拟调制和数字调制的无线电信号进行全景频谱分析、检测和手动测向功能外，测向仪还提供 GSM、DECT、无线 Wi-Fi 设备基站和用户站的识别和目标测向。在本地操作中，测向仪具有辐射源坐标自动计算及本地电子地图显示功能。

图 1.25　ARC – RP3M 无线电测向仪

　　在 AREAL 系统中，双通道和单通道无线电接收机，如 ARC – D11、ARC – D1T 和 ARGAMAK – 2K，带有一组外部天线和远程接收机 BUVM 模块，用于搜索目标内未授权辐射源。

具有 0.5MHz 带宽的附加模拟信道,是 ARGAMAK 系列数字无线电接收机产品的重要功能,对于复杂电磁条件下消除数字信道过载非常重要,同时观测带宽高达 24MHz。该系列产品有 ARGAMAK – IS、ARGAMAK – RS、ARGAMAK – CS、ARC – D11、ARC – D1、ARCHA – INM、ARTICUL – C、ARTICUL – M、ARCHA – IT、ARTICUL – MT 和 ARTICUL – T。

ARGAMAK – IS、ARGAMAK – M、ARC – KNV4 和 ARGAMAK – RS 等测量设备提供状态测量证书和许可方法,用于规范测量,并充分考虑 ITU – RSM. 328、ITU – RSM. 377、ITU – RSM. 378、ITU – RSM. 443、ITU – RSM1268 和 ITU – RSM. 1880 建议书有关内容。

在监测台站和监测系统中,基于 ARGAMAK 系列数字无线电接收机的无线电监测设备,提供信号测量、全景频谱和矢量信号分析功能。此外,还能够检测 APCOP25、DMR、GSM、UMTS、LTE、IS – 95、CDMA2000、EV – DO、TETRA、DECT、DVBT/T2/H 和 Wi-Fi 等电信系统的服务标识符和参数。

ARGAMAK – IS 和 ARGAMAK – RS 数字无线电接收机具有根据全球导航卫星系统(GNSS)以及 GLONASS/GPS 信号的同步功能,可将参考振荡器的频率不稳定性从 10^{-9} 降低到 10^{-12},并实现接收信号频率的高精度测量。它提供包括频率在内的数字电视信号参数的测量功能。基于许可方法,频率估计的相对误差不超过 $\pm 5 \times 10^{-11}$,信号电平测量误差不超过 $\pm 1dB$,频带测量误差不超过 $\pm 0.1\%$。测量误差值满足欧洲标准 P55696—2013 和 P5939—2014,以及俄罗斯国家无线电频率委员会规范。

在 ARGAMAK – IS 和 ARGAMAK – RS 中实现 GNSS 同步,使得检测到达接收机的信号时间成为可能,精度可达 20~50ns,这样就可以使用到达时差法计算无线电辐射源坐标,而不需要使用测向仪。定位精度取决于无线电接收机的数量、相互之间的位置、无线电信号接收条件、接收信号的带宽以及其他参数等。在包含测向仪和测量接收机的系统中,通过利用信号到达时间、电平和角度信息的混合算法,提高了无线电辐射源定位的准确性。

▲ 1. 4 ARMADA 自动化无线电监测系统

ARMADA 自动化无线电监测系统适用于以下任务的解决方案:

(1)通过自动化的控制管理来完成无线电频谱监测并提高其使用效率。

(2)实施无线电电子设备的任务计划和操作状态监测。

(3)测量无线电电子设备的发射参数与规范、许可证和国际电联建议书的符合性。

（4）自动实施、处理和存储无线电监测结果。

（5）比较无线电系统的标称特性和测量值的一致性,比较无线电频谱和设备用户的管理信息以及技术信息的一致性。

（6）搜索干扰源和未经授权的辐射源。

（7）实现设备控制过程的自动化,为广阔区域无线电态势感知提供无线电监测。

（8）获取有关无线电频谱占用的全面信息,以便无线电频谱资源的规划使用。

（9）监控模拟和数字电视以及蜂窝和无线通信系统。

ARMADA 自动化无线电监测系统的结构基于应用需求设计,可根据要求进行调整。在此以一个小国规模的国家级无线电监测系统为例,系统具有以下特性:

（1）分级构建,为系统中的高级监测节点提供对每个低级节点的访问权限。

（2）对于所有级别的节点采用相同类型的软件,其配置和功能集由系统节点的用途确定。

（3）基于开放协议实现无线电监测设备控制。

（4）可以使用外部制造商的无线电监测设备。

（5）软件的开放式架构,使其可接入其他软件子系统、模块和组件,包括来自外部制造商的软件。

系统功能如下:

（1）以手动(操作)和自动(计划、后台)模式执行无线电监测任务。

（2）为远程控制的系统节点分配任务。

（3）监控任务执行过程。

（4）在节点和控制中心的数据库中存储任务及其执行结果。

（5）在所需的时间间隔内自动分析任务执行结果。

（6）根据给定的模板生成报告。

（7）频率指配数据库的导出和导入操作。

（8）使用地理信息技术表示系统节点的结构和状态、无线电监测设备的位置和无线电监测结果。

（9）存储组织管理文件、获批计量方法和参考信息。

（10）系统节点和无线电监测设备的远程故障诊断。

（11）自动检查无线电监测设备的检定周期和工作时间。

ARMADA 自动化无线电监测系统可以与无线电频谱控制系统集成工作。

为了实现国家级的无线电频谱监测,该系统设计了 4 个层级结构,由以下节点组成:国家控制中心、地区控制点、县级控制点以及无线电监测设备。国家地图上各节点实际位置示例如图 1.26 所示。为针对当地环境快速响应,除了控制中心外,还设有区域和县级控制点,这些控制点与国家无线电监测架构相对应。ARMADA 自动化无线电监测系统的国家级监测方案如图 1.27 所示,可以在高级别监测点监控低级别监测点无线电监测任务的执行情况。

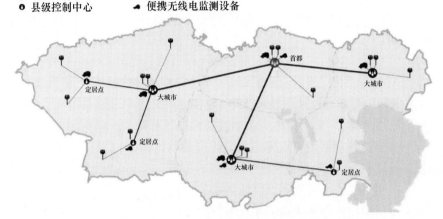

图 1.26　ARMADA 自动化无线电监测系统控制节点布局示例

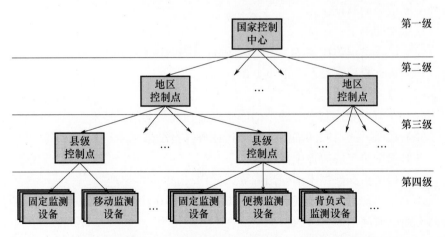

图 1.27　ARMADA 自动化无线电监测系统的国家级监测方案

低级别节点的无线电监测设备,由高级别节点根据其优先级来实施控制。ARMADA 自动化无线电监测系统包括以下无线电监测设备:

- 用于无线电监测的固定电台和综合设施;
- 移动台站;

- 便携式(可移动)设备;
- 背负式设备。

居民区无线电监测的可能设备组成如表 1.1 所列,设备配置和套量因面积大小和人口多少而有所不同。所需无线电监测设备的数量和组成由无线电监测法规、居民区面积、当地无线电辐射限值、建筑特征、人口数量和无线电辐射源集中程度及其特征确定。

表 1.1 居民区无线电监测的可能设备组成

序号	居住点	人口/千	面积/km²	监测设备	数量
1	首都	>1000	>500	ARCHA – INB	3
				ARTRIKUL – S	4
				ARGUMENT – I	3
				ARGAMAK – RSS	10
				ARTIKUL – P	1
				ARC – RP3M	3
2	城镇 1	<1000	250~500	ARCHA – IN	1
				ARTRIKUL – S	2
				ARGUMENT – I	1
				ARGAMAK – RSS	5
				ARC – RP3M	1
3	城镇 2	<500	<250	ARCHA – INM	1
				ARTIKUL – H1	1
				ARTIKUL – MT	1
				ARGAMAK – RSS	5
4	乡村	<100	<50	ARC – RP3M	1
				ARGAMAK – RS	3

为实现最大覆盖范围和快速响应能力,在大城镇布置固定无线电监测站,用来监测严重的频谱占用情况。这些台站提供无线电辐射源的探测、定位以及参数测量,目的是检查与规范和许可证的对应关系。在复杂的城市环境之外的其他区域,需要监测的无线电频率源基本上较少,因而固定无线电监测设备数量也随之减少。为了通过测角法获取无线电辐射源坐标的计算结果,如使用固定站 ARCHA – IN、ARCHA – INM 或 ARTIKUL – SN 工作,当地的任意被监测点都应处于至少两个监测站测向仪的覆盖区内。

固定设备的电磁覆盖区域大小由许多因素决定,其中包括无线电监测设备接收天线的架设高度、灵敏度以及辐射源的功率大小。例如,ARTIKUL – S 测向仪分别在频率范围 25 ～ 100MHz、天线架设高度 40m 和频率范围 800 ～ 2000MHz、天线架设高度 50m 两种条件下,基于 Egli 模型[21]计算功率 4W 的辐射源时,检测区域的半径分别为 11.5km 和 12.4km,如图 1.28 所示,能够定位 200km^2 范围内的辐射源,这已经足够覆盖小型居民区。而对于大城镇,需要增加固定无线电监测设备的数量,例如,额外增加一个测向仪,以将定位区域扩大 1.5 倍。

不仅可以通过测角方法来实现无线电辐射源定位,也可通过到达时差方法,以及基于紧凑型固定监测组件 ARGAMAK – RSS 构建无线电传感器网络的组合方法实现。

在小型居民区,考虑到可能只需要一个或数个传感器,以自动工作模式进行无线电干扰和非法无线电辐射源的检测。如果同时需要基于到达时差法进行无线电辐射源定位,至少需要部署 3 个传感器。

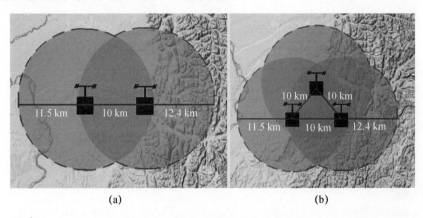

(a)   (b)

图 1.28 两个和 3 个测向仪的电磁覆盖区域

对于包含少量无线电电子设备的居民区,可以采用两级无线电监测系统,以减少无线电监测工作的费用。通常,大多数违规行为是未经许可的无线电电子设备工作。这种违规行为可以通过便宜的紧凑型设备,例如,无线电传感器来检测,而无须使用昂贵的无线电监测设备。在第一阶段,对违规行为进行检测,然后在第二阶段,视情由移动无线电监测站前往上报违规的区域,准确定位和测量违规辐射源,并对其违规情况进行登记。

ARMADA 自动化无线电监测系统由位于首都的控制中心实施控制。地区级控制点实现与控制中心相同的功能,但是在较低层级上,控制点可以布设在固定站或移动站。

除基于固定设备构建测向网络外,还可以使用移动台站(ARGUMENT－I 或基于 ARTIKUL－H1 的移动组件)或便携式设备(ARCHA－IT、ARTIKUL－MT、ARTIKUL－P)实现。便携式设备可以快速运输到所需区域,并可与任何固定测向仪组合以扩展定位区域,或者完全在固定设备的覆盖区域之外定位无线电辐射源。因此,移动设备和便携式设备主要用于小功率发射机、高方向性发射天线、远距离的无线电辐射源等监测场景,基于固定设备监测变得复杂或无法实施的情况。此外,因为移动和便携式设备具备在移动或静止时直接实施辐射源定位的能力,它们也可以独立工作。像 ARC－RP3M 等背负式设备可以用作完成监测任务的"最后一公里"设备,它们可以在汽车无法抵达的地方工作。

ARMADA 自动无线电监测系统中使用的固定和移动无线电监测站以及便携式和背负式设备的组成,功能和技术特性的更详细信息,请参见文献[19－20]。

测量设备对 ARMADA 自动化系统的运行具有重要意义。现代化的系统构建、电路系统和软件解决方案、柔性制造和动态调整技术,使得研发出一组数字全景测量无线电接收机成为现实,这些接收机基于 ARGAMAK 系列的数字无线电接收机设计,同步信号分析带宽高达 22MHz。测量设备通过有线或无线信道实现本地控制或远程控制,因而具备接入自动无线电监测系统中使用的条件。所有测量设备都具有模块和组件状态及操作参数的嵌入式诊断系统,诊断信息基于 SNMP 协议进行传输。

测量设备 ARGAMAK－IS 和 ARC－KNB4M 可以在安装温控装置和防水安全柜(盒)后,直接放置在露天,无需工作间。在 ARGAMAK－IS 和 ARC－KNV4M 测量设备的基础上,开发了一系列固定和移动测量站及系统,如 ARCHA－IN、ARCHA－INM、ARGAMAK－ISN 和 ARGUMENT－I。便携式测量接收机 ARGAMAK－M 用于 ARC－NK5I 测量系统中。

ARGAMAK－IS 测量接收机是 ARGAMAK－RS 加强版测量无线电接收机的原型,用于实现 HF、VHF、UHF 和微波范围内无线电信号的参数测量,无线电信号的搜索、检测、识别、记录、解调、频谱与技术分析,并在分布式系统结构中进行无线电辐射源的定位。为了消除复杂电磁情况下测量接收机 ARGAMAK－IS 和 ARGAMAK－RS 数字信道的过载,增加了带宽为 500kHz 的嵌入式附加模拟信道。相比而言,小尺寸的测量数字接收机使其能够直接嵌入到天线系统中,由于路径损耗减小、转换接头减少和更好的匹配性,提高了灵敏度和测量精度,并且在有附加相干接收路径时,使得构建相干测向仪进行高精度测量成为可能。

测量接收机 ARGAMAK－IS、ARGAMAK－M 和 ARGAMAK－RS 为 GSM、UMTS、IS－95、CDMA2000、EV－DO、TETRA、LTE、DECT、Wi-Fi、APCOP25、DMR 格式,以及数字电视 DVB－T/H/T2 的数字通信网络的数据传输,提供了所有必

要的测量参数类型,包括电磁场强度、频率、发射带宽、解码和服务信息分析。接收机 ARGAMAK – IS 和 ARGAMAK – RS 具有通过 GPS 和 GLONASS 全球导航卫星系统信号的同步功能。这使其能够实现接收信号频率的高精度测量,例如,测量 DVB – T2 单频网络的信号参数,或设计实现综合测量信号到达时间和信号电平信息进行位置计算的无线电辐射源定位系统。

IRCOS 公司生产的测量设备拥有俄罗斯国家授权证书。测量结果符合 ITU – RSM.328、ITU – RSM.377、ITU – RSM.378、ITU – RSM.443 和 ITU – RSM.1880 建议书和俄罗斯联邦国家标准 P52536—2006 和 P53373—2009。根据批准的方法,测量以下参数:

- 峰值、准峰值、均方根(RMS)、场强平均值和功率密度;
- 无线电辐射源频率(非调制信号、模拟幅度调制和频率调制信号、数字调制信号);
- 基于 XdB 和 b/2 方法表示的无线电信号带宽;
- 调幅系数;
- 调频信号的频率偏差;
- 频移键控信号的频移;
- 数字调制信号的调制速率;
- FM 立体声广播的副载波频率;
- 包括中心频率高精度估计在内的数字电视信号参数;
- 频道占用率。

批准的方法还规范了测量实施方法,对基于统一协议的无线电监测设备,通过 TCP/IP 协议进行网络远程控制。

除了 IRCOS 公司生产的测量设备外,其他厂家的设备也可用于 ARMADA 自动化无线电监测系统,它们可以通过开放的统一协议连接到监测系统中。

▲1.5 ASU RCHS UNIVERSIADA 2013 自动化系统

2013 年 7 月 6 日—17 日,第 27 届世界大学生夏季运动会在喀山市(俄罗斯联邦)举行,来自 162 个国家的 12000 多名代表参加了 27 项运动,共获得 351 枚奖牌,创造了世界大学生运动会举办以来的纪录。为了举办好世界大学生夏季运动会,主办方使用了 64 个运动场馆,其中 33 个直接用于正式比赛。超过 12 万人参加了本次大学生运动会。3 家俄罗斯电视公司以及 13 家国际电视公司提供直播。每天,超过 30 名电视评论员、200 台电视摄像机和 15 个移动电视台投入到赛事直播中。

这种大规模的体育赛事不可避免地伴随着有限区域内无线电发射机的急剧聚集增长,如果没有有效的频率规划以及无线电电子设备的频率指配、检查、许可和对分配频率的实时可靠监测,赛事是不可能成功举办的。这就需要快速灵活地管理频率使用,现场即时处理有关电子设备的频率使用请求。在第27届世界大学生夏季运动会的准备和实施阶段,为了解决这些问题,使用了 ASU RCHS UNIVERSIADA 2013 自动无线电频谱管理系统,该系统是 ARMADA 自动化无线电监测系统的修改版,增加了大型公共活动频谱控制功能[22-23]。

1.5.1　系统组成和控制结构

用于构建无线电监测系统的设备如图 1.29 所示。

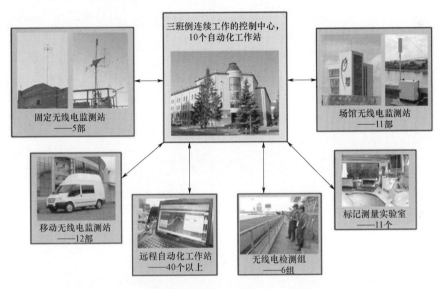

图 1.29　ASU RCHS UNIVERSIADA - 2013 的组成单元

- 无人值守固定无线电监测站(FRMS);
- 场馆无线电监测站(ORMS);
- 移动无线电监测站(MRMS);
- 便携式无线电监测设备,配备给无线电监测与干扰排查组(RMSG);
- 标记测量实验室(LML)。

无线电监测系统实现了设备控制的灵活配置。可以从控制中心、可维护站点的自动工作站、无线电监测系统,或接入系统的任意计算机(如交互机构的自动工作站)AWS 进行任务分配。为确保在系统内和本地网络内部传递的数据安全性,采用了加密措施。

各节点的数据库是系统软件最重要的组成部分。该数据库用来记录有关申请人、无线电频率和无线电电子设备的数据,以及基础设施、无线电监测设备和无线电监测数据。数据库提供了数据可视化、报告生成、将数据传输到其他信息系统等功能。

基础设施包括数据传输的链路及节点、业务无线电通信系统、数据传输设备、服务器设备和工程结构等。

1.5.2 无线电监测层级

喀山世界大学生运动会准备和比赛过程中的频谱控制行动分为 3 个监测级别:城区、赛会区域和监测目标。

使用来自 5 个遥控固定无线电监测点构成的监测网进行城区监测,能够进行测向、定位和无线电信号参数测量。

由 12 个移动无线电监测站组成的赛会监测区,提供了包括低功率辐射源在内的无线电信号参数的测向、定位和测量。赛会运动场馆(橙色旗帜)和 3 个无线电监测区域边界(第四个区域是位于市区以外的射击场)的位置如图 1.30 所示。在每个赛事区域,同时最多有两组移动监测系统以及配备有背负式设备的无线电监测和干扰排查组工作。

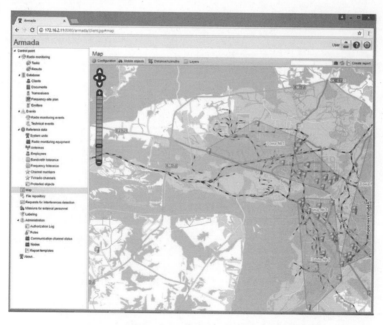

图 1.30　喀山世界大学生运动会无线电监测区域目标

采用 11 个场馆无线电监测站和配有背负式设备的 6 个无线电监测组,实施目标(本地)无线电监测,这样能够在那些难以抵达的地方搜索并定位干扰源。目标级的频率范围监测工作基于无线电监测决策机制在自动模式下进行。场馆无线电监测站对最重要的频率范围进行全天时扫描。如果未在 ASU RCHS 的账户数据库中注册的无线电辐射源开始广播,则关于该对象的无线电监测事件通知将出现在操作者的自动化工作站上,之后,根据当班操作者的决定,对未经授权的辐射源进行搜索和定位。

ASU RCHS 的员工被整合到操作控制中心,并分为控制中心人员和外部人员——标记测量实验室员工、移动无线电监测站和无线电监测与干扰排查组。

1.5.3　控制中心结构

在控制中心里,为操作员部署了 10 个自动化工作站,实现了对固定和场馆无线电监测点、移动站和无线电监测组,特殊运输和业务无线电通信系统的控制。控制中心值班人员的工作场景如图 1.31 所示。

图 1.31　控制中心值班人员的工作场景

在控制中心的子系统结构中,包括中央数据库的服务器设备组、员工工作用自动化无线电监测系统、视频墙、会议通信设备和视频会议系统。服务器设备包括 3 台服务器,其中 2 台已集成到一个集群中,第三台服务器用于存储系统数据的备份副本。控制中心服务器设备如图 1.32 所示。

通信和数据传输子系统在控制中心提供数据交换,并与外部节点——系统控制对象进行数据交换。网络设备能够基于两个互联网供应商运行(其中一个提供了主信道,而另一个用于数据传输的备份信道),在主通信信道异常和恢复正常后自动切换。通信子系统中还包括控制无线电通信服务网络操作的服务器,部署在数字通信平台 MOTOTRBO 上。系统结构中的业务无线电通信网络包含 3 个用于全市通信的转发器和 48 个用户站。转发器的天线系统及其设备分别如图 1.33 和图 1.34 所示。

图 1.32　控制中心服务器设备

图 1.33　电信塔上的业务无线　　　　图 1.34　业务无线电通信的转发器设备
　　　　电通信转发器天线

除了控制中心外,还在移动无线电监测站、标记测量实验室、无线电监测与干扰排查组、大学生运动会指挥部以及供电系统,部署了 40 多个远程自动化工作站单元。系统通过远程 AWS 实现了全面的监测操作。系统还设计有备份控制信道,在有线信道不可用时,自动切换到无线 3G 信道工作。

1.5.4　监测设备

在大学生运动会期间,主要使用了两种类型的固定无线电监测点。一种是固定无线电监测站,其天线系统安装在高层建筑屋顶;另一种是场馆无线电监测站,直接安装在大学生运动会的监测目标上。也用到了配备给无线电监测与干扰排查组的移动无线电监测站和背负式设备。无线电监测设备的布设使用情况如图 1.35 所示。

图 1.35　无线电监测设备布设使用示意图

大学生运动会准备和比赛过程中,固定无线电监测设备的部署位置如图 1.36所示。当大学生运动会闭幕后,城区范围不再需要部署高密度的场馆无线电监测站,因此,大多数场馆无线电监测站被转移到其他有人居住的地方用作测量站。

无人值守远控固定测量站 ARCHA – IN 是固定无线电监测站的主要设备,系统包括固定测向仪 ARTIKUL – C(1.5 ~ 3000MHz)和全景场强测试仪(0.009 ~ 8000MHz)。喀山部署的 ARCHA – IN 设备如图 1.37 ~ 图 1.39 所示。

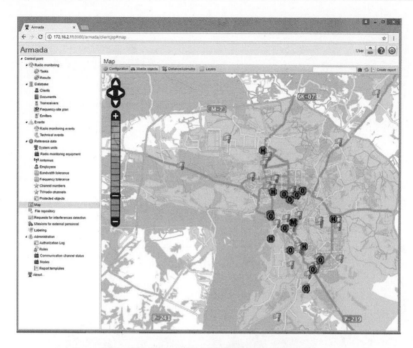

图 1.36　固定无线电监测设备的部署位置

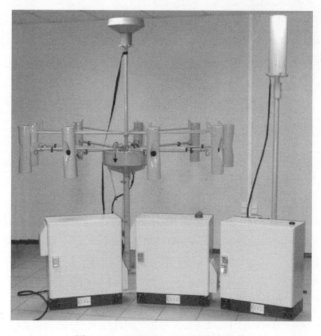

图 1.37　ARCHA – IN 监测站设备

图1.38 测量设备的天线系统

图1.39 测向仪的天线系统

场馆无线电监测点同样基于 ARGAMAK - IS 测量接收机设计,具有温控功能和防水安全柜(箱),配备有信号报警传感器,可将报警信号传递到 ASU RCHS。场馆无线电监测站直接安装在最重要的运动场馆,提供小半径范围内无线电电子设备的全天时监测,并对高频至特高频低端的无线电信号参数进行识别和测量,其中包括带有无线信道的电视摄像机,还对业务识别码、蜂窝通信系统参数以及无线接入信号进行分析。场馆无线电监测站的高端工作频率为 8GHz。几种场馆无线电监测站分别如图 1.40 ~ 图 1.43所示。

图1.40 船类运动中心(场馆无线电监测站天线用圆圈标记)

图 1.41　安装在船类运动中心屋顶的
场馆无线电监测站

图 1.42　位于"喀山竞技场"内的
场馆无线电监测点
（应急信道 MOTOTRBO 的
天线系统用圆圈标记）

图 1.43　"喀山竞技场"内安装的场馆无线电监测站天线

　　固定无线电监测站和场馆无线电监测站由控制中心远程控制,必要时可由移动站或无线电监测组进行远程控制。控制信息经有线信道传输。无线3G 信道及射频信道作为备份,基于业务无线电通信网络 MOTOTRBO 传输应急信息。

　　移动设备主要用于在辐射源发射机功率较小、发射天线方向性强、无线电辐射源较远等情况下,难以基于固定设备进行测量和定位的时机,执行无线电监测操作。

　　在大学生运动会期间,ARGUMENT－I 及其他类型的移动站被用作移动无线电监测站。所有移动无线电监测站都可连接到 ASU RCHS;不过系统仅对 ARGUMENT－I 移动站无线电监测设备进行直接控制。这些台站能够提供高达 43GHz 的无线电信号参数测量和 1.5 ~ 8000MHz 的自动测向。为了扩展至 43GHz 的监测范围和测向,以及作为标记测量实验室使用,将频谱分析仪和测量天线 P6－69(18000 ~ 40000MHz)集成到 ASU RCHS 系统中。ARGUMENT－IARGUMENT－I 移动站的外视图及用户工作站分别如图 1.44 和图 1.45 所示。

图 1.44　ARGUMENT－I 移动站在运动场馆附近工作

图 1.45　移动站的用户工作站

移动站和 ASU RCHS 之间的数据交换通过 3G 无线信道完成。此外,筹备期间对所有主要竞赛场馆都配置了移动站与互联网的有线连接,因此,当移动站在这些区域附近停靠期间,可通过以太网线缆有线连接互联网。

无线电监测组使用背负式设备来检测那些车辆难以抵达的地方,如高层建筑的屋顶、房屋内,以及大学生运动会的运动场馆。手持式测向仪 ARC – RP3M 以及带有一组定向天线的便携式接收器被用作背负式设备。无线电监测组的工作如图 1.46 和图 1.47 所示。

图 1.46　无线电监测组在体育场搜索干扰

图 1.47　体育场电磁态势监测手控测向仪
ARC – RP3M 用作无线电监测设备

1.5.5　用于国际性活动的子系统设计

为了完成大型公共事件执行期间的无线电监测任务,ARMADA 自动化无线电监测系统包括以下附加功能:

- 申请受理服务;
- 无线电发射机(射频源)的测试和标记。

申请受理服务用来自动考虑无线电发射机的使用请求。在大学生运动会的信息门户网站中,有一项服务是受理门户网站用户的设备使用申请。申请被自动发送到 ASU RCHS 的账户数据库,在那里它们将获取"已接受"状态。大学生运动会组委会的专家使用位于大运村的 ASU RCHS 自动化工作站,对收到的申请进行了初步处理并做出决定:拒绝申请并通知申请人,或继续处理。在继续处理的情况下,申请会变为"正在考虑"的状态。申请处理的流程阶段如图 1.48 所示。

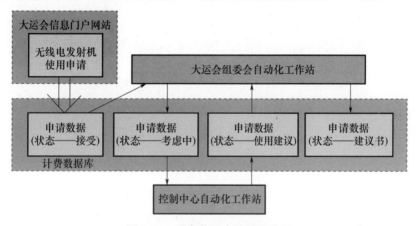

图 1.48　设备使用申请处理流程

所有处于"考虑"状态的申请都传递给控制中心的自动化工作站,由无线射频部门的专家进行处理。申请结果若是拒绝,则立即通知组委会员工,申请结果若是作为"计划",则被保存在数据库中。所有这些决定的做出,与运动场馆上的无线电发射机设备的频率——时间资源分配工作相伴而行。所有的申请经大运会组委会专家评估及进一步处理后,形成了"无线电发射机设备使用条件建议书"电子文件,授权申请人测试其设备并执行标记程序。

测试和设备标记子系统用于对设备参数与"无线电发射机设备使用条件建议书"的一致性进行技术审查,并用彩色标签标识设备。测试工作是检查无线电发射设备的真实技术特性(频率、带宽、电平)与颁布的建议书的符合情况。根据测试结果自动决定是否授权使用及进行设备标记。测试和标记工作通过固定部署在移动站的标记测量实验室完成。标记测量实验室的本地数据库通过网络数据传输自动与 ASU RCHS 的中心数据库同步。在通信信道通断的情况下标记测量实验室也可工作。标记测量实验室与控制中心数据库间的信息交互如图 1.49 所示。

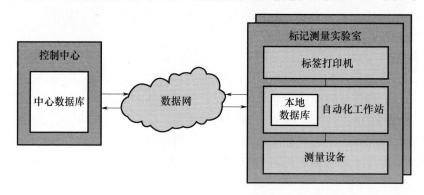

图 1.49 标记测量实验室与控制中心数据库间的信息交互

开始测试之前,设备使用者报告设备对应批准建议书的标识符。根据这组数字,需要检查的频率列表呈现在标记测量实验室员工的自动化工作站上。测试期间,自动比对带宽和频率测量结果是否在规范值的允许偏差范围。系统根据比对结果自动做出是否批准设备按建议书要求工作的决定。

如果基于测试结果做出批准的决定,将打印标签,并在数据库中将频率指配的状态更改为"有效"。标记标签粘贴在设备上并能准确识别。标签是"密封的"——如试图涂改时将自毁。标签包含大运会中一个目标或一组目标的标识符,设备在这些目标中允许使用;还包括设备允许使用期限和数据库中的设备标识符。设备测试和标记的顺序如图 1.50 所示,移动电视台卫星发射机参数测试的工作片段如图 1.51 所示,设备识别标签示例如图 1.52 所示。

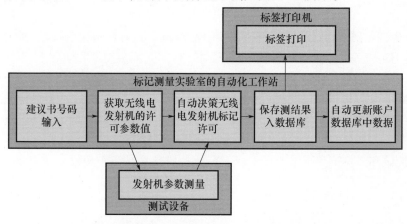

图 1.50 设备测试和标记的顺序

图 1.51 移动电视台卫星发射机参数检查

图 1.52 设备识别标签示例

测试和标记子系统可以打印包含所有必要信息的条形码。基于入口检查终端上扫描仪的条形码读取结果,可以跟踪被带入运动场馆的设备。由于涉及大量的大运会目标,以及相应的大量入口检查终端,需要培训大量的员工,因此 ASU RCHS 的这一功能没有在喀山大运会上应用。

1.5.6 无线电监测的实施

计划模式子系统根据给定的计划(时间表)自动完成无线电监测任务,包括信号参数的测量、本地无线电辐射源的定位、新辐射源的检测,已登记注册辐射源的发射参数监测并与规范值比较,以及频率和频带占用率的测定。在自动模式下操作的特殊意义在于系统可以灵活地处理那些使用频谱和时间掩模的无线电监测事件。这使得无线电监测设备能够在自动模式下检测干扰并监测射频设备的发射参数偏差。

在大运会准备和举办期间所产生的无线电监测事件,监测"受保护"系列设备,即允许用户使用的那些设备。包括大运会组委会使用的设备,以及应急和负责重要社会服务工作的设备。

同时控制大量设备,且在无控制信道的情况下能够自动执行任务,是自动任务实施子系统的主要特征。在自主操作状态下,任务执行结果被保存到本地控制服务器,这些服务器部署在设备的控制器上。在通信信道恢复后,任务执行结果将自动传输到中央数据库。

在 ASU RCHS 的界面中以计划模式显示任务执行结果的示例如图 1.53 和图 1.54 所示。

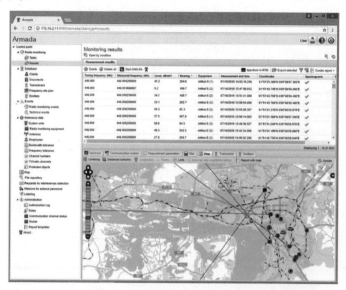

图 1.53　测向结果的地图展示

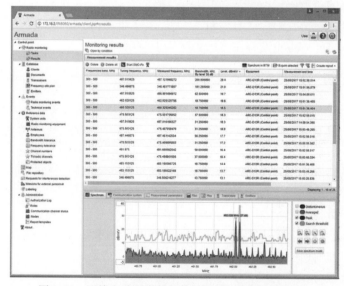

图 1.54　无线电监测事件的信号检测(掩模外的信号)

在搜索干扰源的复杂情况下需要做出必要的决定,或者在本地实施无线电辐射源的即时定位时,使用操作控制模式。在操作控制模式中,操作员直接实时控制必需的无线电监测设备组。该模式下,几个测向仪和无线电接收机同时同步或异步控制,进行账户数据的访问。

事实上,在大学生运动会期间,所有固定无线电监测设备都基于无线电监测事件自动完成任务。在事件出现时,如发现频谱掩模外的信号时,信息将传递给控制中心的操作员,他们开始在操作控制模式下进行详细分析,确定事件的危险程度并做出必要的决定。

操作控制模式窗口示例如图 1.55 ~ 图 1.58 所示。

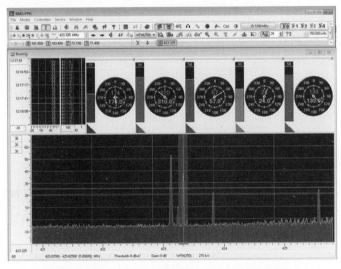

图 1.55　基于 5 个固定测向仪无线辐射源测向

图 1.56　无线电辐射源定位的地图展示

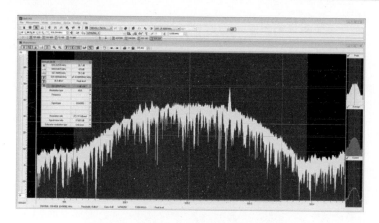

图 1.57　测量信号占用带宽和中心频率

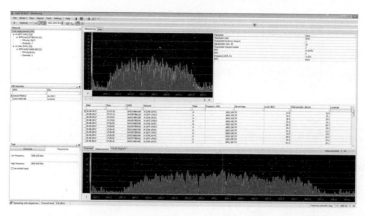

图 1.58　欧洲数字无绳电信系统(DECT)的基站参数测量

1.5.7　无线电监测系统部署方法

2010 年 9 月俄罗斯国家信息监控局高层决定采用部署 ASU RCHS UNI-VERSIADA 2013 方案,并基于任务计划模式工作,为喀山筹备和举办 2013 年第 27 届世界大学生夏季运动会提供无线电频谱管理。在该方案基础上,伏尔加地区政府明确了技术任务并组织招投标工作,IRCOS 公司被选为 ASU RCHS 的系统开发商、设备供应商和系统集成单位。

ASU RCHS 的实施分几个阶段执行,如图 1.59 所示。在 2012 年 4 月的第一阶段,部分设备交付试验方,包括两套场馆无线电监测系统和一套固定无线电监测系统、系统软件的测试版,并为无线电监测设备入驻态势中心和场馆进行了施工准备。在系统的试运行期间,检查解决方案的正确性,对软件进行必要的修订,并对发现的错误予以纠正。

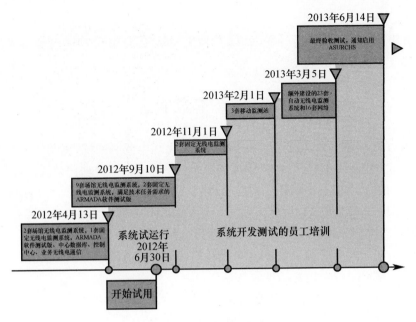

图 1.59　系统部署阶段

2012 年 7 月开始系统部署的第二阶段,完成中间件系统测试后,开始进行系统开发测试。

在开发测试阶段,对人员进行了培训,完成额外设备的交付,并且在大运会场馆进行了设备安装以及软件的修改。2013 年 4 月底,开始验收测试,时间持续了近一个半月。之所以进行如此长时间的测试,原因在于 ASU RCHS 系统复杂、功能全面,所有工作人员、高层领导都参与了该项工作。2013 年 6 月中旬,验收测试顺利完成,ASU RCHS UNIVERSIADA 2013 系统投入使用。

在喀山筹备和举办 2013 年第 27 届世界大学生夏季运动会期间,ASU RCHS UNIVERSIADA 2013 系统提供了地理分布式的固定、移动和背负式无线电监测设备的远程控制,无线电发射器的测试和标记,以及与外部信息系统的交互。系统提供了有效的人员管控、任务协调规划、监测任务执行并实时做出必要的决策。

在大运会筹备和举办期间,申请受理服务子系统共收到 285 个射频设备使用申请,拒绝了其中 39 个。在设备测试方面,配备了 10 个标记测量实验室,其中 2 个固定标记测量实验室、8 个移动标记测量实验室。共完成 8368 个射频设备的监测和标识,其中 6714 个地面移动业务设备、1364 个小工作半径设备、20个固定卫星业务设备、266 个固定业务单元以及 4 个雷达业务单元。

在大运会举办的 12 天期间,射频业务工作人员共发现违反频谱使用情况 207 次。

ASU RCHS UNIVERSIADA 2013 的使用经验,还应用到 2014 年索契冬奥会的无线电频率业务管理中。

◤1.6 本章小结

所有由 IRCOS 公司制造和交付的自动化无线电监测系统,都基于无线电监测设备和 SMO – ARMADA 软件组成的统一软硬件平台。自动化系统的客户/服务器结构包括小型客户端和应用程序,数据服务器具有以下不依赖于系统规模和目的的一般特性:

(1) 分级扩展架构,采用 Web 和地理信息技术。

(2) 基于开放控制协议,具备使用不同制造商设备的能力。

(3) 能够与外部信息系统交互。

(4) 以自动(计划、后台)和手动(操作)模式执行无线电监测任务。

(5) 任务执行决策机制,诊断和设备自诊断能力。

同时,特定自动化系统的组成、配置和功能由系统用户的目的和任务确定。

无线电监测系统的自动化单元由 3 个主要部分组成:无线电监测设备、工程技术基础设施和软件。它们提供所有无线电监测任务的解决方案,包括在室内外无线电辐射源的检测、识别和定位,以及无线电信号参数的测量。

所有基于 ARGAMAK 系列数字无线电接收机的无线电监测设备,包括自动化系统的监测站和系统,可以执行高精度测量和全景、频谱与矢量信号分析。此外,它们还能够确定电信系统的业务标识符和参数,如 APCOP25、DMR、GSM、UMTS、LTE、IS – 95、CDMA2000、EV – DO、TETRA、DECT、DVB、T/T2/H 和 Wi-Fi。

ARGAMAK – IS 和 ARGAMAK – RS 数字无线接收机通过来自 GNSS 的同步信号,使其能够使用到达时差方法来实现无线电辐射源定位,而不需要测向仪的帮助。在包含测向仪和测量接收机的系统中,采用基于信号到达时间、电平和角度信息的混合算法,提高了无线电辐射源定位计算的精度。

ARMADA 和 ASU RCHS UNIVERSIADA 2013 等系统具有分级结构监测系统,在其顶层都设有控制中心。当在国家范围内使用 ARMADA 系统时,通过增加控制点,减少本地射频业务的响应时间,例如,出现未经授权射频设备的杂散发射和干扰等情况的处置。

所有系统都具有共同的无线电监测中心数据库,其监测数据来自测量和测向点的本地数据库。反之,无线电监测账户和参考数据以及计划任务由监测中心传送到无线电监测点。只要操作员具有适当的访问权限,就可以从任何自动化工作站实施无线电监测设备的控制。

　　自动化系统可在手动操作和计划模式下运行。在手动操作模式下,操作员实时执行无线电监测设备的远程控制。在操作模式下工作时,操作员需要设置测量参数、时间间隔以及所需设备列表。

　　在自动化系统组成中,通过图形显示子系统说明无线电监测设备的当前状况(设备状况、网络可用性等),登记注册的射频设备及其主要特性,移动系统在规定时间间隔轨迹,构建组合规划,以及无线电辐射源定位等。数据传输通过有线通信信道(以太网、光纤)和无线通信信道(3G/4G)进行,并能够在信道故障时实现自动切换。

　　在 ARMADA 自动化无线电监测系统中,固定、移动、便携和背负式无线电监测设备都会用到。设备的组成和数量取决于许多因素:当地特征、建筑类型、工作的射频设备的分布和类型等。系统成本也是重要因素之一,为节省资金,可采用两级无线电监测系统,基于相对便宜的设备对违法事实进行检测定位,基于高精度测量设备测量结果进行违法者登记和处罚意见生成。所用设备的计量特性符合俄罗斯联邦和国际电联建议书中的规范及规则。

　　ASU RCHS UNIVERSIADA 2013 是 ARMADA 自动化无线电监测系统的一种,用于大型国际体育赛事中的无线电监测任务。该系统的特点是增加了一些附加功能,包括射频设备使用申请管理、测试和标记。在筹备和举办 2013 年喀山世界大学生夏季运动会期间,ASU RCHS UNIVERSIADA 2013 为地理分布式的固定、移动和背负式无线电监测设备提供了远程控制,对射频设备进行测试和标记,并与外部信息系统进行交互。该系统提供了有效的人员管控、任务协调规划、监测任务执行并实时做出必要的决策。

参考文献

1. About communication. Federal Law of the Russian Federation (as amended on 6 July 2016)

2. Handbook on computer – aided techniques for spectrum management (CAT)(2015). ITU – R, Geneva, 174 p

3. Handbook on national spectrum management (2015) ITU – R, Geneva, 333 p

4. Handbook on spectrum monitoring (2011) ITU – R, Geneva, 659 p

5. Recommendation ITU – R SM. 1537. Automation and integration of spectrum monitoring systems with automated spectrum management

6. Recommendation ITU – R SM. 1139. International monitoring system

7. Recommendation ITU – R SM. 1370. Design guidelines for developing advanced automated spectrum management systems

8. Radio Regulations (2012) ITU

9. Rembovsky A, Ashikhmin A, Kozmin V, Smolskiy S (2009) Radio monitoring. In: Problems, methods and e-quipment. Lecture Notes in Electrical Engineering. Springer, 507 p

10. Bykhovsky, MA (ed) (2012) Fundamentals of management of the use of the radio – frequency spectrum. Frequency planning of television and radio broadcasting networks and mobile communications. Automation of radio frequency spectrum management, vol 3. KRASAND, Moscow, 368 p

11. Intelligent Radio Monitoring System for Efficient Spectrum Management HYUN – SEOK YIM, YUN – HO LEE, KYUNG – SEOK KIM. Department of Radio Engineering Chungbuk. National University 12 Gashin – dong Heungduk – gu Cheongju Chungbuk, pp 361 – 763 SOUTH KOREA

12. Spectrum management system for developing countries (2015) Version 5. 0. ITU

13. Monitoring Software R&S ARGUS. Technical Information. ROHDE & SCHWARZ GmbH & Co. KG Mühldorfstraße 15. 81671 München. Germany. 25 – June – 2012, 8SPM – Kr, Version 5. 4. 6

14. SCORPIO Spectrum Monitoring System TCI INTERNATIONAL, INC. 3541 Gateway Blvd. Fremont, CA 94538 – 6585 USA

15. GOST (Russian State Standard) 34. 003 – 90. Information technology. Set of standards forautomated systems. Automated systems. Terms and definitions

16. SMO – ARMADA software package of automated spectrum monitoring. http://www. ircos. ru/en/sw _ armada. html. Accessed 28 Nov 2017

17. SMO – PA/PAI/PPK panoramic analysis, measuring anddirection finding software package. http://www. ircos. ru/en/sw_pa. html. Accessed 28 Nov 2017

18. SMO – BS Software packages for wireless data communication system analysis. http://www. ircos. ru/en/sw_ bs. html. Accessed 28 Nov 2017

19. The Catalogue 2017 of IRCOS JSC. http://www. ircos. ru/zip/cat2017en. pdf. Accessed 28 Nov 2017

20. Radiomonitoring: problems, methods, means (2015, in Russian). In: Rembosky, AM (ed) 4th edn. Hot Line – Telecom Publ. , Moscow, 640 p

21. Egli JJ (1957) Radio propagation above 40MC over irregular terrain. Proc IRE 45:1383 – 1391

22. Alekseev DA, Ashikhmin AV, Kobelev SG, Kozmin VA, Rembovsky AM, Sysoev DS, Tsarev LS (2014, in Russian) Features of automated spectrum management system at 27th Summer Universiade in Kazan, Elec-trosvyaz (4):34 – 41

23. Report ITU – R SM. 2257 – 2 (June 2014). Spectrum management and monitoring during major events. SM Series. Spectrum Management, 64 p

第2章

未授权无线电辐射源检测

◢ 2.1　引言

　　无线电通信和安全服务在过去和现在都需要解决下述关键问题:监管无线电通信法规执行情况并建立无线电频率设备使用秩序,保护政府和商业机密及公司间商业信息,对抗工业间谍活动,确保谈判和会议的机密性。由于管区和建筑物内使用的无线电用频系统数量急剧增加、种类不断增多,以及信息传输新技术的发展,需利用现代自动化无线电监测系统,在不增加操作人员数量的情况下,处理越来越多的复杂任务,检测未授权的无线电辐射源(RES)。

　　通过自动无线电监测系统以及配属无线电监测设备的应用,可以检测任何未授权的无线电辐射源,并对管制区或建筑物内、车内和其他目标内的非法辐射源进行定位。这些系统的主要用户有军方、监管部门以及警卫部门等[1-3]。

　　可以对无线电监测系统的应用领域进行分类,领域的不同决定了它们在结构和工程上的差异:

　　• 在没有固定无线电监测边界的管制区域,如反恐行动、训练演习和体育赛事;

　　• 在有管制要求的小区;

　　• 在房屋或多层建筑物内(定居点);

　　• 在单独的房间或车中。

　　本章基于典型系统介绍 AREAL 自动无线电监测系统的功能和组成,还讨论了未授权 RES 检测的主要方法,分析了在管制区域内、建筑物内和单独目标中自动化无线电监测系统(ARMS)的操作,并介绍了工程目标、建筑物和邻近区域内未授权 RES 的搜索和定位。

　　并对下述 ARMS 所属无线电监测设备的主要功能和特点进行介绍:

　　• 固定和移动无线电监测站 ARCHA – IN、ARCHA – INM、ARGUMENT;

- 便携式测向仪 ARTIKUL – H1 和 ARC – RP3M;
- 固定无线电监测系统 ARC – D15R,用于在受控场所(区域)内进行无线电监测;
- 便携式系统 ARC – D11,用于单独场所或车辆的无线电监测以及小区的无线电监测。

ARMS 控制软件的功能也将在本章进行介绍。此外,还重点介绍用于确定未授权辐射源及参数特征的技术分析程序。

2.2 用于管制区域和目标的 AREAL 自动化无线电监测系统

现代信息系统的不断发展,能够实现基于一个自动化工作站同时对多个设备进行集中控制,从而减少所需的人员和工作站数量,自动完成典型任务,必要时由操作员做出决策并处置意外情况。将设备集成到统一的信息系统,可以实现设备的集中远程控制、设备性能检测、不同用户信息的访问管理,以及获取信息的存储和处理。这种方法可以建立统一的辐射源账户数据库,降低系统部署、实现和支持的成本。这样就有利于实现面向风险的方法,即系统以自动方式解决既定任务,并向工作人员通报出现的意外情况(事件)。事件内容可能各不相同:存在潜在风险信号检测信息,或者设备故障信息等。应采取所有可用的通知手段,如显示器上的紧急通知或手机消息等,在最短的时间内将事件通知岗位人员。

AREAL ARMS 与 ARMADA ARMS 类似,主要由三部分组成:无线电监测设备,必要的网络、服务和工程基础设施,以及定制软件,如图 2.1 所示。

图 2.1 AREAL ARMS 系统组成

在开发软硬件平台时,充分考虑国内外自动化无线电监测系统的经验、优缺点,以及国际电信联盟的相关建议书[4]。该平台通过下述设计简化系统应用:具有扩展功能的开放架构、灵活的无线电监测任务生成系统,以及与其他信息系统集成的能力。

ARMS 设备基于 ARGAMAK 系列数字接收机[5-6]设计。工程基础设施包括用于数据传输的电缆线路和节点、服务器设备、工程结构(设备间等)。ARMS 采用基于客户端/服务器体系结构和 Web 技术的统一软件 SMO - ARMADA[7]。

AREAL ARMS 可以完成连续的、周期性的或单一的无线电监测任务,因此系统的组成根据应用场景而有所不同。AREAL ARMS 既可以在自主模式下使用,也可以在 ARMADA ARMS 的子系统(集群)中使用。

- AREAL ARMS 的主要任务是检测和定位未授权的辐射源,主要完成下述工作:搜索"新"的无线电辐射源、进行风险评估、定位辐射源并在电子地图上显示,以及将信息保存在无线电电磁环境数据库中。为此,AREAL ARMS 应具备如下功能:监测部署地区的频谱占用情况,获取有关实际频率使用情况的信息。
- 检测无线电电磁环境变化并探测新的无线电辐射源。
- 在该地区搜索和定位无线电辐射源。
- 对检测到的无线电辐射源进行分类,估计其用途或风险。
- 对于监测小区/区域、室内或车内的无线电辐射源提供数据库支持。
- 系统处理无线电监测结果,补充到数据库中。
- 在地图和目标平面图上显示系统结构和系统节点状态、无线电辐射源位置和无线电监测结果。
- 检测与无线电辐射源有关的无线电网络和无线电辐射方向。
- 监控无线电监测任务的执行情况。
- 自动分析所需时间内无线电监测数据的累积结果。
- 对参考数据库和结果数据库进行输入、输出操作。
- 自动监测设备运行时间及技术状态。
- 根据运行结果生成报告。

对于获取无线电辐射源使用相关信息的任务,不在本书的考虑之列。

▲2.3　AREAL ARMS 的典型系统

AREAL ARMS 设备根据使用条件可以归结为几个典型系统。AREAL ARMS 典型系统、每类系统的结构、系统运用的预期结果、所用设备的组成和基本功能,以及无线电监测的内容如表 2.1 所列。

　　对于建筑物内的无线电监测设备而言,可行方案是在每个监测室(区)内配置远程模块和参考接收模块,以确保优先接收与建筑物相关的外部无线电辐射。实践表明,可以利用放置于监测室一定距离的相邻房间(区)内的模块作为参考模块。

表 2.1　AREAL ARMS 典型系统

系统分类	处理的任务条件	监测持续时间	监测周期	预期结果
AREAL－1	边界监测和邻近地区	连续	—	新 RES 的坐标和参数,RES 数据库的终身升级
AREAL－2	当地管制区域(反恐行动、培训、运动、体育赛事等)	任务执行期	按需	新 RES 的坐标和参数,RES 数据库的终身升级
AREAL－3	在管制区域内,分两个阶段:第一阶段无线电监测和 RES 定位	根据无线电电磁环境评估结果	按需	RES 坐标以及可移动设备位置
	第二阶段进一步分析无线电电磁环境	取决于无线电发射强度	单次、循环或按需	更新了特定区域的 RES 参数和 RES 坐标数据库
AREAL－4	监控区域内的封闭管控区	连续	—	未授权 RES 的参数和坐标
	外部无线电辐射电平监测,在目标监测图上显示 RES 定位情况	按需	循环或按需	关于查处违规行为的建议
AREAL－5	建筑物(区)内远程无线电监测	连续	—	未授权 RES 的参数和坐标
	单独房间或车内的无线电监测	取决于无线电电磁环境	循环或按需	有关拒止信息泄漏的技术信道的建议

AREAL ARMS 的实际可用监测区域由任务设备、设备的电磁灵敏度以及其天线系统的高度决定。未授权 RES 定位精度取决于所用测向设备的仪器精度和同时工作的设备单元数量。

▲2.4　非授权辐射源检测设备

基于任务条件和 AREAL ARMS 系统能力,可以使用固定、移动或便携式的无线电监测设备完成非授权辐射源检测任务。固定和移动设备的特征如下:

(1) ARCHA、ARGUMENT 测量站所有无线电监测设备的技术和计量参数,完全符合国际电信联盟(ITU)建议书要求。

(2) 独立的自主控制点、多功能监测站及其性能特性,使其可以用于无线电通信服务和军事系统中。

(3) 固定站包括有人值守和和无人值守两种(工作温度的范围是从 $-55 \sim 55°C$)。

(4) 无人值守站的所有设备都有告警传感器(撞击、倾斜、打开/关闭等传感器)。

(5) 自动测向仪 ARTIKUL – C 和 ARTIKUL – M 是基于数字接收机 ARGA-MAK 设计,其同时分析带宽达 24MHz,工作频率为 1.5 ~ 8000MHz(不改变天线系统),单通道测向速率大于 100r/s,多通道测向速率高达 2500MHz/s。

(6) 无线电测向仪 ARTIKUL – S 的数字接收机嵌入天线系统,提高了系统精度、灵敏度和动态范围,消除了天线效应。测向仪天线系统的质量约为 30kg。

(7) ARCHA 和 ARGUMENT 监测站采用 ARGAMAK – IS 数字无线电接收机 (DRR),工作频率范围为 9kHz ~ 8000MHz,变频器高达 18(40)GHz 接收机。可以实时处理输入信号,最大同时分析带宽 22MHz,实时全景频谱分析速率为 6kHz/s ~ 10GHz/s。

(8) ARGAMAK – IS DRR 能够测量所有必要的无线电信号参数,包括电磁场强度、频率、无线电发射带宽以及许多其他参数。接收机还能够为 GSM、UMTS、IS – 95、CDMA2000、EV – DO、TETRA、LTE、DECT、DVB – T1/H/T2、DMR、APCO P25 等标准的数字通信网提供解码和服务信息分析。

(9) ARGAMAK – IS DRR 采用基于铷钟的高稳定参考发生器,能够通过软件实现 10^{-13} 阶分辨率的校频。这使得接收机同步时间不超过 ± 30ns,可采用到达时差(TDOA)方法进行无线电辐射源定位。

（10）ARGAMAK - IS DRR 可同时连接两副远程射频传感器设备天线（最高频率分别为 3 GHz 和 8 GHz）和多达 5 副附加天线，可以远程控制这些天线的收发转换以及方位角和极化方式调整。

移动式和便携式设备特征：

（1）移动式设备通常采用车载运输并在停车时工作，而便携设备通常由操作者自行携带。

（2）大多数测向仪（ARTIKUL - T、ARCHA - IT、ARTIKUL - MT、ARTIKUL - P）的天线系统都有嵌入式双通道接收机，通过以太网进行控制。这将允许在不降低灵敏度、动态范围且不产生天线效应的情况下，使用长达 100m 的馈线。

（3）上述所有可移动测向仪都采用了具有两个物理接收信道的 DDR，确保在 1.5～8000MHz 范围内能够进行相干测向。

（4）ARCHA - IT 可移动监测站、ARTIKUL - T 和 ARTIKUL - MT 测向仪都基于 ARC - D11 接收机设计，具有高达 24MHz 的同时分析带宽、高达 20GHz/s 的全景频谱分析速率和 6kHz 的频谱分辨率，多通道测向速率高达 2.5GHz/s，单通道测向速率超过 100r/s。上述产品性能先进，能够快速搜索新的无线电信号，对其进行记录和技术分析、自动测向，对未授权 RES 定位并在地图上显示，并能在同时分析带宽内实现宽带传输信号的多通道接收。

（5）实现了下述数字通信和信息传输网络的服务信息分析：GSM、UMTS、IS - 95、CDMA2000、EV - DO、TETRA、LTE、DECT、DVB - T1/H/T2、DMR 和 APCO P25、WiMAX。

（6）ARCHA - IT、ARTIKUL - MT 系统基于 ARTIKUL - H1 和 ARC - D11 设备设计，当天线安装于车顶天线杆时，可以在静止状态下工作；当天线置于装备箱中时，可以在运动状态下工作。可以利用两个测向系统组合在静止时定位未授权辐射源，或者采用一个自主工作测向仪在运动中定位。

（7）能够在不超过 30 分钟的配置时间内，将设备安装于非专用平台。

（8）在复杂的气候和自然条件下（高温、强风和降水），无须采取额外的保护措施，即可使用天线系统和接收机工作。

▲2.5　AREAL - 1 自动无线电监测系统

AREAL - 1 ARMS 用于在长边界线和邻近地区提供常态监测。AREAL - 1 系统（图 2.2）用在监测区域没有清晰边界的情况。监测区域的大小由监测设备的电磁覆盖区决定，并可借助移动式和便携式设备扩展监测区域。

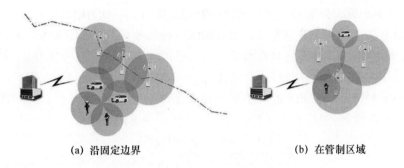

(a) 沿固定边界　　　　　　　　(b) 在管制区域

图 2.2　AREAL – 1 ARMS 的结构

下列设备安放于监测地域：
- 无线电信道监测设备、无线电信号记录及技术分析设备；
- 用于无线电监测和测向的无人值守 ARCH – IN 和 ARCH – INM 监测站；
- 以固定无人值守模式使用的测向仪 ARTIKUL – ST；
- 用于无线电监测和测向的移动站 ARGUMENT；
- 基于 ARTUKUL – M、ARCHA – IT 和 ARTIKUL – MT 的便携式测向系统；
- 通信和数据传输设备；
- 控制中心，实时或定期接收经无线电监测设备传输的数据。

无线监测结果由监测设备发送至控制中心或进行本地存储累积，以供后续自动处理，控制中心可以整合到移动站中。考虑到无线电监测的长期性，所用设备应均有满足需要的工作频段、良好的性能和功能。

AREAL – 1 ARMS 为完成自动化无线电监测任务，具备以下特性：

（1）以最高 20GHz/s 的全景分析速率，搜索 0.009 ~ 40000MHz 范围内的新辐射源。

（2）在 1.5 ~ 8000MHz 的频率范围内，对未授权辐射源自动测向和定位，并在地图背景上显示辐射源位置。

（3）在 8 ~ 40GHz 的频率范围内，对未授权辐射源自动测向和定位，并在地图背景上显示辐射源位置。

（4）在 0.3 ~ 18000MHz 的频率范围内，对未授权辐射源手动测向和定位，并在地图背景上显示辐射源位置。

（5）对最大 40MHz 带宽的无线电信号进行记录、技术分析和自动无线电信号处理。

表 2.2 和表 2.3 列出了固定站（ARCHA – IN、ARCHA – INM）和移动站（ARGUMENT – I）的主要性能特征。电磁场灵敏度和仪器测向精度（RMS）的典型值如表 2.4 所列。

　　ARCHA 系统分为功能相互独立的两部分:基于 ARTIKUL – S 测向仪的 ARTIKUL – SN 测向系统和基于 ARGAMAK – IS 接收机的 ARGAMAK – ISN 测量系统。两部分可以只由一名操作员控制,可以相互配合或独立工作。通过与 ARCH – INM 设备配合使用,依次完成测向和参数测量任务。测量设备是在改进的 ARGAMAK – IS DRR 基础上开发。基于 ARTULUL – M1 测向仪和 ARGA-MAK – IS 接收机,开发了 ARGUMENT – I 移动无线电测量与测向站。

表 2.2　固定站主要性能特征

参数	ARCHA – IN	ARCHA – INM
	数值	
单通道和多通道测向,全景分析		
工作频率范围(基本型/最大值)/MHz	20 ~ 3.000/1.5 ~ 8.000	20 ~ 3.000/1.5 ~ 3000
全景分析速率 /(GHz/s)	上限 20	
测向速率 /(MHz/s)	上限 2.500	
电磁场灵敏度和仪器测向精度 /RMS	见表 2.4（AS – PP4、AS – PP5）	
天线系统高度/m	上限 100	
场强和无线电信号测量,全景分析		
工作频率范围(基本型/最大值)/MHz	20 ~ 3000/0.009 ~ 18.000	20 ~ 3.000/20 ~ 8.000
同时分析的最大带宽/MHz	上限 40	
无线电信号记录带宽/MHz	上限 40	

表 2.3　移动站 ARGUMENT – I 的主要性能特征

参数	数值
单通道和多通道测向,全景分析	
工作频率范围（基本型/最大值）/MHz	20 ~ 3000/1.5 ~ 8000
6kHz 频谱分辨率下的全景频谱分析速率/(GHz/s)	上限 20
测向速率/（GHz/s）	上限 2.5
电磁场灵敏度和仪器测向精度/RMS	见表 2.4（AS – MP）
场强和无线电信号参数测量,全景分析	
工作频率范围(基本型/最大值)/MHz	20 ~ 3000/0.009 ~ 40000
同时分析的最大带宽/MHz	上限 40
无线电信号记录带宽/MHz	上限 40
天线系统高度,位于天线杆上/m	上限 100

表 2.4　电磁场灵敏度典型值与仪器测向精度（RMS）

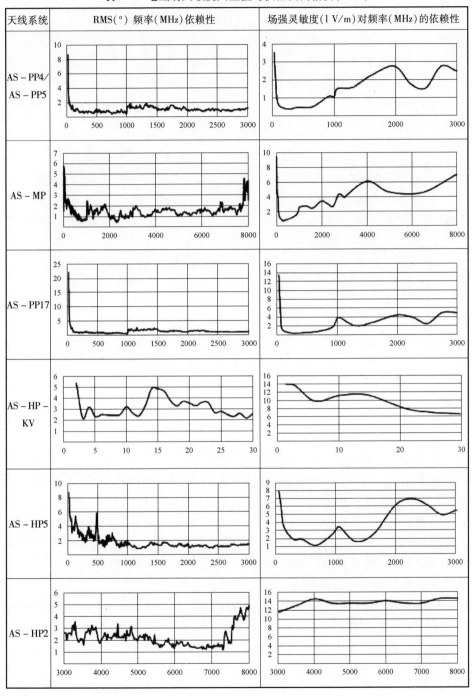

◢2.6 AREAL－2自动无线电监测系统

AREAL－2 ARMS(图2.3)在管制区域内进行单次或定期监测,该系统对无线电电磁环境(REE)关注不多。与AREAL－1的情况类似,AREAL－2系统的特点也是被监测区域没有清晰的边界。监测区域的大小由定位(永久或临时)设备的电磁覆盖能力确定,并可借助移动和便携式设备扩展覆盖范围。

图2.3 AREAL－2系统架构

AREAL－2 ARMS有一定的任务能力限制,例如,因时间限制、压缩设备组成和总质量,对REE关注不多, 在AREAL－3系统对REE进行了重点关注。

在AREAL－2 ARMS的所有组合中,可使用以下设备:

- 移动式无线电监测与测向站ARGUMENT;
- 基于Arca－IT、ARTIKUL－T、ARTIKUL－MT、ARTIKUL－P、ARTIKUL－H1或ARC－D11的便携式设备;
- 背负式测向仪ARC－RP3M;
- 基于ARTIKUL－M、ARCHA－IT、ARTIKUL－MT或ARC－D11设备的移动无线电监测与测向站ARGUMENT－I或移动式测向系统;
- 通信和数据传输设备;
- 远程或区域控制中心,可与移动站配合使用。

AREAL－2系统提供了自动无线电监测任务的解决方案,包括:

- 在0.3~18MHz频率范围内搜索新的辐射源,全景分析速率高达20MHz/s;
- 对区域内的RES自动测向、定位,并将其位置显示在地图背景上:
  - 手动操作工作频率1.5~8000MHz、配置天线系统的ARGUMENT－I、

ARTIKUL – H1 和 ARC – D11 测向仪,将工作频率 25 ~ 3000MHz 的其他设备放置于临时监测点,布设在车上或任何其他运输工具上[5]。

– 自动操作工作频率 1.5 ~ 8000MHz,配置天线系统的 ARGUMENT – I、AR-TIKUL – H1 和 ARC – D11 测向仪,将工作频率 25 ~ 3000MHz 的其他自动测向仪布设在车上,工作频率 11 ~ 8000MHz 的自动测向仪 ARTIKUL – H1 由操作者使用。

● 自主工作便携式测向仪 ARC – RP3M,在 0.3 ~ 18000MHz 频率范围内,对区域内的无线电辐射源测向、定位,并将其位置显示在地图背景上。

● 对最大 40MHz 带宽的无线电信号进行记录、技术分析和自动无线电信号处理。

设备的主要性能特征如表 2.5 所列。

表 2.5　移动式和便携式设备的主要性能特征

特性	移动式监测设备			便携式监测设备		
	ARCHA – IT (AS – HP5)	ARTIKUL – MT (AS – HP5)	ARTIKUL – T (AS – PP4)	ARC – D11 (AS – HP – KV, AS – HP5, AS – HP2)	ARTIKUL – H1 (AS – HP – KV, AS – HP5, AS – HP2)	ARTIKUL – P (AS – PP17)
天线系统在天线杆上,静止时工作	是	是	是	是	是	是
天线系统在车内,运动中工作	是	是	否	是	是	否
操作者手持天线,运动中工作	否	否	否	否	是	否
天线系统输出距操作者的最大允许距离	80m	80m	80m	6m	6m	80m
在测向和接收模式下的工作频率范围	20 ~ 3000 MHz	天线固定在天线杆上:基本型 20 ~ 3000MHz,全面型 20 ~ 8000MHz;车内可变天线:20 ~ 3000MHz 或 3 ~ 8GHz	天线固定在天线杆上:基本型 20 ~ 3000MHz,全面型 1.5 ~ 8000MHz	安装在支架或车内的可变天线:基本型 20 ~ 3000MHz,全面型 1.5 ~ 8000MHz	安装在支架或车内的可变天线:基本型 20 ~ 3000MHz,全面型 1.5 ~ 8000MHz	20 ~ 3000 MHz

（续）

特性	移动式监测设备			便携式监测设备		
	ARCHA – IT （AS – HP5）	ARTIKUL – MT （AS – HP5）	ARTIKUL – T （AS – PP4）	ARC – D11 （AS – HP – KV， AS – HP5， AS – HP2）	ARTIKUL – H1 （AS – HP – KV， AS – HP5， AS – HP2）	ARTIKUL – P （AS – PP17）
测向性能	上限 2500MHz/s			上限 150MHz/s		
同时分析的 最大带宽	1MHz（1.5～30MHz） 10MHz（20～110MHz） 20MHz（110～220MHz） 40MHz（220～3000MHz）			5MHz		
三阶和二阶 交调的动态范围	不少于 75dB					
动态范围（有衰 减器/无衰减器）	≥140dB（有衰减器时）≥80dB（无衰减器时）					
杂散抑制	不少于 80dB		不少于 75dB			
相对频率稳定度	10^{-9}		5×10^{-7}			
6kHz 频谱分辨率下 的全景分析速率	上限 20 GHz/s			上限 3.2 GHz/s		
调谐精度	1Hz					
解调方式（实时）	AM、WFM、NFM、LSB、USB、CW					
解调方式 （延迟处理）	AM、FM、FSK、FFSK、PSK、QAM、DQPSK、π/4 DQPSK、MSK					
用于电平估计 和信号解调的 多通道接收能力	上限为带宽 25kHz 或 50kHz 的 128 路信道					
控制方式	1Gb LAN			基于 TCP/IP 协议的 USB 控制		
GPS/GLONASS	嵌入式					
工作温度 （天线和接收单元）	–40～+50℃					
工作温度 （车内设备）	–10～+45℃					
安装高度 （海平面以上）	4500m					

▲2.7　AREAL-3 自动无线电监测系统

AREAL-3 ARMS(图 2.4)在管制区和邻近地区进行 REE 增强分析。该系统的显著特点在于监测区域没有清晰的边界。AREAL-3 ARMS 的系统中可使用以下设备:

- 移动式无线电监测和测向站 ARGUMENT;
- 基于 ARCA-IT、ARTIKUL-MT、ARTIKUL-H1 或 ARC-D11 的便携式测向系统;
- 移动式记录与技术分析系统 ARC-CST;
- 通信和数据传输设备;
- 用于累积信息获取和后期处理的远程控制中心。

在该系统中,基于一对测向系统完成新增辐射源测向任务,基于 ARGAMAK-CST 便携式远控系统网络完成记录和技术分析,并将数据即时传输或本地累积事后传输到远程控制中心进行分析,如图 2.4 所示。

(a)　　　　　　　　　　　　　　(b)

图 2.4　AREAL-3 ARMS 系统架构

AREAL-3 ARMS 分两个阶段完成无线电监测任务。在第一阶段,移动站机动到监测区域,确定监测数据规范,对未授权辐射源定位,并为 ARGAMAK-CST 可移动系统确定安放位置。ARGAMAK-CST 便携式系统在指定地域部署,必要时连接宽带通信网络,所获得的信息用于第二阶段。当站点之间没有通信信道时,可以通过移动数据存储介质进行数据交换(任务分配和结果获取)。

从移动站和 ARGAMAK-CST 便携式系统获得的信息在远程控制中心进行处理。可以通过有线或无线通信信道以及移动数据存储介质,将数据传输到远程控制中心。

移动站性能特征参见表 2.3 所列。ARGAMAK-CST 便携式系统的主要技术指标见表 2.6 所列。

表 2.6　ARGAMAK – CST 便携式系统主要技术指标

参数	数值
工作频率范围	9kHz ~ 8GHz
灵敏度	不超过 1μV
图像和中频的邻道接收衰减	不超过 80dB
互调截取点： 二阶 IP2 三阶 IP3	 不低于 30dBm 不低于 0dBm
20 ~ 8000MHz 范围内的噪声系数	不低于 12dB
其他频率范围内的噪声系数	不低于 15dB
三阶和二阶互调的动态范围	不低于 75dB
同时分析的最大带宽	不低于 24MHz
同时分析带宽的幅频特性	不大于 ±1dB
相对调频误差： 内部参考源 ARC – OG1 参考源	 不超过 5×10^{-7} 不超过 1×10^{-9}
输入电平测量范围	– 10 ~ + 130dBμV
带内信号连续记录能力	最高 24MHz
控制接口	以太网
直流电源电压	21 ~ 30V
功耗	不超过 150W
整体尺寸,不超过： 远程传感器单元 接收与处理单元	 800mm × 260mm × 180mm 600mm × 600mm × 300mm
无电缆质量	不超过 20kg
设备工作温度： 室内设备 室外设备(场强测量)	 + 5 ~ + 40℃ – 20 ~ + 55℃

▲2.8　AREAL – 4 自动无线电监测系统

AREAL – 4 ARMS 系统架构如图 2.5 所示,主要用于:

- 在完全受控的管制区内搜索未授权 RES；
- 外部无线电辐射电平监测；
- 在目标监测图上显示 RES 定位情况。

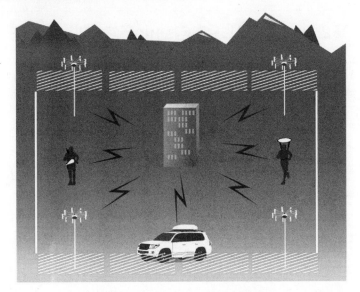

图 2.5　AREAL – 4 ARMS 系统架构

AREAL – 4 自动无线电监测系统的显著特点是被监视区域有固定边界,且未授权人员不得进入。这些场所可能是工业建筑或公共机构所在地。

AREAL – 4 自动无线电监测系统对于军事、工业和研发机构等封闭区域实施不间断无线电监测。系统的电磁覆盖区域由临时或永久安装设备的电磁覆盖能力决定。可通过移动或便携监测设备扩展覆盖区域,并应最大限度地匹配被监控区域的实际大小。

AREAL – 4 ARMS 自动无线电监测系统可以完成下列任务:

(1) 在完全受控的封闭区域内,进行常态化无线电监测,搜索、识别并定位未授权的无线电辐射源,基于系统监测能力范围建立无线电电磁环境目标参数数据库。

(2) 外部(相对于建筑物内)辐射源的无线电监测、电平测量、与规范值比较,并定位辐射源所在建筑。

为完成指定区域的无线电监测任务,可以使用下述设备进行无线电监测和测向:固定站(ARCA – INM)和移动站(ARGUMENT)、固定式(ARTIKUL – SN)、移动式(ARTIKUL – M)和便携式测向仪(ARTIKUL – M)、手持自动测向仪(ARTIKUL – H1)和背负式测向仪(ARC – RP3M)(图 2.5)。

综合利用带有一组测量天线的 ARGUMENT – I 移动站,视频监测设备以及 SMO – SECTOR 软件包[8-9],在室外监测工作中,可以测量监测目标边界的无线电辐射程度,对未授权 RES 定位并在地图和目标平面图中显示。

▲2.9 AREAL –5 自动化无线电监测系统

AREAL –5 自动化无线电监测系统用于在受控目标区域的建筑物内、单个房间或运输单元内,进行无线电监测,检测未授权 RES,对其进行识别、风险评估和定位,如图 2.6 所示。

图 2.6 AREAL –5 自动化无线电监测系统在人居环境的部署示例

固定分布式远程无线电监测系统 ARC – D13R、ARC – D15R 可用于物体内部的无线电监测。系统的远程模块接收工作频带内的无线电信号,这些模块放置于建筑物室内。只有一个或少量几个远程模块放置在室外,用来比较建筑物内部和外部的信号电平。来自远程模块的信号传送到本地控制服务器,该服务器分析建筑物中的无线电电磁环境(REE),检测新信号并确定辐射源位置。每个建筑物都部署有分布式无线电监测系统,对 REE 实施不间断的监测。系统控制由控制中心实施,控制中心可置于监测区域内或与之存在一定距离的场所。

当需要定期监测室内或车内 REE,或者无法在建筑物内常态部署设备监测电磁辐射时,ARC – D11 设备可用于搜索未授权的无线电辐射源。ARMS 可以

实现设备的远程控制。在使用 ARMS 和 ARC – D11 两种情况下,可使用 ARC –
RP3 M 背负式测向仪进行 RES 定位。

固定远程无线电监测系统 ARC – D13R 能够监测建筑物内的房间。系统架
构设计如图 2.7 所示。

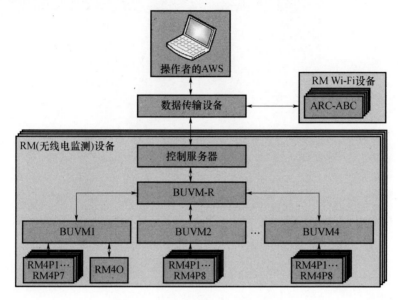

图 2.7　ARC – D13R 系统架构设计

系统基于全景 DRR 设计,其模拟部分嵌入到远程模块中,数字部分置于数
模转换处理双通道控制模块 BUVM – R 中。置于室内的 BUVM – R 和远程模块
的外视如图 2.8 所示。

图 2.8　RM4P 室内模块

远程模块 RM4P 用于获取建筑外部的无线电电磁环境信息,具有隔热和防水功能,如图 2.9 所示。

图 2.9　RM4P 模块

操作者可以基于自动化工作站(AWS)进行系统监控,这些 AWS 通过数据传输设备连接到控制 BUVM – R 的服务器。为扩展未授权 RES 检测功能,可通过 Wi-Fi 网络将数据传输给 ARC – ABC 分析仪(图 2.10)。

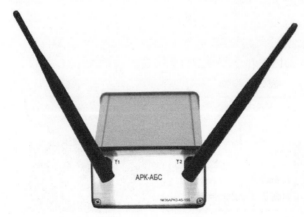

图 2.10　ARC – ABC Wi-Fi 网络分析仪

用于建筑物内部无线电监测的另一个设备是 ARC－D15R 远程无线电监测系统,其结构如图 2.11 所示。

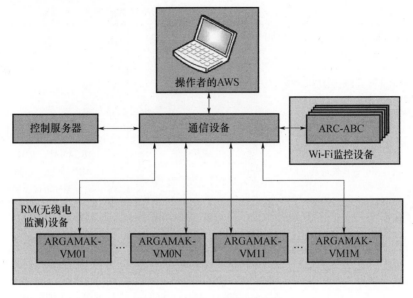

图 2.11 ARC－D15R 结构图

该系统用来对连续、定期和短时的无线电辐射源进行检测和定位,包括同频工作的辐射源。

采用宽带射频接收机作为远程模块,能够同时为所有模块提供连续信号接收,这也是 ARC－D15R 系统和 ARC－D13R 系统的不同之处。在 ARC－D13R 系统中,通过连接 BUVM－R 输入信号的模块提供连续的数据获取。此外,宽带射频接收机的应用,扩展了接收信号的带宽,提高了全景频谱分析的速率。基于信号结构的"地址"处理技术,使得设备能够使用数字技术进行数据传输。

对 ARC－D13R 和 ARC－D15R 的性能特征进行比较,如表 2.7 所列。

表 2.7 ARC－D13R 和 ARC－D15R 的性能特征比较

参数	ARC－D13R	ARC－D15R
	数值	
完整配置时的工作频率范围/MHz	0.009 ~ 18.000	
系统积分灵敏度(在 8m×8m 室内区域的发射机功率,检测概率为 0.99)	50μW	
基于统一时标的所有远程模块的同步	否	是
所有远程模块接收信号的时间频率同步	仅成对	是

（续）

参数	ARC – D13R	ARC – D15R
	数值	
基于幅度和信号到达时差估计的辐射源混合定位算法应用	仅幅度估计	是
6kHz 频谱分辨率下的全景频谱分析速率/(MHz/s)	上限 2500	上限 10000
可监控房间数量	上限 100	无限制
用于室内监测的远程模块及其增强版	ARC – VM1、ARC – VM0 变频器	ARGAMAK – VM1、ARGAMAK – VM0 数字无线电接收机
输出数据	中频输出 41.6MHz	数字输出 I/Q
控制和数据传输接口	RS485	以太网
无线通信与数据传输系统参数分析能力	GSM、IS – 95、CDMA2000、EV – DO、TETRA、Wi-Fi、WiMAX、UMTS、DECT、LTE、DMR、APCO P25	GSM、IS – 95、CDMA2000、EV – DO、TETRA、Wi-Fi、WiMAX、UMTS、DECT、LTE、DMR、APCO P25
操作员到接收模块的距离	长度不超过 80m 的高频电缆	长度不超过 150 m 的控制电缆

ARGAMAK – VM1 和 ARGAMAK – VM0 数字接收机的主要性能特征如表2.8所列。两个接收机分别如图2.12 和图2.13 所示。

表2.8　ARGAMAK – VM1 和 ARGAMAK – VM0 数字接收机的主要性能特征

参数	数值
基本型/最高配置时的工作频率范围	20 ~ 8000/0. 009 ~ 18000MHz
最大输入信号电平	+23dBm
输入信号电平的测量范围	0 ~ 120dBμV
衰减器取值范围	0 ~ 40dB,步进 1dB
正弦信号电平测量误差	不大于 ±3dB
非调制信号频率和调幅信号的相对测量误差,不大于: 基于嵌入式参考参考源 基于全球导航卫星系统(GNSS)同步	5×10^{-8} 1×10^{-10}
12.5kHz 频谱分辨率(不考虑衰减器)下的单信号动态范围,不小于:	

（续）

参数	数值
0.009~3000MHz 频段	85dB
3000~8000MHz 频段	80dB
二阶互调截取点 IP2	
20~3000MHz 频段	不小于 40dBm
3000~8000MHz 频段	不小于 30dBm
20~8000MHz 频段内三阶互调截取点 IP3 不小于	0dBm
邻道接收选择性	
0.009-3000MHz 频段	不低于 80dB
3000-8000MHz 频段	不低于 70dB
6kHz 频谱分辨率下的全景频谱分析速率	上限 10GHz/s
同时分析的最大带宽	22MHz
检前记录模式（在触发前循环缓存记录信号）	是
控制和数据传输接口	1000Base-T 以太网接口
工作温度范围（外部远程模块 ARGAMAK-VM0）	-40~+55℃
防护等级（外部远程模块 ARGAMAK-VM0）	IP67、IK10
功耗	上限 35W

图 2.12　ARGAMAK-VM0 的加固远程模块与全向天线

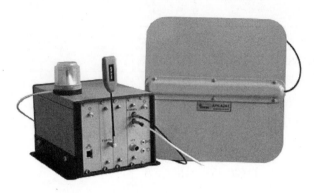

图 2.13　用于室内工作的 ARGAMAK – VM1 远程模块与天线组

ARC – D15R 中,远程模块到控制服务器的信号传输采用数字形式,从而消除了传输线缆的串扰影响,距离不再是远程模块和控制服务器之间的限制因素,而且由于系统部署中高频线缆的长度不同,不再需要对 BUVM – R 和远程模块之间的高频线缆进行校准。

使用 ARC – D11 和 ARC – RP3 M 监测系统,实现单独房间或车内未授权辐射源的搜索。

双通道全景无线电接收设备 ARC – D11 如图 2.14 所示,用于在监测目标或区域内完成与未授权 RES 检测相关的各类任务。ARC – D11 的主要功能如下:

(a)　　　　　　　　　　(b)　　　　　　　　　　(c)

图 2.14　ARC – D11 系列及使用场景

(1)无线电信号实时双通道同步监测。

(2)在监测目标或区域内,检测、定位未授权无线电辐射源。

(3)在 1.5MHz ~ 8GHz 频率范围内自动无线电信号测向,在 8 ~ 40MHz 频率范围内自动测向。

(4)以最大 40MHz 带宽连续记录无线电信号。

(5)多通道(最多 64 路)无线电信号记录,两个独立接收信道中每个信道频谱带宽 12.5/25kHz。

（6）无线通信与数据传输系统的技术分析、调制类型判定和信号参数估计。

（7）以延迟处理模式进行无线电信号的技术分析。

（8）搜索互调干扰。

（9）监测有线网络。

（10）通过交流电源(90～250V)或车载电源(10～15V)供电工作。

（11）能够远程控制。

此外，ARC – D11 设备还可用于对信息保护设备进行有效监测。实现以下功能：

（1）自动和自主检测被监测设备的邻道电磁辐射和串扰。

（2）计算单元结果的实验室分析。

（3）测试期间估计设备信息安全参数。

（4）机密信息的保护能力估计，防止辅助设备、系统和通信链路串扰引起信息泄漏。

ARC – D11 的主要性能特征如表 2.9 所列。

表 2.9　ARC – D11 的主要性能特征

参数	数值
各通道工作频率范围(基础配置)	9kHz～8000MHz
带有远程变频器的单通道频率范围	9kHz～18 (40) GHz
输入衰减器	0～30dB，步进 2dB
最大允许输入电平	23dBm
中频干扰抑制，不小于	70dB
图像信道的选择性，不低于	70dB
三阶和二阶互调动态范围，不小于	75dB
输入端三阶互调截取点(IP3)，衰减器处于关闭状态，不少于	0dBm
输入端三阶互调截取点(IP3)，30dB 衰减器开启	30dBm
工作频率范围内的增益平坦度	±3dB
从内部参考发电机运行时	
调谐频率相对误差	$±5×10^{-7}$
温度不稳定性	$±5×10^{-7}$
24h 内频率不稳定性	$±5×10^{-7}$

（续）

参数	数值
从外部参考发电机运行时	
相对调频误差	$\pm 1 \times 10^{-9}$
热稳定度	$\pm 1 \times 0^{-9}$
24h 内频率稳定度	$\pm 1 \times 10^{-9}$
全景频谱分析	
全景频谱分析速率	上限 20GHz/s
检测信号的最短持续时间	$1\mu s$ 以上
相对于频谱分辨率频率响应灵敏度	$0.8 \sim 1.5\mu V$
自动测向（单通道和多通道）	
测向方法	相干法
工作角扇形	$0° \sim 360°$
工作频率范围	$1.5 \sim 8000MHz$（可更换天线系统）
场灵敏度	由使用的天线系统决定
仪器精度（RMS）	由使用的天线系统决定
测向信号的最小持续时间	10ms
建筑物内无线电监测	
天线换向器信道间串扰抑制（25～3000MHz 范围内），不小于	40dB
系统积分灵敏度（在 8m×8m 室内区域的发射机功率，检测概率为 0.99）	$50\mu W$
有线网络监控	
检测信号电平：	
0.05～10kHz	小于 1mV
10kHz～1MHz	小于 $100\mu V$
1～30MHz	小于 $10\mu V$
探头输入电阻：	
ARC – ASP2	不小于 $1M\Omega$
ARC – PSP2	不小于 $1k\Omega$
ARC – ASP2 探头最大输入电压：	
频率小于 60Hz	400V
频率为 60Hz～20kHz	50V
频率为 20kHz～5MHz	10V
ARC – PSP2 探头最大输入电压：	400V

（续）

参数	数值
无线电信道监测、技术分析和传输记录	
频率处理的最大带宽：	
9kHz～25MHz	1MHz
25～110MHz	5MHz
110～220MHz	10MHz
220～8000MHz	24MHz
注册信息类型	无线电信号(I/Q)，方位，解调信号，频谱图，时间
无线电信号连续记录带宽	上限 40MHz
无线电信号连续记录持续时间	取决于蓄电池容量
解调传输的记录	
解调器频率带宽	250kHz、100kHz、50kHz、12kHz、6kHz、3kHz
调幅模式下的灵敏度	不超过 $1.5\mu V$
窄带调频模式下的灵敏度	不超过 $0.8\mu V$
DRR 调谐分辨率	1Hz
工作特性	
工作温度范围	0～45℃
交流电源	90～250V
车载电源	10～15V
功耗(不考虑计算机)，不超过	70W
中央单元尺寸	490mm×400mm×200mm
中央单元质量，不超过	12 kg

ARC – RP3M 是基于 ARGAMAK – M 数字接收机设计的便携式测向仪，同时分析带宽高达 24MHz。ARC – RP3M 用于在小区和室内手动测向和定位无线电辐射源，并完成其他多类无线电监测任务。测向仪如图 2.15 所示。ARC – RP3M 的主要功能如下：

（1）以 6kHz 的频谱分辨率进行全景频谱分析，分析速率高达 6500MHz/s。

（2）在 0.3～3000(18000)MHz 工作频率范围内，完成无线电辐射源的手动测向和定位。

（3）GSM 基站与移动电话、DECT 基站与用户站以及 Wi-Fi 设备的识别和寻址测向。

（4）无线电信号记录和技术分析。

(a) 开放地域测向　　　　　　　　(b) 室内测向

图 2.15　手持测向仪

ARC – RP3M 的主要性能特征如表 2.10 所列。

表 2.10　ARC – RP3M 的主要性能特征

参数	数值
一般参数	
工作频率范围： 基础配置/最大配置时的接收频率范围 基础配置/最大配置时的测向频率范围	 0.009 ~ 3000/0.009 ~ 18000MHz 0.3 ~ 3000/0.3 ~ 18000MHz
车载电源供电	10 ~ 32V
交流电源供电	90 ~ 250V
充电电源工作时间	不少于 4h
手持天线系统的质量(不带智能手机)	不超过 0.8kg
单天线工作装置的质量	不超过 3.5kg
系统整套质量	不超过 10kg
包含携带设施的设备外形尺寸	不超过 400mm × 300mm × 50mm
使用加固型平板电脑作为控制显示设备时的工作温度范围	− 20 ~ 45℃
探测和测向	
测向方法	幅度法
测向模式的灵敏度	3 ~ 15μV/m
信号电平范围(带衰减器)	− 30 ~ 110dBμV
全景频谱分析、占用记录	
占用记录持续时间(有存储设备时)	由存储设备容量决定
注册参数	幅度、频率、时间
无线电信道监测、技术分析、无线电信号记录、延迟处理结果	
注册信息类型	信号、时间、频率

▲2.10　监测目标中的未授权辐射源检测方法

未授权无线电辐射源是指违背国家法律、无线电通信条例、通信部及其他政府机构规定,明令不许在监测区域的特定部位或者目标内使用的设备(特别是为了向监测目标或区域外进行信息隐蔽传输而研制的设备,且未经事先规划),负责保证目标或区域安全的人员决定哪些设备列入未授权辐射源清单。以下设备可能被列入未授权 RES:

　　• 无线通信设备——电话、智能手机、无线电台;

　　• 配备常规无线电模块的设备——平板电脑、笔记本电脑、摄像机、路由器、打印机、电视设备;

　　• 以伪装或非伪装方式,隐蔽监听和信息传输的特殊装置(即无线电窃听器),包括"无线电保姆"(radio nannies)、GPS 跟踪器等。

建筑物内的邻道电磁辐射和设备串扰也可能造成信息泄漏。故意犯罪者、竞争对手和不忠诚的员工可能会通过信息泄漏的技术渠道来达到自己的目的。

任何无线电电子安全服务机构的人员,如发现任何未授权的辐射源,必须采取行动识别其来源、检查其是否包含信息模块、确定其信息传输能力并对其进行定位。

无线电监测设备通常在复杂的电磁环境下工作。绝大多数无线电通信系统或信息传输系统在监测地域及附近合法使用,电视、无线电广播系统的发射台站通常位于监测区域或目标之外,这些情况使得无线电通信业务运行更加复杂。当业务出现干扰时,就需要进行未授权 RES 检测,干扰来源包括信号发生器、X 射线装置、焊接设备、办公设备等。

需要解决的主要问题是借助于无线电监测设备,将所有辐射源区分为来自监测区域"外部"和位于监测区域(或目标)"内部",并对未授权 RES 定位[1,10]。为解决未授权 RES 的检测和定位问题,通常采取以下方法:

　　(1) 连续无线电监测,检查监测频率范围内的所有频率占用情况,将当前频谱数据与先前获得的参考数据进行比较。

　　(2) 将在目标外部测得的无线电态势数据与在目标内部测得的数据进行比较。

　　(3) 对"可疑"频率进行监听测试。

　　(4) 利用信号电平等数据定位无线电辐射源。

可以使用不同的设备(高频场探测器、无损检测装置、非线性雷达装置、X 射线装置等)实现未授权 RES 检测,通过上述方法中的某一种提供任务解决方案。不过,未授权 RES 紧急检测的最有效方式是综合利用所有上述方法的自动化系统。该系统应满足下述要求：

（1）在从千赫到数十吉赫的宽带工作频率范围。

（2）高速率的全景频谱分析，以减少瞬时信号的漏检概率。

（3）比较监测目标内、外测得的数据，以便提取包含辐射源信息的信号。

（4）能够将测得的频谱数据与参考数据（无干扰时测得的数据）进行比较。

（5）能够将检测到的辐射源发射参数与数据库中存储的无线电辐射源的参数进行比较。

（6）能够进行初步和详细的工程分析。

（7）对于包括 TDMA 模式在内以单频模式工作的通信系统，能够提取重点关注的信号。

（8）最小化操作员参与常规监测任务处理。

设备和软件的人体工程学设计、多功能考虑、外形尺寸和重量等因素，是对设备提出的附加但极其重要的要求。

◣2.11　检测阶段划分

经过长期的工作实践，归纳出开展未授权 RES 检测常规工作程序，即获取监测目标的当前电磁态势信息、探测未授权 RES、精确定位辐射源到某个具体房间、对其可能成为信息泄漏渠道的潜在风险进行评估，并在此后采取必要行动来搜索建筑物内的未授权辐射源，并使其无法工作（关闭、无线电拒止等）[3]。未授权 RES 检测查处的主要阶段如图 2.16 所示。

第一步（无线电频谱占用情况监测）是指对监测区域内的无线电信号频率、电平和特征参数进行数据积累和分析。

通过长时间的频谱数据积累，为有效实施监测提供参考全景数据。为此，假设在参考全景数据累积期间没有需要排查的可疑信号。

第二步的目的是检测"新"辐射源（不包括参考全景数据中已存在的辐射源），新辐射源可能位于监测区域边界，因此存在信息泄漏的潜在风险。为解决此问题，建议使用双通道或多通道接收机进行检测。将参考天线置于监视信号接收区之外，以提供监测区域外部信号的接收，天线连接到接收机的一个信道，作为接收机的一路输入。将来自监测区内的天线接收信号作为接收机的另一路输入。

如果天线数量超过接收机输入的路数，可采用天线换向器依次将不同的天线切换到接收机输入，依次处理这些天线接收到的信号。实践表明，对于最大 100m² 面积的建筑物监测，通常只需 2 ~ 4 副天线。推荐使用具有后极化和准各向同性方向图的天线。

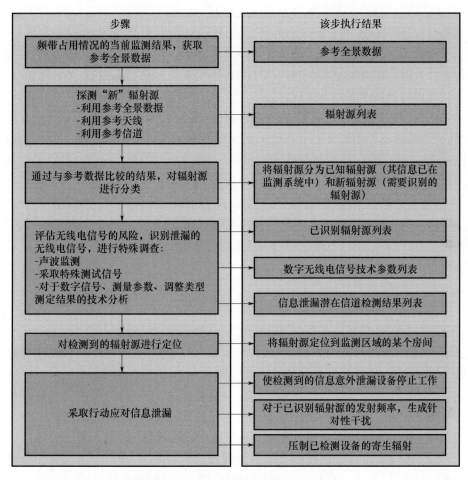

图 2.16　未授权 RES 检查处的主要阶段

　　当使用单通道接收机时,只能按时间顺序测量来自不同天线的信号功率电平。由于辐射源采用调制方式,且信号带宽未知,测量过程会存在功率估计误差,从而导致误检和漏检概率的增加。此外,单通道设备另一个缺点是信号处理时间过长。

　　在相同条件下,双通道方法能够实现较高概率的短时脉冲信号检测。采用双通道接收机,将信道同步调整到相同的分析带宽,缩短了测量时间,提高了信号功率估计精度。测量精度的提高,是通过两个通道同步时间采样,并在相同的条件下进行功率电平的估计实现的。由于在判决时,会对功率电平的相对值进行比较,因此功率估计算法的不精确产生的误差实际上不会影响检测结果。

　　在距离 1～10m 的近场区,低功率未授权 RES 的辐射电平明显超过了高功率 RES(但距离远)的辐射电平。通过比较从"参考"信道和"信号"通道接收的无线电信号,可以检测管制区内部产生的无线电辐射。

第三步的工作是将第二步检测到的信号分为已知信号(信号信息已于之前获得并包含在数据库)和新信号,新信号即需要在第四步进行详细调查的目标。第三步可以在自动模式下执行。

第四步是从可能的信息泄漏位置核查新辐射危险。可采用自动化测试方法进行监测,然而这种方法并不总能保证对所有辐射危险的明确识别。因此需要额外的"专家"检查方法,即操作者根据经验(深入技术分析的能力)在复杂情况下做出正确的决定。

声波识别法是模拟调频(FM)无线电辐射识别的方法之一。该方法通过测试扬声器形成的不同类型的声波测试信号,将接收机调到"新"的未授权 RES 的频率后,可以识别无线电辐射信号。接收信号解调后,在时域和频域与调制信号进行相关处理。根据相关因子的数值,可以判定该信号源是否是建筑物内的无线麦克风类设备。

为了应对频谱倒置和频率混叠等隐蔽发射方法,保持所提方法的有效性,可以使用双频信号或线性调频信号作为测试信号,并在频域进行信号处理。当测试信号的频谱成分持续时间与测试信号声音持续相同,并在该时间段外不存在时,可以做出关于无线电麦克风是新辐射源的判定。

声波信号变换能够根据变换后的信号清楚地恢复初始信号,这也是频域静态加扰无线麦克风识别算法的基础。这意味着在声波信号的多次重复中,发射的无线电信号也将重复。通过相似的重复可以确定无线电麦克风的存在。

利用基于特定声波测试的无线电麦克风识别方法,可能会违反有关搜索安全性的要求,因为测试信号具有足够的特定特征,因而通常优选使用典型声音(如快节奏音乐、连续语音)。此外,声波识别方法不适用于复杂的调制类型和以数字形式传输的信息。在此情况下,可以使用记录在无线电监测设备通带中的无线电信号片段,基于信号技术分析(STA)进行信号处理。传统上,STA 可以分为初步分析和详细(深度)分析。

STA 初步分析在监测点以批处理的方式执行,这样能够进行设备精调、确定干扰背景上的辐射情况并识别辐射源。STA 初步分析的目标是在无线发射参数估计的基础上识别未授权 RES。在 STA 初步分析阶段,测量无线电信号的发射特性,经通用模拟解调器解调对载波或副载波信号解调后,确定调制类型和部分发射参数。

详细(深度)技术分析的目的不仅是在参数估计的基础上对未授权 RES 进行识别,还要对信息成分进行估计。在深度技术分析阶段,操作者对各种形式的无线电信号进行更多的数学变换,并获得被检测信号的实际完整信息,包括揭示其产生的条件和原因以及确定未授权无线电信号的来源。例如,可以通过逆变换确定无线电信号生成原理,获得初始消息的一个短片段,并通过与声波测试信号(语音或音乐)的对应关系对其进行分析,即辐射源识别。

根据先前记录的无线电信号片段,采取延迟处理模式进行无线电信号的技术分析。无线电信号片段的记录可以在未授权 RES 检测期间以自动模式执行,或在手动模式下按操作员指令执行。

可以在对无线信号本身的调查阶段,或者对其解调后输出的比特流分析阶段,做出有关未授权辐射源风险的判定。通过对解调后比特流分析,可以获取有关传输数据的特征信息(如监测房间的声波背景、办公室自动电话台、监视器或电源设备的寄生辐射),以及传输数据类型(如语音通信,传真信息,图片、文档和档案等计算机间信息交互)。

收集探测到的未授权 RES 的特征和技术参数,从而能够得出关于无线电信号来源和其中是否存在信息成分的结论,发现并在被监测的房间或管制区域内定位未授权 RES,这些是技术分析的结果。

第五步是对未授权 RES 进行定位,可以采用不同的方法,如声波测试法、幅度法或借助无线电测向仪。

与测试声波信号有关的信号经无线电麦克风发出,通过对信号进行延迟测量处理,实现简单调制类型的无线电麦克风定位(即声波定位)。其最简形式可以通过两个扩音器来实现。

当未授权 RES 连续或周期运行时,可以使用简单易用的设备辅以目视检查进行定位和手动测向(指示器或场探测器)。

当无线电监测设备在管制目标区域分布配置时,可以基于信号电平记录数据,通过幅度法进行辐射源预定位,从而缩小搜索范围。

第六步根据前五步的结果,采取行动应对信息泄漏。

▲ 2.12　邻近区域未授权辐射源检测

采用位于目标内部的设备,搜索管制目标内部的未授权 RES 并不总是可行。操作限制、无法进入监测建筑、搜索未授权 RES 需要特殊的保密要求,以及其他一些原因,这些都会成为执行搜索任务的障碍。在这种情况下,借助于被监测物体外部(在被监测区域边界)的无线电监测设备,搜索监测目标中未授权 RES 具有现实可行性。

这种方法通过在监测目标外部工作,能够实现监测目标内部的大部分无线电辐射源的检测。这种方法的精度从几米到几十米不等,可以将未授权 RES 定位到建筑部的某一部分或一组房间。借助便携式测向仪 ARC – RP3M,可进一步搜索未授权 RES。

通过配置无线电测向天线 AS – HP5(20 ~ 3000MHz)和 AS – HP2(3 ~ 8GHs)的 ARC – D11 设备,以及安装在运输车辆上的 ARC – IG1 设备[5],并与软件包 SMO – PPK 和 SMO – SECTOR[8,11]组合使用,这一方法在技术上和操作实现上是可行的。

对于窄带和宽带调制类型的无线电辐射源,高频家用和医疗设备以及位于监测目标内部的其他电磁辐射源,通过专用软件能够获取其方位全景图。如果无线电测向仪所在的监测车上配备包含一个或多个摄像机的 ARC – IG1 设备,能够将无线电辐射源的位置定位到目标的特定区域。基于外部设备,为实现特别长的目标中无线电辐射源的检测,可以使用软件包 SMO – PA 和 SMO – SEC-TOR[8, 11 - 12]。

为提高辐射源检测的准确性,除了测向外,还可以对信号电平进行估计,包括对比从监测目标近场区域和足够远的距离获取的信号频谱幅度。如果辐射源位于被监测目标内,通常在距目标几十米处测得的信号幅度要大于在距离目标几百米处测得的信号幅度。此时,来自杂散源的信号电平实际上没有变化。

从目标不同侧面的多个位置进行测向,对于每个位置,借助于视频系统,能够保存目标相对于移动站的角度位置,然后可以计算保存下来的所有辐射源的方位。根据不同位置获取的方位角值,能够确定那些信号到达角与目标在给定位置的角坐标重合的辐射源频率。最终形成频率列表,这些频率信号可能属于监测目标内部的辐射源。

在单通道测向模式下得到搜索结果,获取的方位值显示在摄像机拍摄的目标图像上。而且测向仪不仅可以测定方位角,还可以测得俯仰角。这样能够对监测目标中辐射源的位置进行视频估计,精度可以确定到建筑物的某一楼层或某一部分。为了减少可能的干扰影响,基于移动系统在多个位置进行单通道测向。

典型示例如图 2.17 所示,SMO – SECTOR 软件的主窗口中,在监测目标的照片上标出了辐射源的可能位置。

ARC – D11 与附加测向天线系统组合使用,能够实现相干法测向。例如,基于一组测向天线系统 HP – KV、AS – HP5 和 AS – HP2,可以在 1.5 ~ 8000MHz 的频率范围内对辐射源进行检测和自动测向。该设备可机动使用或在临时监测点使用,后者利用安装在转台上的定向天线和变频器,能够实现 8 ~ 40GHz 频率范围的自动测向,其中转台的方位和俯仰能够远程控制调整。安装在便携式天线杆上的旋转装置可以提高测向精度,拓宽无线电测向仪的工作范围。

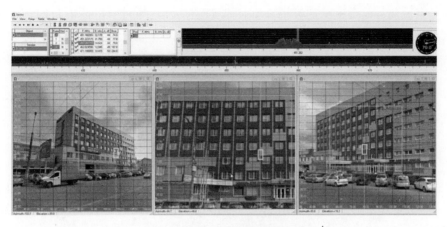

图 2.17　SMO - SECTOR 软件界面

▲2.13　软件支持

SMO - ARMADA、SMO - DX、SMO - PA、SMO - STA 系列软件包和其他专用软件包被用作无线电监测设备的基础支持软件[7 - 8,11,13 - 14]。

SMO - ARMADA 软件包提供自动化无线电监测系统操作。它采用客户端/服务器架构,能够根据规模、布局特点和功能进行调整,适应未授权 RES 检测系统需要。SMO - ARMADA 软件系统支持全天时服务模式(包括无操作者参与方式),完成各种无线电监测任务,搜索隐藏获取信息的辐射源,将存在潜在风险的辐射源检测结果或设备故障信息通过电子邮件或短信通知操作者。

在无线电监测期间,可以将检测到的无线电辐射情况与数据库中存储的参考数据描述进行比较。根据比较结果,区分来自新辐射源的信号和来自已知辐射源的信号,前者由操作员手动处置,而后者不需要处置。

系统采用数据传输信道备份方案,当主信道消失时,自动化监测系统自动切换到备份信道。

采用分布式系统体系结构,在设备控制器上安装 SMO - ARMADA 本地应用程序,确保即使在通信信道消失时,设备也能按照计划在自动模式下长期自主运行。在这种情况下,获取的所有结果都存储在本地数据库中,并在通信恢复时自动传输到系统中央数据库。

备份信道可用于异常状况通知,例如,即使在有线通信信道故障情况下,也可通过短信将下述信息通知操作者:检测到的辐射源可能造成潜在风险,或监测设备状态变化等。

　　窄带调频信号检测的频谱图如图 2.18 所示,其频谱与广播电台的信号一致。通过比较当前频谱和"参考"频谱,实现辐射源的检测。

　　SMO – ARMADA 软件界面中显示的检测结果如图 2.19 所示。在屏幕的下部,显示超过能量检测阈值的信号,而在附加窗口中,则显示辐射源的定位结果。双击图标会显示接收天线定位的位置,图标颜色表示记录的信号电平。用交叉点表示未授权 RES 最有可能的位置。

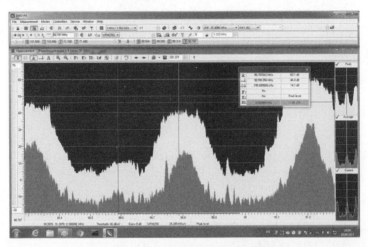

图 2.18　窄带调频信号检测的频谱图

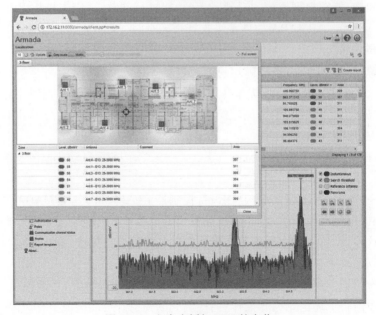

图 2.19　室内未授权 RES 的定位

SMO – DX 软件包[13]用于信号参数估计和室内无线电监测,能够与所有辐射源检测识别设备进行交互。

采用幅度方法进行未授权 RES 定位的示例如图 2.20 所示。在窗口的中间部分,根据接收天线在不同房间的电平估计结果,将未授权 RES 的位置用黑色交叉点标出。

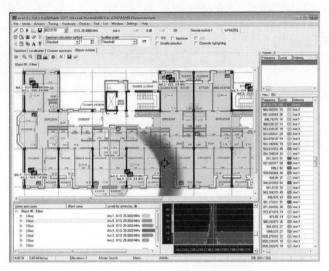

图 2.20　在目标平面上定位未授权辐射源

SMO – PA 软件包[11]用于全景分析和测量,能够以实时模式和延迟处理模式工作,为无线电监测任务提供全景分析。

跳频数据传输系统的辐射情况如图 2.21 所示,该辐射源以 7500 跳/s 的速率工作,在 400MHz 的带宽内脉冲持续时间 130μs。

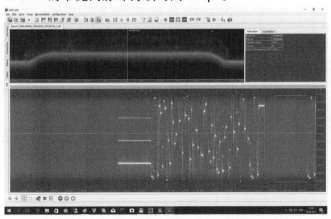

图 2.21　跳频数据传输系统的辐射情况

无线耳机发射器在 Wi-Fi 通信系统设备的宽带信号背景下的辐射检测情况如图 2.22 所示,采用功率谱的方式进行辐射源检测。

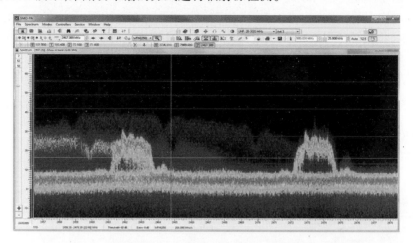

图 2.22　无线耳机发射器在 Wi-Fi 通信系统设备的宽带信号背景下的辐射检测情况

SMO – STA 无线电信号分析软件包用于测量信号参数、确定调制类型,并提供矢量形式的无线电信号片段记录,对射频信号、检测信号、子载波信号进行信号分析,还可进行比特流分析,比特流分析用于确定信号产生原理并基于广泛的协议和标准进行解码[14]。可以采用实时或延迟处理方式进行信号分析。应用程序的功能包括缩放、滤波(图 2.23),以及各种必要的信号变换,如频率和时间信号片段的拒止和卷积(图 2.24)、求导、子载波分析、比特流分析(图 2.25),以及辐射源特性判定所需的一系列其他功能。

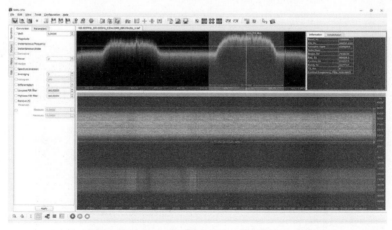

(a)

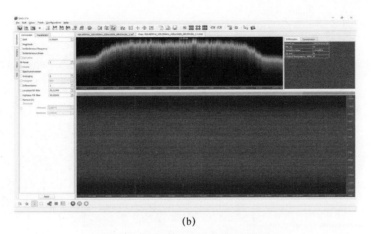

(b)

图 2.23　滤波前(a)、后(b)的信号

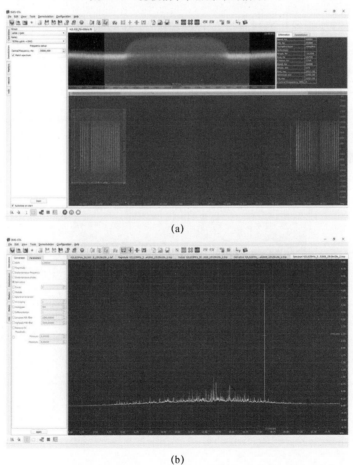

(a)

(b)

图 2.24　频率和时间信号片段的拒止(a)和卷积(b),确定调制类型和参数

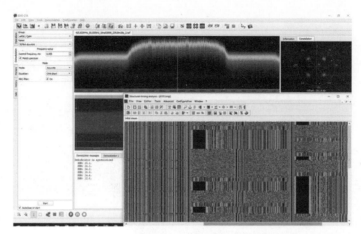

图 2.25　π/4 – DQPSK 信号解调及比特流分析窗口

　　SMO – STA 软件包通过幅度、相位、频率(多位置)解调器以及一系列专用解调器进行信号解调。

　　所有应用程序通过本地和网络远程控制设备,提供监测任务的解决方案。

　　SMO – ANDROMEDA 和 SMO – RP[15 - 16] 软件包用于控制便携式无线电测向仪 ARC – RP3M。SMO – ANDROMEDA 是手动测向和无线电监测软件包,可在 Android 操作系统下的平板电脑和智能手机上运行,能够进行全景频谱分析、检测、测向(包括"寻址")和无线电信号参数测量。此外,它可以通过无线蓝牙接口实现设备控制。

　　Wi-Fi 和 GSM 通信系统的信号功率谱如图 2.26 所示。

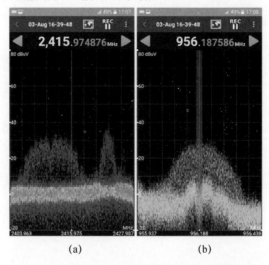

(a)　　　　　　　　(b)

图 2.26　Wi-Fi 和 GSM 通信系统的信号功率谱

DECT 通信系统的寻址定位软件界面如图 2.27 所示。图 2.27(a)是检测到的 DECT 标准设备身份列表和信号强度;图 2.27(b)是某一个选定的 DECT 设备的信号电平变化情况;图 2.27(c)显示的是信道频率占用度的变化情况。关于寻址测向问题将在第 5 章进行详细讨论。

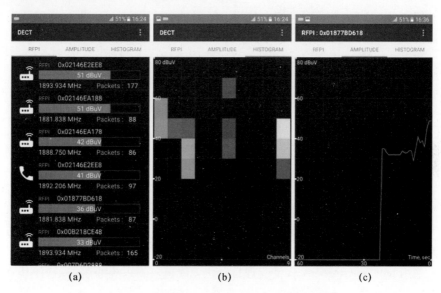

图 2.27 DECT 通信系统的寻址定位软件界面

SMO – RP 手动测向软件包能够进行辐射源搜索,信号频谱分析和测向,检测瞬时、单次或周期性信号,以及在非标准频率工作的 DECT 标准信号。

如有必要,室内未授权 RES 检测设备可附带专用软件包,例如,通过 SMO – BS 软件包,实现身份识别和基站服务参数测定[17]。

▲2.14 总结

将无线监测设备集成到统一的自动化系统中,可以在自动模式下,处理与未授权 RES 检测相关的各类无线电监测任务。无线监测设备的集中控制,能够最小化工作站数量,实现通过无线电辐射源账户数据库的归一化。

本章介绍了自动无线电监测系统 AREAL 典型设备的应用,用于检测未授权的无线电发射,并在管制区域、建筑物、车辆和其他目标中进行定位;还展示了因任务不同而在结构、功能和系统组成方面的差异化设计。

ARGAMAK 系列数字接收机是 AREAL ARMS 的无线电监测设备的基础。它们具有模拟接收路径和动态范围、数字处理性能好、能够以 40MHz 的带宽对

无线电信号进行记录和技术分析。上述所有设备都是多功能设计,并为以下任务提供解决方案:

(1)快速检测任意调制类型的"新"无线电辐射,包括 9kHz ~ 40GHz 频率范围内的超宽带信号和跳频信号。

(2)以 40MHz 带宽对无线电信号进行记录和技术分析,识别未授权的无线电辐射。

(3)监测目标内、外的无线电辐射源定位,频率范围为 0.3 ~ 18000MHz。

(4)有线网络监测,频率范围为 50 ~ 30MHz。

(5)自动测向,频率范围为 1.5 ~ 8000MHz。

(6)自动测向,频率范围为 8 ~ 40GHz。

(7)无线电信号的多通道记录。

(8)基于延迟处理模式的无线电信号技术分析。

(9)远程控制。

上述设备能够有效解决监测区域和目标中的未授权 RES 检测问题,以及复杂电磁条件下建筑物及周围区域和监测目标外部的辐射源定位问题,这些情况在大城市和工业中心是很典型的。

采用 SMO - ARMADA 软件管理自动化无线电监测系统的运行,软件具有客户端/服务器架构、结构化特点,以及非授权 RES 检测功能,并能根据需要调整系统规模。

软件能够控制位于监测目标内部或外部的无线电监测设备,处理无线电监测任务、搜索离散的信息泄漏单元,能够以全天时模式无人值守自动运行,将存在潜在风险的辐射源检测结果或设备故障信息通过电子邮件或短信实时通知操作者。

将 AREAL ARMS 使用的所有可能情况人为划分为 AREAL - 1 ~ AREAL - 5 系列,这样便于正确选择系统结构和所需设备。

AREAL - 1 ARMS 用于在长边界线和邻近地区提供常态监测。系统组成包括有人值守/无人值守的固定和移动无线电测向仪,以及控制中心。

AREAL - 2 ARMS 用于在管制区域内进行单次或定期的无线电监测。系统组成包括移动、车载和便携式无线电监测设备。为实现无线电电磁环境的增强分析和无线电信号的详细技术分析,采用 AREAL - 3 系统,其中包括无线电信号记录和技术分析组件。

AREAL - 4 ARMS 用于在边界固定的封闭地区进行常态化的无线电监测。系统组成包括固定式、移动式、车载式和便携式设备。在此情况下,可通过移动式无线电测向设备、视频监控和 SMO - SECTOR 软件包进行控制。

AREAL－5 ARMS 用于检测建筑物内和车内的未授权无线电辐射源。系统采用标准的分布式系统设计,实现了对 ARC－D13R、ARC－D15R、便携式设备 ARC－D11 和背负式测向仪 ARC－RP3M 的远程控制。对于在无线电频率工作且采用 GSM、Wi-Fi 和 DECT 技术的未授权 RES,系统能够对其检测并定位。

参考文献

1. Rembovsky A, Ashikhmin A, Kozmin V, Smolskiy S (2009) Radio monitoring. In：Problems, methods and equipment. Lecture notes in electrical engineering. Springer, p 507

2. Rembovsky AM (2016) Automated system for unauthorized radio emission revelationAREAL—tasks, a structure, components (in Russian). Spetstehnika i svyaz (1)：26－37

3. Alekseev DA, Bogdanov AY, Rembovsky AM (2016) Detection of unauthorized radioemission in the controlled objects (in Russian). Spetstehnika i svyaz (4)：2－13

4. Handbook Spectrum monitoring (2011). ITU－R

5. The Catalogue 2017 of IRCOS JSC. http://www. ircos. ru/zip/cat2017en. pdf. Accessed 28 Nov 2017

6. Digital radio receivers. http://www. ircos. ru/en/rsv_main. html. Accessed 28 Nov 2017

7. SMO－ARMADA software package of automated spectrum monitoring systems. http://www. ircos. ru/en/sw_armada. html. Accessed 28 Nov 2017

8. SMO－SEKTOR software package for detection of radio emission sources indoors. http:// www. ircos. ru/en/sw_sector. html. Accessed 28 Nov 2017

9. Automated localisation of electromagnetic emission sources at sites. http://www. ircos. ru/zip/ art _ vkl1 _ eng. pdf. Accessed 28 Nov 2017

10. Clark L, Algaier WE (2007) Surveillance detection, the art of prevention. Cradle Press LLC, 197 p

11. SMO－PA/PAI/PPK panoramic analysis, measuring and direction finding software package. http://www. ircos. ru/en/sw_pa. html. Accessed 28 Nov 2017

12. Localization by a mobile monitoring station of radio signal transmitters in city. http://www. ircos. ru/zip/art_vkl2_eng. pdf. Accessed 28 Nov 2017

13. SMO－DX software package for indoor radio monitoring and radio signal parameterevaluation. http:// www. ircos. ru/en/sw_dx. html. Accessed 28 Nov 2017

14. SMO－STA software package radio signal technical analysis. http://www. ircos. ru/en/sw_sta. html. Accessed 30 Nov 2017

15. SMO－ANDROMEDA software package for manual direction finding and radio monitoring for tablets and smartphones. http://www. ircos. ru/en/sw_andromeda. html. Accessed 28 Nov 2017

16. SMO－RP software package for manual direction finding. http://www. ircos. ru/en/sw_rp. html. Accessed 28 Nov 2017

17. SMO－BS software packages for wireless data communication system analysis. http://www. ircos. ru/en/sw_bs. html. Accessed 28 Nov 2017

第 3 章

SMO – ARMADA 软件系统

◢3.1 引言

软件是自动化无线电监测系统的三个基本组成部分之一。监测软件主要用于集成多种无线电监测单元,提供任务的整体解决方案,支持用户与系统硬件的交互,控制系统状态,生成统计和报告信息,与外部信息系统及其他功能单元交互,以提高无线电监测设备运行效率[1-2]。

IRCOS 公司开发的无线电监测设备软件已历经几代。第一代软件用于控制多个设备并在 MS – DOS 操作系统下运行。目前,第一代软件已不再实际使用。

第二代软件在 Windows 操作系统下运行,允许同时控制多个无线电监测设备网络。第二代软件典型示例有 SMO – PA I、SMO – PPK、SMO – KN STALKER 和 SMO – DX 等[3-5]。直至今日,第二代软件的维护和修改仍在进行,并成功地用于各类无线电监测任务的解决方案。

第三代软件在第二代的基础上,提供"+"系列设备的操作能力,同步分析带宽高达 24MHz,并支持根据统一开放协议对设备进行远程控制。费力的算法实现工作被转移到下级软件层(设备驱动程序)和本地控制服务器。

SMO – ARMADA 软件系统可以作为第四代软件[6]。它是基于 Web 技术开发的跨平台软件,是自动化系统的核心软件。目前,第二代、第三代和第四代软件互补使用。

对于自动化无线电监测系统(ARMS)软件的主要功能需求由其使用目的决定。软件通过控制地理上分布的多种监测设备系统,为本地、区域级或国家级提供无线电监测任务的解决方案。

为了减少无线电监测设备的运行费用,除那些难以用形式化语言表述以及操作员必须手动处理的复杂情况或任务外,ARMS 应该支持典型任务的自动化解决方案。此外,ARMS 软件应提供设备运行的计划自动模式和操作员直接手动控制模式。

基于风险导向方法的软件实现,设计了对 ARMS 操作员工的通知程序,通知主要包括自动任务执行模式下的任务状态以及需要操作员介入的处置工作,在扩大设备量的同时只需一个操作员维护系统,并减少了所需自动化工作站的数量。

在典型应用中,ARMS 作为分布式系统,其组成单元可以在广域地理分布,并且 ARMS 结构设计上主要依据无线电监测的组织管理结构,即 ARMS 采取分级结构设计。分级的数量取决于 ARMS 的使用规模。

可以为不同级别的系统单元分配不同的任务。较低级别的系统单元(无线电监测设备)通常执行测量、干扰检测、频谱占用数据获取和报告生成的任务。控制点完成无线电发射机数据库支持、下级无线电监测站任务分配、获取数据的归纳汇总,并在有上级控制点时生成上报文件。由于数据安全的级别和要求在不同的监测级别上不尽相同,因此对硬件的要求也存在差异。应在控制中心和控制点使用计算机服务器,但由于地理条件、功耗和成本的限制,无线电监测设备节点可能不允许使用计算机服务器。ARMS 软件采用模块化设计,解决不同任务对于计算资源的差异化需求,还可以在各系统层级上,提取功能组件并灵活配置模块结构。

应用编程接口(API)允许用户开发和集成自己独立于系统结构之外的模块,这扩展了系统功能并解决了特定任务需求。

将地理分布的无线电监测设备集成到统一系统时,需要解决设备间数据交换的问题。使用的通信信道容量差异很大:有本地以太网的千兆连接,还有通过高频无线电通信几千波特率的数据传输。节点可以有多个有效网络连接用作备份或用于与系统的偶发连接。所有这些不仅要求数据流量最小化,而且还需要能够根据通信信道容量自适应调整数据传输速率。

对于那些仅有偶发连接的节点,在系统结构设计上需要考虑到节点独立工作的要求,应具备根据任务计划自动化执行任务的能力。这要求软件能够存储并及时执行分配的任务、保存并初步处理获得的结果,并在信道接通时将结果传送到高级节点。

ARMS 通常是多用户并发使用。为了避免各种层级工作用户的数据访问冲突,ARMS 软件预设优先级和访问权限,并能够根据不同的用户或用户组进行调整。

为有效运用 ARMS,需要考虑与其他专用信息系统的交互问题,如频谱使用控制系统以及电磁兼容性计算系统。

通常,ARMS 由无线电监测设备的制造商开发。然而,提供给用户的可能是不同制造商的设备,并且无法集成到其他制造商的系统结构中,这就会限制 ARMS 的应用领域并降低其使用效果。因此,ARMS 软件结构上应设计连接各种设备的通用接口,以实现共享使用。

系统集成各种软硬件单元,使得整个系统自动控制得以高效实现,其中每个独立单元都不可或缺。因此,ARMS 软件应该提供对各系统单元状态和相互间通信信道的监视功能,并在发生问题时紧急通知系统用户。

最后,因为在具有大量节点的大型系统中,同时通信信道可能无法连通的情况下,手动软件更新需要大量时间,在此期间内部分系统将无法工作。因此,ARMS 软件应具备自动更新功能。

综上所述,ARMS 软件的开发不仅要考虑与无线电监测功能直接相关的任务解决方案,还要考虑系统作为一个整体工作的任务需求。本章中,我们将考虑如何满足 SMO – ARMADA 软件系统上述要求的实现方法,并阐述系统架构和主要工程解决方案[1]。

▨3.2　SMO – ARMADA 系统架构

SMO – ARMADA 作为具有"小型化"客户端的跨平台扩展容错客户端/服务器系统,根据国际电信联盟(ITU)的建议书[7-9]而设计开发。

系统软件分为服务器端和客户端两部分。服务器端软件主要是应用服务器和数据服务器,安装在无线电监控设备连接节点上,以及控制中心和控制点的服务器上,具有以下功能:

- 为无线电监测设备分配任务并处理监测结果;
- 根据计划执行监测任务;
- 按优先级执行任务;
- 用户授权和权限管理;
- 存储任务和结果;
- 诊断无线电监测设备和基础设施故障;
- 从外部信息系统获取任务;
- 生成员工任务并统计干扰排查申请;
- 将任务执行结果发送到外部信息系统;
- 实时控制设备;
- 显示无线电监测设备当前状态;
- 在数字区域地图上显示设备地理位置;
- 在不同情况出现时紧急通知操作员;

● 在所有节点之间自动同步账户数据库。

SMO – ARMADA 系统的客户端/服务器系统架构示例如图 3.1 所示。

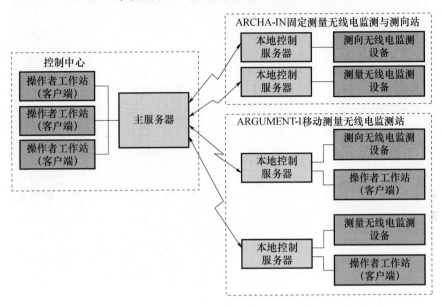

图 3.1　SMO – ARMADA 系统的客户端/服务器系统架构

系统在自动化工作站(AWS)操作员的帮助下运行,其中 ARMS 的客户端部分可以是浏览器中的网页界面和桌面应用程序,实时控制无线电监控设备工作(图 3.2)。使用服务器端进行通用计算操作,这样降低了对操作员工作站控制计算机的性能要求,并从根本上减少了系统部署和维护的费用。

目前,基于网页的图形用户界面(GUI)正在开发之中,用来实现无线电监测操作功能,以便无须在自动化工作站上安装附加软件,即可获得完全跨平台的 ARMS 客户端。

系统基于 J2EE(Java2 企业版)平台构建,体现了复杂分布式控制系统构建的工业标准。用户可以通过任何支持 HTML5 和 WebSocket 的浏览器访问系统,该功能在 Google Chrome 浏览器中进行了测试。

在浏览器窗口中,采用通用控制要素、上下文菜单和“热”键实现全值多窗口用户界面(图 3.3)。谷歌网页工具包(Google Web Toolkit,GWT)技术和 Sencha GXT 组件库是开发用户网页界面的基础。基于 GFlot 库实现图形信息显示。

GWT 技术为程序员提供了与浏览器交互并从 JavaScript、HTML 和 DOM(文档对象模型)中分离的可能性,支持用户界面的基本元素、对象的序列化(转换)机制和 RPC(远程过程调用),能够从客户端远程向服务器发起申请并获取执行结果,还能够在 Java 开发语言和 JavaScript 之间跨编译器进行代码调试。

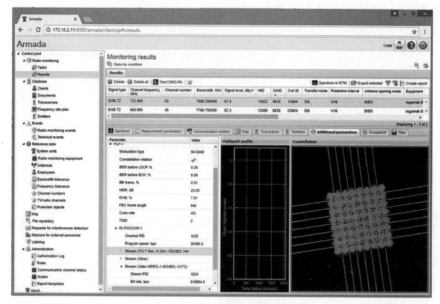

(a) 网页浏览器下的SMO-ARMADA

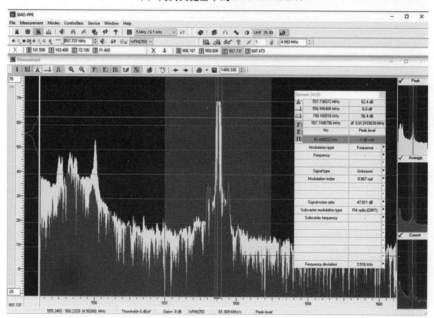

(b) "频谱"模式下SMO-PAI应用程序

图 3.2 浏览器和桌面的网页界面

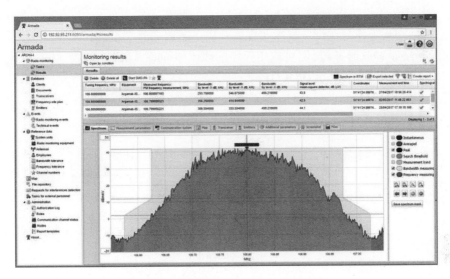

图 3.3   SMO – ARMADA 界面

除用于客户端/服务器交互的 GWT – RPC 基础机制外,网络套接字(Web-Socket)机制在 SMO – ARMADA 中也有所应用。传统的 RPC 是服务器根据客户端请求执行某些操作,而 WebSocket 允许服务器主动将消息发送给客户端。这一机制在 SMO – ARMADA 中用于实时频谱显示,并且有时用来通知客户端在当前数据过期时使用来自服务器的桌面数据,必要时根据服务器数据进行数据更新。

采用上述方法、技术和组件库实现用户界面设计,满足了当前要求,并简化了 SMO – ARMADA 开发过程中的界面修订工作。

最大限度地采用典型解决方案和组件方法开发 SMO – ARMADA 的服务器端软件,满足以下要求:

● 跨平台结构——系统能够在 Windows 和 Linux 操作系统下运行;

● 可扩展性——系统能够在单独计算机上和国家级监测系统部署;

● 容错性——在部分设备故障和/或通信信道降级(直至中断)下维持系统工作状态,自动控制监测设备和通信信道状态;

● 开放性——能够通过交换格式和/或协议与其他系统交换无线电监测数据,并能够使用不同制造商的无线电监测设备;

● 软件更新的简单性——首先更新系统中央服务器,然后自动更新下级服务器;

● 不同机构数据的分离使用——系统的每个操作员应与确定的一个机构(或多个机构)相关联,避免未经授权访问其他机构部门数据的可能性。

从图 3.4 中可以看到 SMO – ARMADA 的服务器端组件与客户端组件的交互过程,交互工作是在浏览器中实现的。以下是服务器端组件:

- Java Web 服务器(网页应用程序的载体)Tomcat;
- 数据库管理系统(DBMS)PostgreSQL;
- Armada. war 和 geoserver. war 网页应用程序;
- 辅助组件(launcher. jar loader 等)。

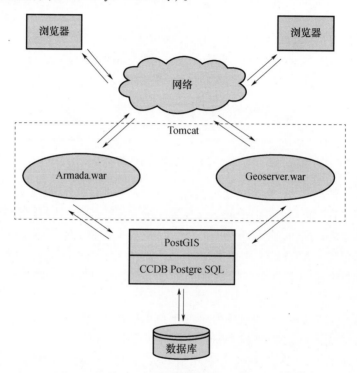

图 3.4　SMO – ARMADA 的服务器和客户端部分

为了简化 Windows 操作系统下的系统部署,Java、Tomcat 和 PostgreSQL 不作为单独的服务安装,而是通过图形用户界面集成到统一分发中,图形用户界面在操作系统中仅安装 Armada 服务。如果在 Windows 服务中启动 Java 应用程序,需要用到辅助可执行文件,使用所需参数启动 JavaVM 虚拟机。在 JavaVM 启动时,专门开发的加载器启动集成的 PostgreSQL,然后启动集成的 Tomcat,依次再启动提供的网页应用程序。

在 Linux 操作系统中,从兼容性考虑,预安装 PostgreSQL,SMO – ARMADA 的其他组件以安装包的形式提供。

网页应用程序的生命周期由多功能 Spring Java 框架控制,该框架是标准服务器组件(Enterprise Java Beans,EJB)技术的简化版和更灵活的替代方案。增加系统性能方面,与 DBMS 的交互也是通过简化版持久层框架 MyBatis 库提供,而不是使用 Hibernate 类型的传统对象—关系映射框架(Object － Relational Mapping,ORM)。与客户端代码的交互主要通过 GWT － RPC 服务以及(有时)服务连接器 servlet 实现。

◢3.3　软件系统组成

为了进一步研究 SMO － ARMADA 系统架构,有必要选取主要的系统组件并分别分析每个组件的结构。以下子系统包含在 SMO － ARMADA 系统架构中:

- 无线电监测子系统,用来解决在操作(操作员控制)和计划(根据任务和计划自动控制)模式下的无线电监测设备的控制任务;
- 账户和参考数据子系统,用于存储和显示有关登记注册的无线电电子设备、许可证以及 ARMS 运行所需的参考数据的信息;
- 事件通知子系统,用于通知操作员处理需要人为干预的问题状况;
- 任务生成与申请处理子系统生成员工任务并统计干扰排查子系统申请;
- 制图子系统,用于在电子地图上呈现登记和参考信息,以及可视化呈现无线电监测结果;
- 数据传输子系统,完成系统服务器之间自动数据同步任务;
- 报告生成子系统,用来基于数据库样本或批准格式的文件生成报告;
- 数据存储子系统,用于系统数据的存储、备份和恢复;
- 数据交换子系统,提供与外部系统交互的接口;
- 管理子系统,用于管理系统效能、配置用户数据,控制系统数据的访问权限;
- 更新子系统,用于更新某些系统组件或整个软件;
- 自诊断子系统,用于检查系统效能。

接下来让我们详细了解上述子系统。

◢3.4　无线电监测子系统

在操作模式中,通过专用软件包来处理任务,这些软件包对于解决一个或多个特定任务是必要的。为了进一步使用所获取的数据(如对它们进一步延迟处理),需要将操作结果存储在 SMO － ARMADA 数据库中。

软件包有用于全景分析和测量的 SMO － PAI 软件包、用于数字信号分析的 SMO － BS 软件包、用于信号技术分析的 SMO － STA 软件包,以及其他提供任务操作模式下解决方案的主要软件程序[4,10-11]。

在计划模式中,根据操作员制定的计划执行无线电监测任务。无线电监测任务的自动(规划)模式,需要明确测量集及其参数、无线电监测设备、频率或频率范围、预期结果,以及计划表和执行优先级。任务可以由操作员使用网页界面生成也可使用数据交换子系统加载。

计划和操作模式下的无线电监测设备控制,是基于数据交换的开放统一协议(UP)实现的。为此,使用了"无线电监视服务器的驱动程序"软件包。该驱动程序提供了命令接收和处理,并将获取的结果传递给发送方。基于 TCP/IP 协议执行与驱动程序的数据交换。

可以从任一系统单元进行无线电监测设备的任务分配,分配时应考虑硬件情况(支持的测量变量、天线输入特性及其他一些参数)。将任务内容存储在节点的数据库中,然后节点生成任务并将其发送到节点执行程序和控制点(如图 3.5 所示,第一阶段,阶段编号用密码标记)。

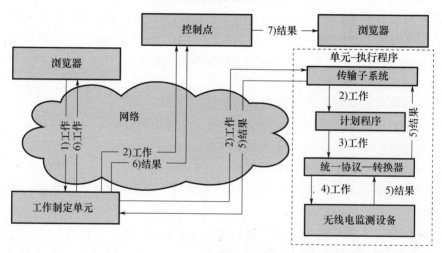

图 3.5 在计划模式下任务制定和执行

之后,将节点执行程序中的任务传递给计划程序,计划程序根据计划表和新任务的优先级,任务优先级队列以及设备正在执行的当前任务情况,来确定进一步的操作(第二阶段):等待、执行任务或者中断当前正在执行的任务。

基于统一协议,计划程序与无线电监测服务器的驱动程序进行交互,其中统一程序提供命令和无线电监视数据序列化。为了将任务从 Java 对象转换为统一协议命令序列并反向传输结果,在软件中考虑了特殊模块转换器(第三阶段)。

在任务执行期间(第四阶段)获取监测结果(第五阶段),通过传输子系统将结果传送给节点—任务发起者。

节点—任务发起者将结果发送到控制点(第六阶段),并在浏览器中显示。连接到控制数据库的其他操作员通过浏览器,也可以查看任务和结果(第七阶段)。

3.5　监测服务器的驱动程序

RC2HWCL 无线电监测服务器驱动程序的结构图如图 3.6 所示。在驱动程序内为每个新连接创建对象处理程序,接收和解码统一协议的输入命令。

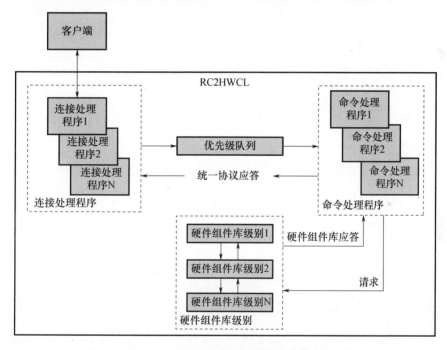

图 3.6　RC2HWCL 无线电监测服务器驱动程序的结构图

解码命令根据优先级进入队列,并根据优先级逐一执行。每个统一协议命令包含有关期望服务器回复的全面信息(类似于广泛分布,目前的 RES T 架构样式),这样从本质上简化了多用户访问的实现程序。该解决方案无须在服务器上存储用户的背景信息。每个统一协议命令被转换为下一个级 HWCL(硬件组件库)内部协议的一个或多个命令来执行。

为便于统一协议使用,开发 RC2HWCL 的低级别库来实现统一协议命令的序列化－反序列化。此外,结构性描述语言在语法上与谷歌协议缓存(Google Protocol Buffers)[12]相近,并且在此基础上开发了 C＋＋类的代码生成器。结构性描述和代码生成器运行结果示例如图 3.7(a)、(b)所示。从最大限度地使用现有工业解决方案的角度来看,使用协议缓冲区本身是相当合理的,仅在统一协议第一版完成开发后一年半的时间,就出现了 Google 项目的第一个公开可用版本。

```
enum HardwareMode {
  Idle = 0;
  RealTime = 1;
  Planned = 2;
}

enum EventType {
  HardwareReady = 0;
  HardwareFail = 1;
  USBHardwareNotFound = 2;
  EthernetCommunicationFail = 3;
  UnknownConfiguration = 4;
}

message RepTechnicalEvent {
  repeated EventType EvType
    = upvTechnicalEventType;
  required uint16 Progress
    = upvDonePC [default = 65535];
  optional HardwareMode Mode
    = upvHardwareMode [default = 0];
  optional string UserName
    = upvUserName [default = ""];
  optional string UserAddress
    = upvUserAddress [default = ""];
}
```

```
enum nHardwareMode
{
  Idle = 0,
  RealTime = 1,
  Planned = 2
};

typedef std::vector<nHardwareMode> nHardwareModeList;

enum nEventType
{
  HardwareReady = 0,
  HardwareFail = 1,
  USBHardwareNotFound = 2,
  EthernetCommunicationFail = -3,
  UnknownConfiguration = 4
};

typedef std::vector<nEventType> nEventTypeList;

class nRepTechnicalEvent : public nBaseStreamedObject
{
private:
  WORD Progress;
  nHardwareMode Mode;
  AnsiString UserName;
  AnsiString UserAddress;
public:
  virtual void load(upItem* item);
  virtual void save(upOutParam* item);
  virtual void clear();
  nRepTechnicalEvent();

  nEventTypeList EvType;
  WORD getProgress() const {return Progress;}
  nRepTechnicalEvent& setProgress(WORD value)
      {Progress = value; return *this;}
  nHardwareMode getMode() const {return Mode;}
  nRepTechnicalEvent& setMode(nHardwareMode value)
      {Mode = value; return *this;}
  AnsiString getUserName() const {return UserName;}
  nRepTechnicalEvent& setUserName(AnsiString value)
      {UserName = value; return *this;}
  AnsiString getUserAddress() const {return UserAddress;}
  nRepTechnicalEvent& setUserAddress(AnsiString value)
      {UserAddress = value; return *this;}
};
```

(a) 使用"结构性描述语言"描述　　　　　(b) 自动生成的"技术事件"
　　　"技术事件"结构　　　　　　　　　　　　C++类的头文件

图 3.7　结构性描述和代码生成器运行结果示例

代码生成器的使用显著提高了代码可读性、减少了开发错误的数量,并通过统一协议形式化描述而简化了 SMO – ARMADA 开发者团队和无线电监测服务器驱动程序开发团队之间的沟通协调。

▲3.6　硬件组件库协议

统一协议尽管有很多优势,但从高级别软件的角度来看,并不适合实现硬件的直接控制。硬件具有许多可能状态,而统一协议(没有额外的抽象级别)是典型的无状态协议,既不是性能最优,而且在调试和测试中也存在复杂性和困难。为此采用中型的中间协议来解决这一问题,该协议在其逻辑上接近于硬件的控制命令。

　　在统一协议开发时,已经存在大量关于操作模式下硬件控制软件的阐述,其中用到 21 世纪初开发的独立于硬件的 HWCL 协议。创建该协议是用来替代基于打印终端(LPT)接口控制硬件的系列协议,然而应用表明,它完全适合作为中型的协议使用。代码具有高度的继承重用性,开发用作第四代硬件(在 2000 年左右)和 20 世纪 90 年代末基于 LPT 接口的第二代、第三代设备的控制模块,这是 HWCL 协议的额外优势。

　　HWCL 库用来在用户接口和硬件系统之间建立独立于硬件的协议交换。通过使用该库可以基于多层结构原理创建软件(在用户界面和设备驱动器之间使用附加层,实现中间计算和控制功能)。使用 HWCL 的软件包含相同接口的层级。这些层可以通过线性或树型结构链接。各层之间的数据交换可以在相同地址空间的框架中实现,也可以使用网络连接来实现。

　　每层可以存储在单独的软件模块(DLL,动态链接库)中,这允许改变软件配置而无须重新编译其组成部分。库中可以进行嵌入式调试,因此 DLL 层可以加载到单独进程的地址空间(对于系统其他部分透明)。这样便于诊断泄漏或存储器故障等问题。可以在辅助软件的帮助下自动测试各单独层,将测试数据以适当的 HWCL 命令形式传递给该层,并检查命令执行结果,这是另外一种尝试。该技术与集成服务器一起,广泛用于验证测量算法、测向算法,以及通信系统的信号分析等。

　　该库支持程序员通过软件—硬件复数类("复数类描述")的配置信息,开发可以在系统中具有各种配置的统一软件。复数类描述是树型列表,它包括硬件可用工作范围、分析带宽、天线输入特性,以及嵌入式导航系统等信息。从电平测量算法到 DVB、LTE 分析仪等相关的信号分析算法描述,也是通过复数类描述发送到上一级软件。

　　基于无线电监测驱动的层连接简化版典型方案如图 3.8 所示。这里使用的层可以分为以下几组:

　　● 实现和信号分析算法并收集统计:包含占用率估计模块、统计收集模块等;

　　● 实现基本的复数类功能:文件记录模块、搜索模块;

　　● 网络操作模块以及操作模式下与软件支持集成;

　　● 支持各种外部设备,如 USB 控制转台、基于 NMEA 协议[13]或专用 GARMIN GPS 18 协议[14]的外置 GPS 接收机;

　　● 硬件控制模块:直接控制设备以及可选附加模块的硬件控制器,如精确温度校准模块(用于对幅频率响应特性要求 ±1dB 的硬件),以及进行自诊断服务

的模块(基于 SNMP 协议)等;

• 计划模式支持模块(实现 HWCL 命令系统扩展,以便于 RC2HWCL 开发);

• 操作模式支持模块,如音频回放模块。如果操作模式应用程序同时连接到多个 RC2HWCL,则自动激活那些同时处理多个软件—硬件复数类数据的模块,例如,使用到达时差法的定位模块。

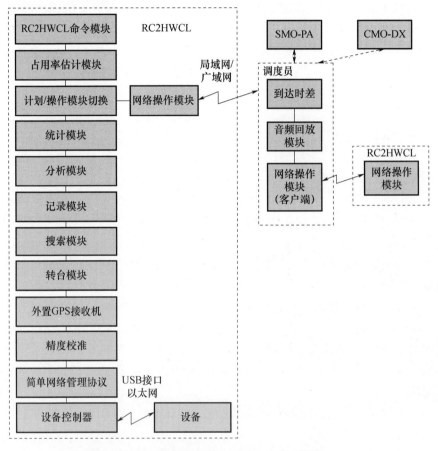

图 3.8 无线电监测服务器驱动程序的结构

HWCL 中间层的存在使其能够非常灵活地控制各种类型的硬件,尽管这些硬件本身差异很大。如果硬件上不支持某些功能,则附加的中间层可以通过软件模拟实现该功能。例如,如果设备没有嵌入式实现均方根检测器,则信号分析模块可以通过时间采样并由软件计算进行电平估计。而且对高级别的软件而言,两种方式进行的估计没有区别。信号搜索模块可以类似的方式工作:一些硬件可以独立地执行搜索任务,对于那些没有设计该选项的系统,信号搜索可由软件执行。当硬件根据固定或浮动阈值执行搜索任务时,但是它无法支持全景范围的搜索(例如,由于嵌入式存储器容量限值)。在这种情况下,搜索模块对前两种算法使用硬件搜索,而全景搜索将在软件中独立实现。

硬件控制器作为 HWCL 的重要组成部分,将 HWCL 命令直接转换为硬件控制命令。控制器允许 HWCL 的其他层独立于硬件工作,仅面向控制器的复数类描述。该软件包括用于不同类型硬件的一系列控制器,其中 D7SDRM 控制器用于控制具有 USB 和以太网接口的设备。该控制器最为常用,在内部结构设计上也是最具吸引力,为此在下面章节将进行详细介绍。D7SDRM 控制器的名称对应于所支持的第一类设备的名称。

DTSDRM 控制器结构如图 3.9 所示。它具有模块化架构,可以扩展用于控制新类型的硬件。处理初始化进程的 HWCL 命令到达"控制器模块"命令列表,每个控制器模块实现某部分系统功能:有硬件初始化模块("复位")、声音控制模块、接收机控制模块、转台、GLONASS/GPS 罗盘等。每个模块分析命令并通知"协调器"有关信息,即它是否参与此命令处理,以及使用哪个有效的"硬件配置文件"进行处理。这里的硬件配置文件是指加载到硬件的 DSP 程序、FPGA 固件及其工作模式的集合。由于 HWCL 协议要求发送应答作为每个接收到 HWCL 命令的响应,因此"协调器"在执行命令之前形成模块可用的"响应弹窗"。在执行完命令后,将"响应弹窗"传送到软件的更高层级。

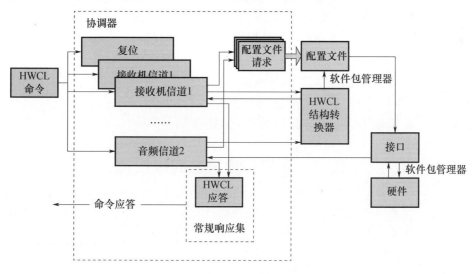

图 3.9　D7SDRM 控制器结构

"协调器"选择配置文件并将其应用于硬件,然后执行命令,该配置文件适用于参与处理的所有模块。产品线中的便携式系统使用低功耗数字处理器,其计算能力有限,需要在系统开发过程中予以考虑。根据从客户端接口接收的请求数据,进行灵活的资源重新分配。典型示例是从两个通道获取同步频谱,这可以使用两个 DSP 同时完成(此时,硬件中没有用于其他任务的多余 DSP),或者仅使用一个 DSP(性能较低,但第二个 DSP 可以用于声音解调等)。在这种情况下,负责频谱获取的模块将通知"协调器"执行两个"配置文件":较快的配置文件使用两个 DSP,而较慢的配置文件仅使用一个 DSP,同时"协调器"根据其他模块的当前工作情况就任务实施方法做出决策。

在安装"配置文件"之后,模块在"转换器"的帮助下将接收到的 HWCL 命令转换为低级控制命令。"转换器"由数十个类处理器组成,每个类处理器负责转换 HWCL 命令的一些结构。这一方案允许在出现新类型硬件的情况下方便地形成新的"转换器",这些新类型的硬件之前基于 PCB 开发。例如,当"带有新命令系统的新接收机"组合出现时,转换器实现转换并完成那些负责接收机调频、衰减器控制等类的注册。对于其他功能,将使用现有的软件模块实现。

作为"转换器"处理结果的硬件控制命令,首先在封装硬件当前"配置文件"类中进行处理,然后它们进入直接将其发送给硬件的对象"端口",并接收硬件响应。物理上,"端口"可以根据硬件类型使用各种通信信道发送数据。目前生产的设备主要使用 USB 接口或以太网 UDP 分组发送数据,未来可能用到像 PCIe 或其他通信信道。基于"Packman"软件包管理器协议生成发送给设备的分组,该协议实质上是发送到硬件的数据块报头上的协议集。

来自硬件的响应传递给模块并进行解释,模块根据其内容将其解释为数据或硬件的命令确认响应。每个模块通过"响应弹窗"中获得的信息填充其"自己的"字段。当所有模块完成弹窗填充并通知"协调器"准备就绪时,将发送 HWCL 命令的响应,并且硬件控制器准备好接收下一个命令。

◢3.7 账户与参考数据子系统

账户与参考数据子系统用于输入、存储、编辑和删除目录中的信息,这些信息用于无线电监测任务的解决方案。操作员通过图形界面执行对该子系统的操作,数据主要以表格形式呈现。新数据的输入和编辑通过图 3.10 所示的对话窗实现。

账户与参考数据子系统主要管理以下数据组:

- 账户数据(有关频率指配的信息、无线电电子设备的所有者、许可证);
- 参考信息(有关设备和无线电监测站的信息、天线的校准数据、带宽和频率的标称值、数字通信系统的信道等）。

　　自动化无线电监测系统的账户与参考数据集根据系统目的和应用条件不同而有所变化。

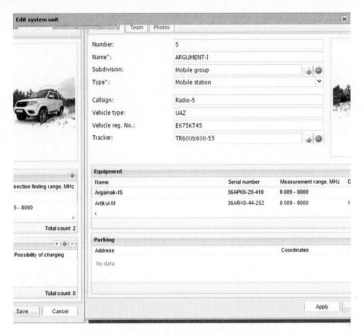

图 3.10　移动无线电监测系统的参考信息

▲3.8　任务生成与申请处理子系统

该子系统用于统计干扰排查申请并控制干扰排查的执行过程。

干扰排查申请表如图 3.11 ~ 图 3.13 所示，并包含以下信息：

- 注册号，在数据库中保存申请时自动生成；
- 优先级；
- 申请者信息；
- 申请者的联系方式；
- 受扰无线电子设备及其频率信息；
- 干扰的典型特征信息；
- 申请处理信息：接收时间，决定使用人力和设备搜索干扰源的时间，操作执行时间，根据申请完成排查的时间；
- 用于完成干扰排查所需的资源和设备信息；

● 根据申请完成的排查结果。

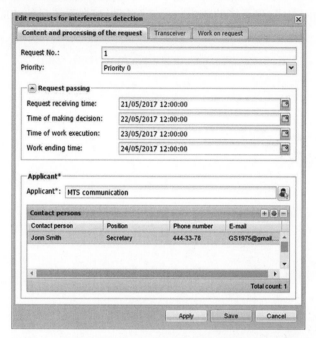

图 3.11　申请者和申请时间的信息

图 3.12　有关干扰源的信息

图 3.13　根据申请的排查结果

　　设计包含干扰排查申请列表的统计表格,有助于为移动无线电监测组快速生成任务。

　　员工任务生成业务仅限于管理那些参与干扰排查的员工,即移动站的操作员和无线电监测组。用于审查和生成任务的程序窗口如图 3.14 所示。

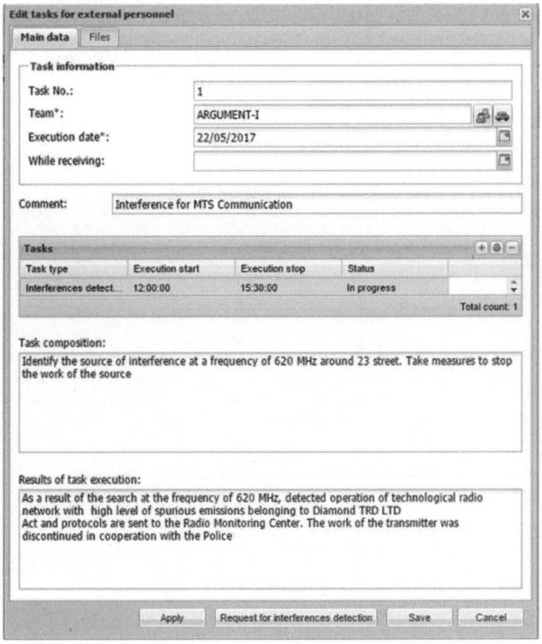

图 3.14　员工任务窗口

任务包含以下字段：
- 任务代号——自动填充；
- 该项任务分配到的移动监测组信息；
- 任务执行日期；
- 任务分配列表、内容和执行时间；
- 任务接收时间；
- 分配任务的执行结果；
- 移动监测组及无线电监测设备的人员信息；
- 任务执行结果。

该业务完成以下功能：
- 目视检查分配任务的执行时间：过期任务用红色标记。
- 自动通知移动监测组员工有新任务，或删除先前分配的任务。
- 自动通知负责任务分配的员工有关任务接收和执行的信息。
- 及时审查有关干扰排查任务申请信息。

◢ 3.9　地图绘制支持

地图绘制是任何自动化无线电监测系统的重要组成部分。SMO－ARMADA 的地图绘制子系统是在 Java 中使用 GeoServer 地理空间数据服务器开发[15]。通过软件接口访问矢量和栅格地图，以及来自外部客户端的显示数据（图 3.15）。

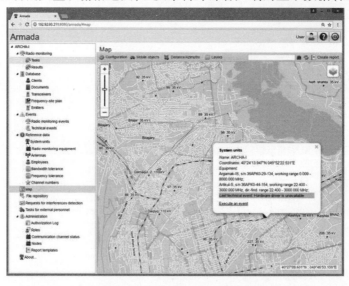

图 3.15　地图上控制对象的信息

采用 OSM(开放街区图)地图作为地图绘制基础。可视化数据存储在 SMO － ARMADA 中,图层的标准集由面向问题的图层组成:无线电电子设备、无线电监测站、移动站及其轨迹等。

为了支持网页地图绘制,在浏览器窗口中使用 Leaflet 库,根据从地图绘制服务器接收的数据以及操作员与地图的交互操作,来提供地图显示。

为表示移动站在电子地图上的当前位置,采取与各制造商的 GLONASS/GPS 跟踪器交互的方式实现。采用两种方法从跟踪器获取数据:

(1)基于 GSM/3G 信道,以直接来自跟踪器的 NMEA 类似格式,获取坐标数据。

(2)通过移动对象监控的系统接口,获取坐标数据。

通过地图绘制子系统,可以向地图添加用户图层和对象。

3.10　数据传输设计

数据传输子系统用于在分布式系统的所有数据库之间同步(复制)变化的数据。该子系统为其他子系统提供了"透明"模式下的 SMO － ARMADA 可扩展性。通过节点间集成的层级结构,以及服务器间选择信息的复制,实现 SMO － ARMADA 的可扩展性。每个控制中心负责相应的区域并提供下级控制点的既定操作,控制点依次控制下级无线电监测站。

数据传输子系统允许操作员连接到系统的任意节点,进行无线电监控任务分配,对于任意其他系统节点,操作员可以使用由更高级节点操作员输入的账户和参考数据实施。此时,在更高级别节点上的无线电监测任务和结果数据是双倍的。

最初我们计划使用标准的 JMS(Java 消息服务)技术,特别是 ActiveMQ 平台来实现数据传输,但由于相对低功耗的无线电监测嵌入式计算组件引发的性能问题,最终决定有必要开发独立的子系统实现数据复制。

当通信信道暂时中断时,数据传输子系统应能够进行数据事后重发,考虑将子系统开发成具备灵活传输策略的系统,能够在各系统节点发送各种类型的数据,并支持按优先级队列传输和统计通信信道的当前状态。设计之初,这些功能完全满足 SMO － ARMADA 子系统的要求。

然而,在开发实现 SMO － ARMADA 系统功能时,即将操作模式功能转换到网页浏览器中,需要增加备份的传输方式,以确保客户端和服务器之间以及服务器之间的数据传输,能够不使用数据库且具有相对小的时间延迟。以第一次设计为基础的数据传输子系统,包括以下内容:

- 基于 GWT 序列的客户端序列化;

- 基于 WebSocket 的客户端/服务器交互;
- 基于 Java 语言标准 ObjectOutputStream(对象输出流)的服务器序列化;
- 依据自身协议通过 Socket 的服务器间直接交互。

目前,在 SMO – ARMADA 系统中,根据使用目的,采用两种方式进行数据传输(不提供传送保证的小数据包快速传输,或在允许时间延迟内具有保证传送的大数据包传输)。

◢3.11　事件处理机制设计

事件通知子系统用于将出现的情况通知自动化无线电监测系统员工,这项工作需要操作员的参与。系统为每个用户单独发送通知,内容包括事件类型、设备和通知信道等信息。

系统中主要考虑三种类型的事件:

(1) 无线电监测事件,如违反频率—空域规划或发射参数偏离许可证要求。

(2) 技术事件,如无线电监测硬件故障或通信信道条件变化。

(3) 服务事件,如任务启动、中断或完成。

系统生成的事件类型如图 3.16 所示。

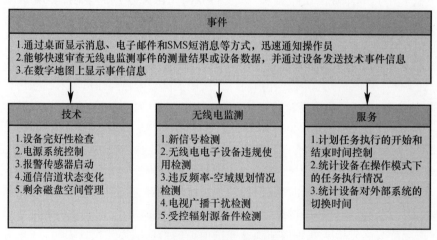

图 3.16　系统生成的事件类型

已注册登记的事件存储在节点的数据库中,在数据库中生成此事件;然后通过数据传输子系统将其传输到所有系统节点。

可以通过多种方式通知操作员,如在监视器屏幕上显示有关事件的信息、通过电子邮件或借助 SMS 短消息。此外,系统运行期间出现的事件列表也存储到数据库中,并以表格形式显示在用户界面的相应部分。如有必要,可以将有关事件的数据样本作为报告输出。

3.12　报告生成子系统

报告形生成子系统基于 BIRT(商业智能报表工具)库设计实现,BIRT 库根据给定的模板以常用的 HTML、DOCX、XMLX、PDF 及其他格式生成报告。为 SMO－ARMADA 系统提供了模板集以及可视化模板编辑器。所有报告根据条件分为两组。

(1)形式化文档:该子系统形成批准表单的文档弹窗,并将数据添加到必要字段中。测量文件、无线电电子设备使用建议等是这类报告的示例。

(2)用户数据样本:操作员对要表示的字段进行排序、过滤和选择后,将调整好的数据集添加到报告中。生成的报告结果是包含与应用程序接口中相同形式数据的文档。

信号参数测量报告如图 3.17 所示。BIRT 库允许根据预先设计的模板生成报告。该模板包含的信息有报告形式(结果、信息、表格和必要的图形)、报告各部分的顺序、表格中的行和列,以及要使用的图形格式,如授权人全名等信息。

测量条件:

测试设备	ARCHA-I
测试时间	25.04.2017 17:19:10
测试地点	51°41′24″N39°11′31″E

测量参数:

授权人	LionFM
调频	106.800000000
带宽	500.000000000
衰减值	20dB
放大器:	无
极化方式:	垂直
分辨率 频谱累识	781.25Hz

信号参数:

频率测量值: 调频频率测量	106.799956221MHz
信号电平: 均方检测器	44.1 (dB (μV))
带宽 (−30dB电平条件下)	308.594000kHz
带宽 (−40dB电平条件下)	333.594000kHz
带宽 (−50dB电平条件下)	499.219000kHz

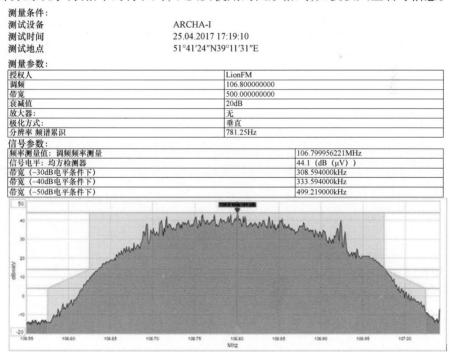

测量人

图 3.17　信号参数测量报告

◢3. 13　数据存储设计

采用 PostgreSQL DBMS 数据库管理系统设计实现数据存储子系统。使用 PostGIS 扩展来优化地图数据的存储和提取。初始数据库结构以及参考目录内容由安装程序在系统部署时生成。

为了在不丢失信息的情况下对已部署数据库进行更新,需要对数据库进行版本控制。此时,SMO – ARMADA 系统的每个新版本都包含一组 SQL 脚本,用于将"版本 N 的数据库转换为版本 N + M 的数据库"。这些脚本在新版本部署时由安装程序自动执行。

其他子系统通过 SQL 请求来使用数据存储子系统,SQL 请求在相应子系统的代码中实现。在特殊情况下,采用存储程序来避免 SQL 代码增加。

由于 SMO – ARMADA 是分布式系统,因此使用唯一的 UUID(通用唯一标识符)作为存储在数据库中的大多数对象的标识符。通过使用数据传输子系统实现数据库中存储数据的同步。

从硬件获得的结果用于多级处理。处理操作在 SMO – ARMADA 中按需执行,在和账户与参考数据子系统交互中完成以下工作程序:

(1)检查受检电台与许可证的对应关系,即电台发射参数与频率和带宽容限规范值的对应关系。

(2)将频域搜索获得的检测结果与存储在数据库中的数据进行比较,检查与登记注册站点的对应关系。

(3)检验数字信号基站的信号分析结果与频率—空域规划(FSP)的对应关系。

(4)生成无线电监测事件,并根据调整情况通知用户。

(5)任务和无线电监测结果可以(通过数据交换子系统)导出到交换格式文件中,或者用于报告生成子系统。

◢3. 14　与外部系统的数据交换

数据交换子系统用来实现 SMO – ARMADA 系统与外部信息系统的交互。数据交换子系统实现以下功能:

(1)使用基于 XML(可扩展标记语言)的交换格式文件实现任务和无线电监测结果的导出和导入,XML 用于与其他信息系统交互。

(2)从 FAIAS(无线电频谱使用与大众媒体的联邦自动信息分析系统)的交换格式 MDB v. 15 文件中导入账户数据。文件包含有关无线电电子设备使用许可证及其所有者的信息。

（3）基于 HTTP 中 WSDL（网页服务描述语言）和 SOAP（简单对象访问协议）技术的网页服务，用于与操作模式应用程序交互。

（4）Web servlet 服务器端程序等辅助功能，用于与跟踪器、信令系统等进行交互。

◢3.15　管理子系统

管理子系统用来管理操作员对系统功能的访问权限和系统结构，包括添加修改和删除系统节点。

只有注册用户才能访问系统。每个操作员都有自己的登录名和密码。用户进行的系统输入和输出操作记录在授权日志中。

对系统工作的访问权限由用户身份决定。根据操作员可用权限的不同，系统界面中隐藏或阻止部分功能和/或控制元素的访问。用户权限检查在客户端和服务器端独立完成，这样能够避免通过在客户端修改 JavaScript 代码，而在未经授权的情况下提升权限。

系统节点的控制也由管理子系统实施。操作员可以添加新节点、更改现有节点的参数，或者使用系统软件删除不使用的节点。数据传输子系统自动考虑系统组成的变化，并且由于能够远程更新节点数据库，在节点连接到系统后直接可用的数据即成为实际数据。

对存储在节点数据库和系统控制中心的数据，根据不同用户机构进行分发。每个系统操作员必须与明确的用户机构（或多个机构）相关联。这排除了未经授权从其他机构部门访问数据的可能性。

除了数据库中的独立数据部分外，还有适用于所有用户机构的数据部分，包括账户和参考数据（如 FSP）、无线电监测设备的配置与工作负荷数据，以及系统节点状态数据等。这样系统操作员在拥有适当的权限时，可以在任何系统节点上执行无线电监测任务。

执行无线电监测任务时要考虑既定的优先级和计划表。任务和监测结果存储在数据库部分中，该部分与创建任务的用户机构相关联，并且其他机构的员工无法访问使用这些结果。

图 3.18 给出了 4 个用户机构中每个用户访问数据库中自身内容的过程。

由操作员使用系统数据库的自动同步功能生成无线电监视任务，将该任务发送给确定节点实施无线电监测。任务执行结果返回给节点安装程序，然后节点安装程序将任务和结果发送到控制中心。

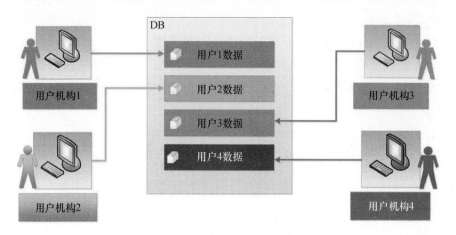

图 3.18　系统中的数据分发

无线电监测任务分配过程中系统数据交换如图 3.19 所示。操作员"1"通过控制中心分配的任务,被发送到任务中明确的固定站和移动站。结果从节点发送到控制中心,进入操作员"1"的数据库部分。

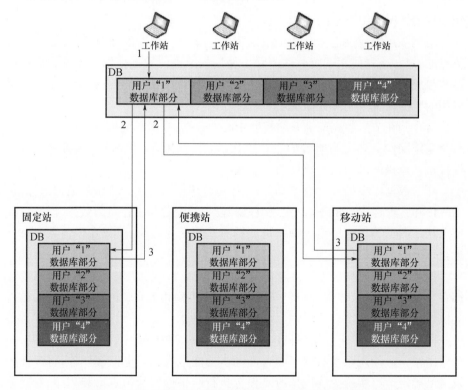

图 3.19　用户"1"的固定站和移动站任务设置的数据交换示例

无线电监测任务不仅可以由操作员从 ARMS 控制中心分配,也可以直接从工作站所在的节点本身进行分配。

在改变连接到节点的无线电监测硬件的组成或配置时,新的硬件配置会自动发送到所有系统节点和控制中心。

以类似的方式,自动发送通信信道状态变化和警报启动的信息。这些信息可供所有用户机构使用,如图 3.20 所示。

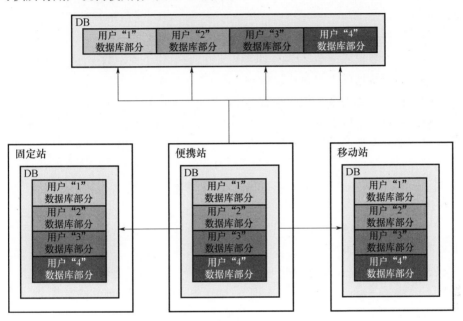

图 3.20　便携式站无线电监测设备配置改变时的数据更新示例

除了分发不同用户机构的数据之外,该系统还能够限制一个机构的操作员对特定数据和/或系统功能的访问权限(如审查和/或编辑 FSP、报告生成等)。图 3.21 展现如下示例:操作员“1”制定无线电监控任务、审查并编辑 FSP、生成报告;来自同一用户机构的操作员“2”则只能制定任务并审查 FSP。

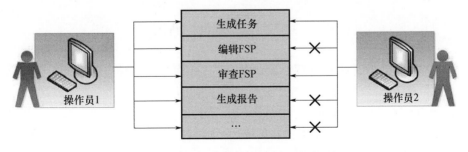

图 3.21　用户对系统功能的访问限制

因此,系统采用的灵活控制和访问管理机制提供了多个用户机构的同时有效管理,而且实现了保密数据的单独存储。

◢3.16　软件更新子系统

软件更新子系统旨在集中自动更新 SMO – ARMADA 服务器。有以下几种类型的更新:

(1)更新数据库中包含待执行申请的 SQL 文件。

(2)包含数据库完全转储的 DUMP 文件,它取代了更新数据库。

(3)更新数据库中包含待执行脚本的 CMD 文件。

(4)包含已部署系统任何类型(包括可执行文件)文件的 DIFF 文件。

SMO – ARMADA 的控制中心生成并登记更新文件,然后通过数据传输子系统将更新文件发送到剩余的系统节点,并由更新子系统使用。

◢3.17　状态自诊断设计

为了确保 ARMADA ARMS 节点的正常运行和有效使用,除远程控制外还需要对其状态进行检查。此外考虑到系统连接众多的设备单元,ARMS 应能够对其状态自动检查,仅在紧急情况下需要操作员帮助。诊断与自诊断子系统应实现以下功能:实时可视化显示设备状态;基于 SNMP 协议访问设备参数;所有设备参数的统计;对异常事件发生的自动响应,例如:通信信道中断、硬件故障;获取和存储诊断信息,用于远程故障原因诊断[2]。

选择 SNMP(简单网络管理协议)作为 SMO – ARMADA 系统自诊断子系统工作的基础。传统上,该协议用于远程控制 UNIX 和 Windows 系统、打印机、调制解调器单元、电源及其他设备。该协议也可用于检查任何安装匹配软件的设备,包括实体和虚拟设备,如网页服务器和数据库。

◢3.18　SNMP 协议

1988 年起,简单网络管理协议(SNMP)用于大量网络设备的控制。从那时起,该协议得到广泛应用,目前已成为一个标准协议[17]。

除了远程控制之外,SNMP 协议还可以监控不同的设备,并允许从任何网络设备获取信息,无论是路由器还是简单的计算机。获取的信息的内容多种多样,如设备工作时间、中央处理单元性能计数器和温度传感器数据等。

采用 SNMP 进行控制的网络包含三个主要组件：

（1）SNMP 管理端——安装在 ARMS 管理员计算机上的软件。

（2）SNMP 客户端——在网络节点上启动的软件，据此执行监控任务。

（3）SNMP MIB（管理信息库）—— 文本文件形式的数据库。该系统组件提供结构化的数据，在客户端和管理端之间进行交换。

实际上，SNMP 管理端是操作员与已加载 SNMP 客户端的节点之间的接口。SNMP 客户端是 SNMP 管理端和网络节点设备之间的接口。如果要采用客户端/服务器体系结构（如网页服务器）与 SNMP 进行类比，则网页服务器在某个端口作为服务运行，并且用户使用客户端浏览器访问网页服务器。而对于 SNMP 协议，客户端和服务器的角色相对弱化。例如，SNMP 客户端是被监视设备的服务，它在配置的端口上侦听请求，因此它实际上是作为服务器工作的。SNMP 管理端寻址 SNMP 客户端的服务器，因而也是一种客户端。在 SNMP 协议中，中断（陷阱）以从客户端到管理端的通知形式实现。在发送此通知时，客户端和管理端变回原来的角色。在这种情况下，管理端是服务器，它使用明确的端口，客户端即是用户。在 SNMP 的最新版本中，SNMP 陷阱也可称为通知。

通过封装到传输协议中的 PDU（协议数据单元）对象分组，实现客户端和管理端在 SNMP 协议层面的交互。虽然 SNMP 支持各种传输类型，但通常使用 UDP（用户数据报协议）。此时，每个 PDU 消息都包含明确的命令（读取变量、设置变量值或客户端的响应/陷阱）。客户端获取有关设备的信息并将其写入 MIB 数据库中备用。

系统操作使用包含设备参数描述的 MIB 文件，这些参数可基于 SNMP 协议进行轮询。而且可以使用外部软件检查设备状态，如网络管理员广泛使用的 Zabbix 软件[18]。连接到自诊断系统的 Zabbix 窗口如图 3.22 所示。图中显示了在系统工作的 3h 内，电源电压变化曲线情况。

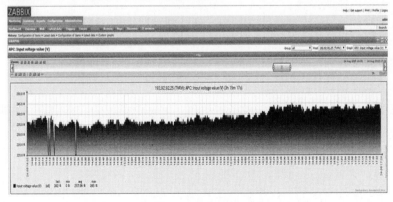

图 3.22　Zabbix 软件窗口

3.18.1 自诊断子系统的体系结构

SMO - ARMADA 系统从整体而言,自诊断子系统具有客户端—服务器架构。其组织形式如图3.23所示。

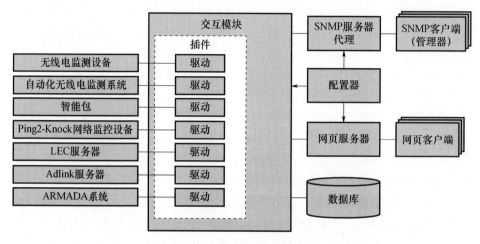

图 3.23 自诊断子系统组织形式

外部子系统客户端分为两种类型:SNMP 客户端和网页客户端。像 Zabbix、Nagios 等任何支持 SNMP 协议的标准软件都可作为 SNMP 客户端。任何网页浏览器都可作为网页客户端。自诊断子系统可以独立于 SMO - ARMADA 工作。在联合工作时,自诊断子系统的接口集成到 SMO - ARMADA 接口中。

ARMS 结构中的所有设备都通过插件形式的驱动,与自诊断子系统集成。这种结构能够以最小的人力成本,实现对己方组件及外部制造商新组件的支持。迄今为止,支持以下组件:

- 无线电监测设备;
- 不间断电源;
- 网络监控设备;
- 工业计算机;
- 数据通信信道。

驱动程序提供无线电监测设备中所包含的每个模块的详细信息。数据列表中包含检测点的电流和电压值、组件和环境的温度、使用时间等。通过采集到的信息,可以发现在临界状态下工作的单元、找到故障模块,以及定位故障原因。例如,对于不间断电源,进行温度、电池充电状态、外部电源、负载电流等主要参数的检查。此外制造商可以根据需要直接访问 SNMP 接口,收集和传输 Ping2 -

Knock 等网络监控设备的信息,监视 LEC、Adlink 等本地或中央服务器计算机的工作状态。此外,驱动程序支持通过 GPIO(通用输入—输出端口)总线连接的各种传感器。驱动程序提供通信通道状态信息,并在出现异常发送通知。

交互模块是自诊断子系统的核心单元,它提供驱动程序的初始化、数据库中的信息存储,以及来自 SNMP 客户端或网页服务器的请求处理。子系统的数据库中存储所连接设备的列表、可用参数的编号和结构、每个设备的配置,以及从设备获取的数据。SNMP 客户端提供 SNMP 服务,网页服务器支持用户界面。配置器用于调整自诊断系统,提供插件的添加、删除和调整功能。

3.18.2　自诊断子系统配置调整

"SNMP 插件配置器"软件用于自诊断子系统配置调整。配置器窗口如图 3.24 所示。配置器允许添加和删除插件,从而扩大或减少系统控制的设备列表。配置器还实现了以下功能:能够可视化调整设备配置插件,以及从设备上获取图形和文本形式的数据。

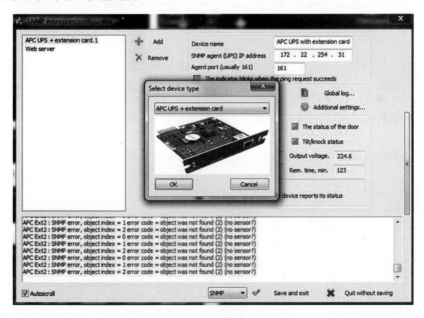

图 3.24　配置器窗口

在此以不间断电源(UPS)为例介绍配置器的操作。将 UPS 插件添加到系统后,窗口显示的主要调整内容如图 3.25 所示。

UPS 地址和端口、当前温度值和电池电量等参数设置完毕后,将显示在相应的字段中。UPS 附加调整菜单中提供以下参数:

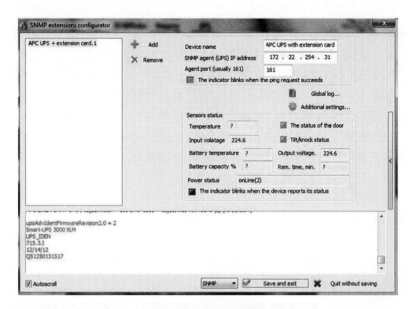

图 3.25　UPS 配置调整

- 传感器轮询间隔；
- 基于 SNMP 协议选择支持陷阱通知的参数；
- 异常事件发生门限；
- 在电池工作达到阈值时能够正确关闭计算机；
- 在 ARMADA ARMS 系统中的位置（监测站或移动站的名称）；
- 从 ARMS 请求获取其他参数值（固件版本等）。

3.18.3　硬件参数检查

操作员通过网页界面可以方便地检查表单中参数。在窗口左上方的显示菜单，可以选择三种查看模式中的一种。每一个模式表示独立的部分。

图 3.26 所示的"历史"部分以表格的形式展示参数变化的历史记录。表格中各列分别为如下信息："日期和时间""状态描述"和"来自设备的响应。"表格左侧以树状列表形式显示硬件单元组成，依次硬件又由模块组成。任何模块的故障都可以可视化地呈现在树状列表，并可进行排序和过滤。数据可以从表格中以"逗号分隔值文件"的格式导出。可以以文本和表格形式查看和编辑导出的文件（图 3.27）。

"当前状态"部分如图 3.28 所示，包含一系列的硬件典型参数。在该部分可以看到当前时刻的参数表。

图 3.26　"历史"部分

图 3.27　"当前状态"部分

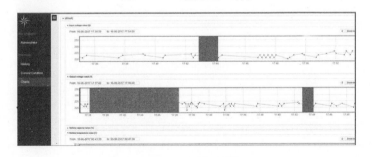

图 3.28　"图表"部分

"图表"部分用于可视化分析硬件参数变化的历史。此部分内容表示硬件各部分的集合。打开该部分时,将显示过去几天内参数变化的交互式图表。借助鼠标,在图中可以沿横坐标轴进行导航,也可以手动选择起始和终止数据。沿

121

纵坐标轴也实现了自动和手动调整。"图表"部分窗口如图 3.28 所示,其中显示了无线电监控硬件的 UPS 输入和输出电压。

被监控硬件的通信中断也在子系统中登记,向操作员发送通知并在图中显示。图 3.28 显示了具有时间间隔的图形窗口,在该时段内硬件不可用。

除了信息收集统计之外,自诊断子系统还提供硬件参数与已确定阈值之间的常态化比较。当参数超出阈值时,生成通知并向操作员发送。示例见图 3.29,其中设置了 UPS 电池超出允许温度阈值的情况。

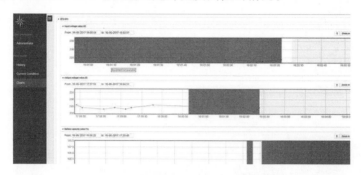

图 3.29　参数值超出设定阈值的情况

可以通过三种方法向操作员发送通知:发送 SMS 短消息到预设电话号码,在 SMO – APMADA 窗口中以弹出控件和数据库表信息的形式显示事件说明,以及通过电子邮件发送消息。自诊断子系统记录的事件说明,如图 3.30 中 SMO – ARMADA 窗口所示。

图 3.30　在 SMO – ARMADA 窗口中显示技术事件

◢3.19 本章小结

用于管理自动化监测系统工作的 SMO – ARMADA 软件,基于模块化原则,限制访问更高层次的组件和实现细节,将软件系统划分为相互独立的子系统,各子系统间基于形式化交换协议交互。它基于客户端/服务器方式,为地理分布式软件系统提供容错操作。

软件基于现代架构设计,为自动化系统提供以下特性,从而显著提高了系统使用效率:

- 跨平台结构——系统能够在 Windows 和 Linux 两个操作系统下运行;
- 可扩展性——系统能够在单台计算机和国家级监测系统上部署运行;
- 容错性——在部分设备故障和/或通信信道质量严重降级(直至中断)时,能够保持系统有效工作、设备自动控制和通信信道状态;
- 开放性——通过交换格式和/或协议实现无线电监测数据与其他系统的交换,并能够使用不同制造商的无线电监测设备构建监测系统;
- 软件更新的简单性——软件更新在中央系统服务器上执行,然后在下级服务器上自动执行;
- 不同用户机构数据的独立使用——每个系统操作员与确定的一个机构(或多个机构)相关联,这避免了未经授权访问其他用户机构部门的数据的可能性。

控制软件基于模块化原则设计,可以精选出 SMO – ARMADA 系统的以下主要组件:

- 无线电监测;
- 账户与参考数据;
- 异常事件通知;
- 人员任务制定和干扰排查申请登记;
- 地图绘制;
- 数据传输;
- 报告生成;
- 数据存储;
- 数据交换;
- 系统管理;
- 系统更新;
- 故障自诊断。

作为 SMO – ARMADA 软件的主要发展方向,我们计划在不久的将来实现基于网页技术的现代化无线电监测操作模式,实现操作模式下同时多个用户实时使用无线电监测设备,并支持由己方开发和来自外部制造商的新一代设备。

参考文献

1. Avdushin AS, Alekseev DA, Ashikhmin AV, Zhukov AA, Kozmin VA, Pyatunin AN, Sysoev DS (2016) Software architecture of the spectrum monitoring system (in Russian). Spetstehnika i Svyaz (4):115 – 128

2. Bocharov DN, Kozmin VA, Korochin SV, Provotorov AS (2016) Self – test system forequipment of automated radio monitoring system ARMADA (in Russian). Spetstehnika i Svyaz (4):90 – 97

3. SMO – DX software package for indoor radio monitoring and radio signal parameterevaluation. http://www. ircos. ru/en/sw_dx. html. Accessed 28 Nov 2017

4. SMO – PA/PAI/PPK panoramic analysis, measuring and direction finding software package. http://www. ircos. ru/en/sw_pa. html. Accessed 28 Nov 2017

5. SMO – KN navigation and cartography software package. http://www. ircos. ru/en/sw_kn. html. Accessed 30 Nov 2017

6. SMO – ARMADA software package of automated spectrum monitoring systems. http://www. ircos. ru/en/sw_armada. html. Accessed 28 Nov 2017

7. Recommendation ITU – R SM. 1537. Automation and integration of spectrum monitoringsystems with automated spectrum management

8. Recommendation ITU – R SM. 1139. International monitoring system

9. Recommendation ITU – R SM. 1370. Design guidelines for developing advanced automatedspectrum management systems

10. SMO – BS software packages for wireless data communication system analysis. http://www. ircos. ru/en/sw_bs. html. Accessed 28 Nov 2017

11. SMO – STA software package radio signal technical analysis. http://www. ircos. ru/en/sw_sta. html. Accessed 30 Nov 20

12. Developer Guide. Protocol buffers. Google developers. https://developers. google. com/ protocol – buffers/docs/overview. Accessed 28 Nov 2017

13. Garmin Proprietary(2006)NMEA 0183 sentence technical specifications. Garmin International, Inc.

14. GPS 18 (2005) Technical Specifications. Garmin International, Inc.

15. GeoServer documentation. http://docs. geoserver. org. Accessed 28 Nov 2017

16. OpenStreetMap foundation. http://wiki. osmfoundation. org/wiki/Main_Page. Accessed 28 Nov 2017

17. Mauro DR, Schmidt KJ (2005) Essential SNMP, 2nd edn. O'Reilly Media, p 442

18. Rihards O (2016) Zabbix Network Monitoring. 2nd edn. Packt Publishing, p 754

第4章

硬件系统架构设计

▲4.1 引言

自动化无线电监测系统(ARMS)的系统硬件架构由其运行所需的工程结构组成,包括控制中心、控制站点、装置业务室、天线杆安装专用平台、数据传输线和服务器设备等。本章介绍控制中心和控制站点、无线电监测站、数据传输系统和数据传输信道等。

▲4.2 控制中心和控制站点

自动化无线电监测系统包括(无线电监控点除外)控制中心和控制站点。作为自动化无线电监测系统结构中的节点,控制中心和控制站点负责 ARMS 要素间的交互。硬件架构的自身特点对应于其层次结构的级别。

控制中心提供 ARMS 要素的组织架构、交互以及功能,体现了软硬件单元的复杂性,它能够分析当前系统状态、规划操作方案、制定管理决策以及分配无线电监控和数据处理任务。控制中心与控制站点交互,并在必要时,直接与单独的无线电监测设备交互。上述的控制站点本质上与控制中心相同,但在层次结构中具有较低的级别,并且始终从属于更高级别的节点。

控制中心可以是固定的,也可以是移动的。固定控制中心需要单独的建筑物,以容纳硬件设备和操作人员。移动控制中心可以在机械车辆的基础上实现,其外观图如图4.1所示。移动控制中心要求提供与节点通信的可用无线信道。

自动化无线电监测系统的控制中心在其结构中必然具有控制、通信、数据传输、供电等子系统,控制中心的结构方案如图4.2所示。

图 4.1　移动控制中心的外观图

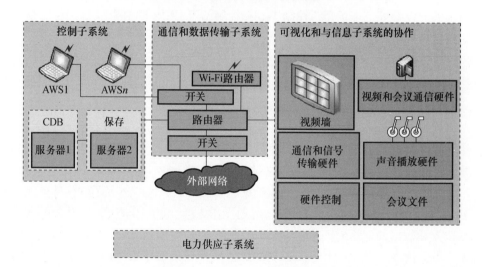

图 4.2　控制中心的结构方案

控制子系统包括自动化工作站(Automated Workstations, AWS)和控制服务器。AWS 包括控制装置和显示装置(笔记本电脑、台式机和平板电脑),通过有线或无线通信通道访问 ARMS,自动工作站如图 4.3 所示。ARMS 工作站的数量取决于 ARMS 的规模、使用该系统的组织和机构的数量,以及操作人员数量。主数据库作为 SMO – ARMADA[2]用户/服务器软件的中心元素,存储所有系统节点的测量结果,与其他服务器(如状态监控服务器、精确时间服务器等)一同放置于 ARMS 控制中心。ARMS 服务器的软件提供系统次级节点的协调操作,并允许对每个节点进行控制。

图 4.3　自动工作站

　　根据系统规模、数据量以及可靠性和容错性要求,ARMS 服务器的数量、配置和目标可能有所不同。在最简单的情况下,所有主要功能都由一台高性能服务器执行,此外,还可以再安装保存副本的设备。然而,这样的配置是不可靠的,而且可扩展性很差。为了提高系统的可靠性,应该至少再使用一台服务器,这样在主服务器出现故障时,系统仍可以正常工作。在高负荷系统中,可以使用额外的 ARMS 服务器,这样可以在服务器(如单独的数据库服务器、应用服务器、保存副本的服务器等)之间划分关键功能。在大型关键任务系统中,可以使用单独的容错网络数据存储来提高可用性。

　　通常为控制中心服务器分配访问受限的独立服务器机房,该机房应防止灰尘和有害物质进入,以免对设备运行造成不利影响,服务器机房的温度应保持在 20 ~ 25℃ 的范围内,湿度应保持在 40% ~ 45% 范围内。

　　供电子系统旨在为控制中心的 ARMS 服务器和 AWS 服务器的持续运行提供保障,因此,备用电源设备是其必要的组成部分。考虑到最大供电能力,备用电源可以是柴油发电站、蓄电器类电源,也可以包括太阳能发电站这样的可再生电源,并应为预留电源设备设置单独的放置房间。柴油发电机会产生振动,会对运行中的服务器设备、触点和连接设备的运行产生负面影响(在 25Hz 以下的频率范围内,振荡幅度不应超过 0.1mm),为此,在控制中心的设计中,必须提供尽可能远的距离以及特定的安装平台。当使用蓄能器时,必须在服务器工房内提供空调和通风设备,并且温度保持在 15~25°C 的范围内,这些条件可延长充电电池的寿命周期,并能保持它们的最大供电能力。

通信和数据传输子系统起着至关重要的作用,它实现以下功能:

- 高速数据路由(交换);
- 设备和通道层次的预定;
- 并行通道上的负载平衡;
- 主、备用通道快速切换;
- 连接带宽的有效使用。

如果需要对传输的数据进行额外的保护,则中心节点可能作为下一级节点的 VPN 服务器出现。具有加密硬件支持的高性能路由器最适合用作 VPN 服务器。IPSec、OpenVPN 和 PPTP 协议是受保护的 VPN 协议的样板。

为了提高数据传输系统的可靠性,必须预留网络和通信线路的关键元件。图 4.4 展示了中心节点通信设备容错网络连接组织的可能方案。

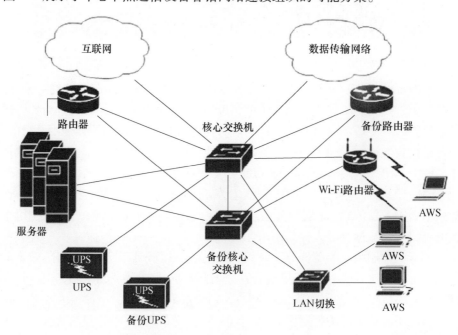

图 4.4　具备硬件预留的数据传输节点网络设备连接方案实例

从所提出的方案中可以看出,主网络设备包括一个"热"备份和附加的线路,无论是网络设备还是通信线路等系统元件发生故障时,通信中心节点仍能继续工作。

例如,核心交换机和路由器是相互备份的,自动工作站连接可以通过两种方式执行:有线连接和 Wi-Fi。

从软件的角度来看,在开发类似方案时使用了以下协议和技术:

· IEEE802.3ad(链路聚合)允许将多个物理连接加入到以太网中的一个或多个逻辑连接中。

· 生成树协议(Spanning Tree Protocol,STP)是用于避免以太网中有一个或多个网桥过度连接环路的协议。它可以用来重复连接,作为 802.3ad 的替代方案。

· IEEE 802.1q 是描述关于虚拟网络的信息传输(VLAN)流量标记过程的标准,它用于通过一个逻辑连接传输多个网络的数据。

· HSRP(热备份路由器协议)或 VRRP(虚拟路由器冗余协议)。这是一种网络协议,旨在提高网关路由器的可用性,这通过将多个路由器分组为一个虚拟路由器并将相同的 IP 地址分配给它们来实现,并将它用作网络计算机的网关,路由器可以使用协议自动切换到备用设备。

为了提高 ARMS 运行效率,例如在长期国际活动或反恐行动中,应考虑在控制中心设置态势中心。

除了前面提到的必要子系统外,控制中心还可以使用会议通信和视频会议可视化子系统(视频墙包括带开关的必要数量的面板,其中可以同时显示多个工作站的图像,用于增加操作决策的便利性),这些子系统有助于增进位于不同建筑、地区和区域的人员之间的交互。

▲4.3　无线电监测站

无线电监测站是指部署无线电监测固定设备的工程结构,包括安装在室外的无线电接收设备(天线系统和接收器),以及同时安装在室内和室外温控防水安全柜的处理和控制设备(控制器、通信设备和供电系统),如图 4.5(a)所示。如果无线电监测站可维护,则应为人员和 AWS 提供额外的房间,如图 4.5(b)所示。无线电监控设备不适用于室外安装,可安装在特殊服务室内,保持正常工作所需的温度条件。

在大城镇,我们必须利用已有的建筑物进行设备布置,如图 4.6(a)所示,除了复杂的城市条件外,带有天线系统的天线杆可以直接安装在地面(如图 4.6(b)所示),或蜂窝塔上(如图 4.6(c)所示)。在上述情况下,可以提供额外的建筑来布置其他设备(屏障、箱子和建筑物,以及为人员提供的房间(对于可维护的无线电监测站))。

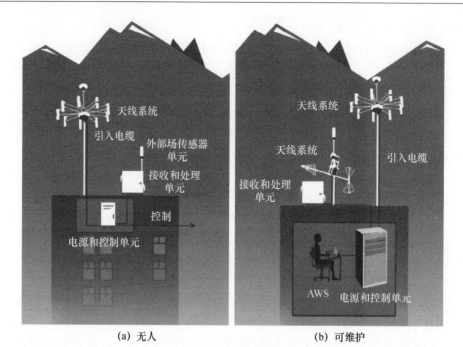

(a) 无人　　　　　　　　　　　(b) 可维护

图 4.5　无线监测站方案

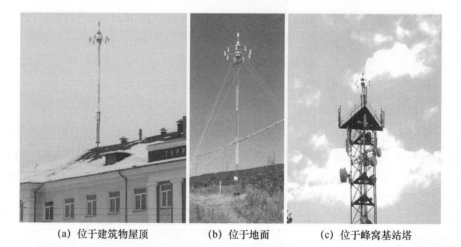

(a) 位于建筑物屋顶　　　(b) 位于地面　　　(c) 位于峰窝基站塔

图 4.6　无线电监控站中天线系统的不同部署位置

　　最好选择无人居住的建筑物用作无线电监测站,因为这样将从本质上减少与业主的协商。在城市条件下寻找合适的地方是一项复杂的任务,因为必须考虑以下因素:

　　(1) 天线系统的平台应尽可能地开阔和平坦,天线系统应位于其他建筑物和树木上方的最高处,并与其他金属结构之间的距离最远,否则可能会对测向和测量精度产生实质性影响。

(2)在离平台200m以内,不能放置电磁场的活跃源(无线电通信发射器、发电机、电机等[5])。此外,还应初步检查平台是否存在电磁干扰。

(3)屋顶结构应能安装天线杆,即:

① 允许载荷不应小于每平方米400kg(为了减少载荷,可以使用可卸载平台,如图4.7所示);

② 天线杆支撑线应连接至屋顶混凝土垫层、混凝土(砖砌)屋顶侧或刚性固定结构(见图4.8中的示例);

③ 上层支撑线与天线杆垂直轴的夹角应保持在30°~45°范围内;

④ 应保持适当的方位角(例如,如果天线杆由三根支撑杆保持,则为120°)。

图4.7 多种不同类型的卸载框架

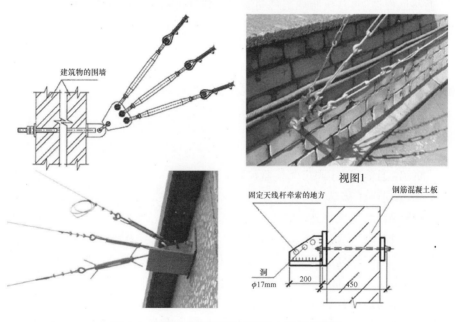

图4.8 多种不同类型的天线杆支撑钢丝附件

移动式设备、便携式设备和背负式设备部署在临时监测点,因此不需要进行工程建设。为保证其在系统中的运行,只需建立与其他节点之间的通信通道。

在任何一个无线电监测站中,连接到电网、无线电监测设备局域网的站点以及所有设备,都应做好接地。此外,还可以将天线杆主体和所有支撑线连接到保护接地上。为保护操作者免受雷击造成的电灼伤,天线系统应与防雷接地电路相连。为了降低雷击造成设备损坏的可能性,可在天线系统附近的附加天线杆上安装避雷针。但是,也应考虑到在靠近天线馈线系统的附近安装避雷针会导致无线电监控设备性能下降。

无线电监测站应提供保护,防止未经授权人员进入和操作。例如,固定综合设施或 ARCHA 监测站在其结构中具有用于报警信号(撞击、倾斜、打开/关闭)的嵌入式传感器,在激活时,相应技术事件在 ARMADA ARMS 数据库中形成,并通过电子邮件和/或短信紧急通知操作者。

◤4.4　数据传输系统

数据传输系统代表一组节点,这些节点通过数据传输网络连接成为一个整体,能够远程控制,并按照规定自动运行。数据传输系统范围内的所有交互都是基于 TCP/IP 协议栈的,可以借助标准网络组件实现。

根据规模和复杂程度,ARMS 数据传输系统既可以表示独立无线监控综合设施框架内的简单局域网,也可以表示具有多个不同类型节点的复杂多级网络,还可以表示具有复杂结构的通信通道和服务器设备。

数据传输系统可能包含以下类型的节点:
- 中心节点(控制中心);
- 控制点;
- 固定通信节点(固定无线监控站);
- 移动节点(移动无线监控站);
- 远程自动化工作站。

一般情况下,连接方案具有如图 4.9 所示的树形结构。低层的所有节点都以星形方式链接到高层节点分组。这种拓扑结构的主要优点是,这种网络不需要额外的通信线路,而且易于扩展和控制,并且易于排除故障。

为了提高连接可靠性,或者当同一级别的节点之间的连接比与高一级别的节点连接更容易或更经济时,可以使用组合拓扑,将同一级别的节点集成到一个环中,如图 4.10 所示。

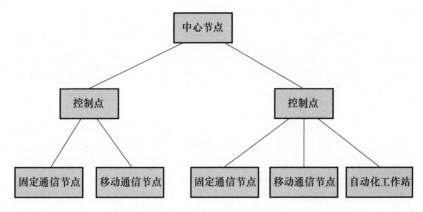

图 4.9　将节点集成到具有树形结构的网络中的结构示意图

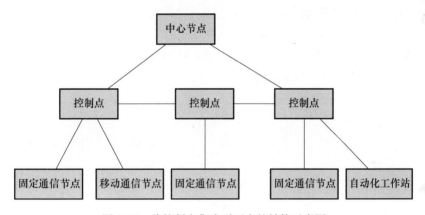

图 4.10　将控制点集成到环中的结构示意图

为了在数据传输网络的开发中提供高可靠性、可扩展性(以最低的费用扩展或调整网络的可能性)和高性能,使用基于以下原则的多级体系结构。

(1)层次结构:网络分为多个层次,每个层次完成一定的功能。

(2)模块性:层次结构是在独立模块的基础上构建的,每个模块代表功能完成的单元,完成相应层次的功能。

为了提供数据传输系统节点的独立性,每个节点的设备都位于单独的路由子网络中。网络路由器位于每个节点上,执行网络设备高速交换,并向系统远程单元提供数据包传送服务。无线监控设备除通信节点的主路由器外,还可以增加数据传输设备。有线信道通常直接连接到路由器,或者,如果连接到光通信链路,则使用媒体转换器。为了安排无线数据传输,综合设施在使用卫星通信时配备了包括无线路由器或 VSAT 终端在内的通信设备。每个无线电监测站可以通过一个或多个信道连接到公共 ARMS 网络进行数据传输。当在无线电监控单元的一个综合设施上使用多个通信信道时,其中一个是主信道,其余的是预留信道。此时,通信节点的主路由器根据给定的优先级自动切换到预留信道。

在复杂的多级方案中,动态路由协议(RIP、OSPF、EIGRP 等)可用于节点间的网络路由交换。

4.5 数据传输信道

通信信道为数据传输网络各节点提供数据传输服务。在 TCP/IP 堆栈的数据传输中使用广泛传播的协议,可以基于标准网络组件开发网络,并在必要时使用现有的网络基础设施。

有线和无线通信线路均可用于系统节点之间的数据传输。

最常见的有线信道可以相对地分为以下几组:

(1)专用通信线路连接用户网络节点的光缆或铜缆(可为自有线路和租用通信线路)。

(2)专用数据通道通信运营商提供的数据通道以及自己的数据传输网络(帧中继(PVC)、ATM(PVC)、E1/E3/STM – 1、以太网 VLAN)。

(3)基于"组"访问的连接服务,如 IP VPN、虚拟专用局域网服务(VPLS)和互联网网络。

无线技术用于由于技术原因(例如,用于连接移动节点)而难以或不可能使用有线技术的情况,或用于为数据传输安排预留通道的情况。此时,可以使用以下解决方案:

(1)移动 GSM 通信(GPRS、EDGE、3G 和 LTE)。

(2)高频/超高频通信信道。

(3)Wi-Fi 无线信道。

(4)卫星无线电通信。

采用蜂窝公共网络,不需要费时费力地部署通信基础设施,所以利用蜂窝公共网络运行数据传输自动化系统具有很大优势,因此,通过蜂窝网络(使用高速 3G/4G 调制解调器)的数据传输可以作为移动无线监测站的主要方法。对于位于城市有线信道区域的固定节点,可以使用 GSM/3G 信道作为备用信道。在接收不良的地区,可以使用专门的定向和非定向天线和信号放大器。如果通信节点位于覆盖区域内,通过第三代和第四代蜂窝网络的数据传输信道,能够提供与远程无线电监测站的高速数据交换,并完成所有必要的任务。特别是,基于 MIMO 技术的 LTE 标准可以为固定和移动用户(移动速度达 120km/h)提供高性能

指标。为了提高数据传输通道的可靠性,可以同时连接到各种蜂窝网络,并支持
在蜂窝网络运行故障时自动转换到预留运营商的 SIM 卡,并自动返回到主运营
商的 SIM 卡。

　　图 4.11 显示了在 iRZ 公司(RL11W)的紧凑型 LTE 路由器基础上与移动无
线电监控综合设施通信的组织示例。这些设备提供与现代移动网络的稳定连
接,并支持通过蜂窝网络(LTE/HSPA + /UMTS/EDGE/GPRS)进行无线高速数
据传输的主要标准。它们的工作温度范围广,尺寸小,适于车载工作。

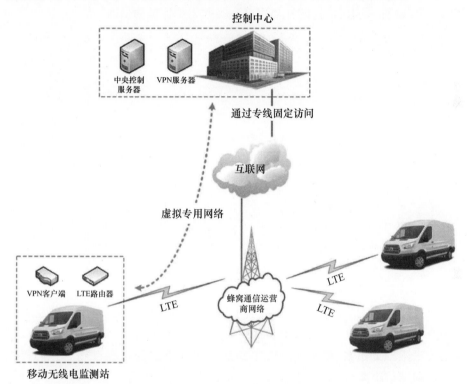

图 4.11　基于 LTE 路由器的通信组织实例

通过蜂窝网络进行通信信道安排的主要优点是:

(1) 部署成本低。

(2) 数据传输设备重量轻、尺寸小。

(3) 安装和调整简单。

(4) 高容量(LTE 网络中高达 75Mb/s)。

这种无线接入的缺点是:

(1) 蜂窝网络覆盖区域的地域限制。

（2）移动运营商服务的额外开发费用。

（3）最大程度上依赖于蜂窝通信运营商所使用的标准和技术来实现信道容量（图4.12）。

（4）数据传输不是直接在系统节点之间执行，而是通过网络执行，一般通过互联网执行，这需要调整受保护的 VPN 网络，并在控制站和控制中心设置一个或多个 VPN 服务器。

（5）由于蜂窝通信无线网络的运行在很大程度上依赖于不可预测而且变化的电流负载（许多同时活动的移动用户），因此无法保证通信的连续性。

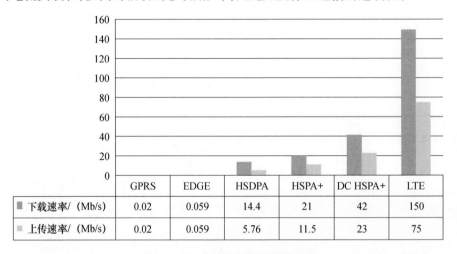

	GPRS	EDGE	HSDPA	HSPA+	DC HSPA+	LTE
■ 下载速率/（Mb/s）	0.02	0.059	14.4	21	42	150
■ 上传速率/（Mb/s）	0.02	0.059	5.76	11.5	23	75

图 4.12　蜂窝通信的数据传输速率

工业封装的无线调制解调器和无线路由器能够在超高频范围内创建相对不昂贵、有效和灵活的实时数据交换无线网络。无线电调制解调器能够以最少的技术维护工作多年，可用于固定和移动无线电监控综合设施。它们提供了更远的通信距离，但与上述宽带技术不同的是，它们的数据传输速率较低。最高的运行率和可靠性是通过物体之间的直接无线电通视范围实现的（在开阔的乡村距离可达 30km，在平均住房密度的城市条件下可达 10km）。在结构上利用固定无线网络交换时，无线调制解调器在信号接收条件变化最小的情况下工作。这样利于管理，无须特殊的方法，就可以提高噪声抗扰度，并且功能更加简单。

图 4.13 是使用 VIPER - 100/400 无线调制解调器创建的无线网络的示例，该网络能够以高达 128000b/s 的速率工作。由于 VIPER - 100/400 无线调制解调器能够在系统元件发生故障时，自动调整信息传输的路由改变模式，因此在所有通信节点之间提供高可用性连接，该方案非常可靠。

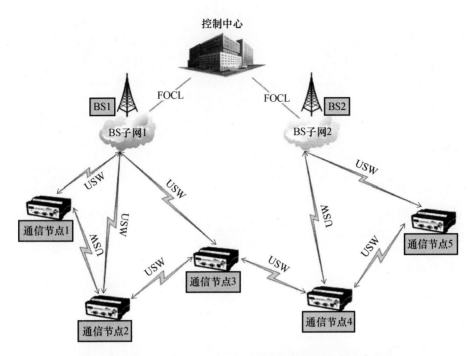

图 4.13　基于 VIPER－100/400 无线调制解调器的高可靠性和
强生存能力的固定无线网络数据交换方案

移动无线网络结构中采用了无线调制解调器实现移动对象从一个基站的操作区到另一个基站的操作区的自动传输,并通过自身嵌入式设备提供传输信息保证,还采用无线网络负载的自动分配及其他与网络运行有关的许多设计。现代调制解调器采用无线电信号"并行译码/智能组合"技术,解决了与提高数据交换率有关的技术问题。它们使用两个分隔的天线接收器来管理信号衰减。这一原则尤其适用于 Paragon G3/Gemini G3 无线调制解调器,它提供最大速率为57.6kb/s(超高频范围)、64kb/s(800MHz)和128kb/s(700MHz,射频网格阶跃为50kHz 的信道)的数据交换。无线网络中的操作是根据具有自动数据压缩功能的 UDP 或 TCP/IP 协议来安排的。

使用带外信令(Out－of－Band Signaling, OOB)可以显著增加无线电信道中的用户数目,但需要在每个通信会话中有效分配频率资源和自动传输导航信息。数据交换协议使得数据传输既可以从基站端也可以从移动节点发起。如果与基站失去通信,车载无线电调制解调器会自动搜索另一个基站并与其通信。在 Paragong3/Geminig3 无线调制解调器基础上创建的网络示例如图4.14 所示。

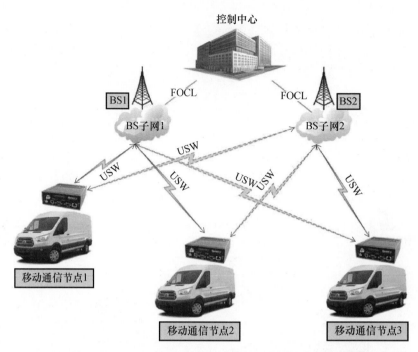

图 4.14 基于 Paragong3/Geminig3 无线调制解调器的高可靠性和
生存能力的移动无线网络方案

　　窄带无线网络的主要优点是其独立于第三方通信基础设施,并有可能从实际需求出发进行开发(无线网络属于用户本人,其运行参数和运行区域可由用户自行更改)。然而,超高频信号的传输特点和低容量,使其不能作为大负荷 ARMS 数据传输的主要通道。在这些系统中,超高频通信将更方便地组织应急信道,或用作小型系统或功能有限的系统的主信道。

　　无线 Wi-Fi 技术用于组织运行半径较小的本地计算机网络。诸如 IEEE 802.11b、IEEE 802.11g、IEEE 802.11a 和 IEEE 802.11n 等广域无线数据传输协议,适用于在房间内或以最大工作半径 300m 在街道上组建无线计算机网络,但这些协议不适用于远距离数据传输。

　　在 IEEE802.11a/b/g/n 标准中使用的 CSMA/CA(载波侦听多路访问/冲突避免协议)媒体接入方法,在数据传输开始前,通过广播对载波频率进行监控。在此基础上,每一个发送包都采用了发送确认机制,避免了冲突。发射器之间的相互监听越多,距离越短,它们就越能准确地同步动作,而不会在传输时发生冲突。但是,当发送器间距较大时,会出现复杂的情况,称为隐藏节点问题,客户机只与基站通信,而不能相互通信,这将严重地导致资源预留的复杂化。

　　对于远距离的无线数据传输,Mikrotik 公司开发的 NStream 和 NV2 轮询协议是合适的,轮询是媒体访问的替代方法,解决了隐藏节点问题。在使用时,客户端设备只有在从基站接收到特殊权限包(标记)后才能开始数据传输。自适应算法将网络中传输的大量服务信息最小化,根据每个移动用户的活动和网络总负载调整标记传输速率。因此,NStream 协议具有如下特点:

- 包头占用较低,可以提高数据传输速率;
- 数据传输的距离和速率没有限制;
- 动态协议调整取决于传输数据的类型和使用的资源,因此,以改进的流量压缩为代价增加了实际的数据传输速率。

NV2 协议是 NStream 协议的逻辑延续。它是基于时分多址(Time Division Multiple Access,TDMA)信号传输的现代数字技术,在单个信道内的唯一时隙分配给所有用户时,采用具有时间分布的并行接入技术,可以让大量客户同时访问一个射频信道。基站立刻传输时间表,根据时间表为所有客户端分配操作时间,从而为实际数据传输留出更多时间。本质上,这是团体轮询。因此,NV2 协议与 NStream 协议相比:

- 允许基于假定距离(信号传播延迟)和服务质量(Quality of Service,QoS)功能为客户创建计划;
- 监控相邻无线网络的运行,并通过调整客户端的时间表来尝试减少冲突;
- 在硬件加密的基础上,提供了自己的网络安全嵌入式系统,采用 128 位密钥的块加密 AES – CCM 协议。

所有这些都提供了有效的无线信道使用,并显著提高了容量,特别是在复杂条件下,尽管如此,它并不能使数据传输成为一种受保护的传输方式,防止未经授权的访问。为了保证无线网络的安全,需要采用特殊的认证和加密方法。

我们还应该注意到,由于家庭或办公室计算机 Wi-Fi 网络具有更好的穿透能力,因此经常使用 2.4GHz 的频率范围,而在大距离创建无线网络时,5GHz 的频率范围更为合适。频率为 5GHz 的微波在克服树叶等障碍方面表现较差。但是,在这个频率范围内:

- 有大量相对不重叠的通道;
- 数据包的信息密度越大,数据传输速率越高;
- 天线方向图较窄,增加了信号传播距离和系统噪声抗扰度。

作为一个例子,我们考虑在 4 个无线路由器 Mikrotik RB911G – 5HPnD – QRT(QRT5)的帮助下,在 3 个无线电监测站之间进行现场通信,该无线路由器发射功率为 1W,集成天线增益 23dBi,在 5GHz 范围内 2 ×2 多入多出,天线模式为 10° × 10°。在 802.11b/g/n MIMO2 模式下运行,具有千兆网络以太网 10/100/1000M 端口,支持 NV2 协议。无线电监测站位置示意图如图 4.15 所示,无

线电波传播路径的地形照片如图 4.16 所示,图 4.17 显示了天线高度为 10m 时
A—B 段的菲涅耳区分析结果。

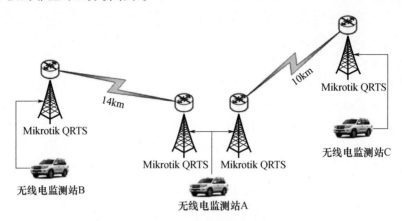

图 4.15　无线电监测站位置示意图

图 4.16　无线通信路径的 C—A 段

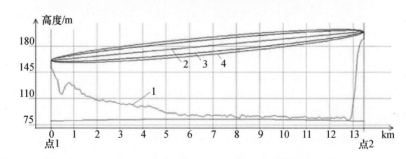

图 4.17　2.4GHz 和 5GHz 范围内菲涅耳区的比较
(1—地表起伏;2—两个天线之间的直接可见度;
3—5GHz 范围内的菲涅尔区;4—2.4GHz 范围内的菲涅尔区。)

为了连接 B—A 和 A—B 点,使用"点对点"类型的方案,以便在 30 ~ 40km 的距离内实现通信,必要时使用窄定向天线。速率特性测试表明:B—A 段的平均包延迟为 7ms,A—C 段的平均包延迟为 3ms;发射(TX)和接收(RX)的速率为 190MB/s。此时,B 点和 C 点的部署时间以及与 A 点的通信解决时间平均为 10min。

在规划使用无线技术以确保移动和固定无线监测站之间的有效通信时,应考虑以下使其使用复杂化的特定情况:

- 需要直接或部分可见性实现稳定连接;
- 在强干扰条件下,可能出现不稳定运行;
- 在大距离通信和使用窄定向天线的情况下,网络节点间的定向存在困难;
- 在大雾或潮湿的雪地条件下,很难实现通信的稳定性。

对于区域内分布物体之间没有其他合适通信系统的,卫星通信信道可用于这些分布物体之间的高速数据传输。通过卫星网络实现通信信道的示例如图 4.18 所示。

卫星通信网络的优点:

(1)数据传输(通过卫星)信道部署的快速性。

(2)通过卫星进行数据传输可以扩大地理覆盖范围。

(3)通过卫星实现数据传输信道的成本相对较低。

(4)独立于地面和/或其他通信线路。

(5)数据传输速率高(高达 20Mb/s)。

卫星通信网络的缺点如下:

(1)实施成本高。

(2)设备调整复杂。

(3)响应时间长(数据传输延迟)。

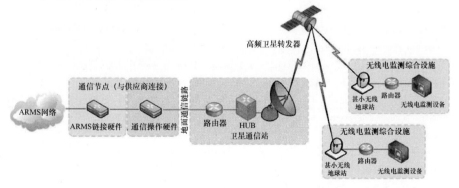

图 4.18 卫星网络通信实现实例

◢4.6　本章小结

　　自动化无线电监测系统运行的有效性不仅取决于现有无线电监测设备的完备性,还取决于构成工程基础设施的许多辅助子系统的功能特点。

　　基于分层原理,构建了自动化无线电监测系统。控制中心可以是固定式或移动式设计,它与控制点相互作用,必要时直接与单独的无线电监控设备交互。自动化系统的控制中心在其结构中必然具有控制、通信、数据传输、供电等子系统。无论是网络设备还是通信线路设备,控制中心的网络设备都应具有"热"备份和附加链路,以保证中央通信节点在某些系统元件发生故障时继续工作。

　　无线电监测站是指部署固定无线电监测设备的工程设施,其结构可分为无线电接收设备、室外设备,以及处理与控制设备,处理与控制设备可安装在室内和室外的温控防水安全柜内。最好使用无人居住的建筑物作为无线电监测站,因为这将从本质上减少与业主的协商。在城市条件下寻找一个合适的地方往往比较困难。

　　数据传输系统是指由数据传输网络联合起来的节点的组合,能够按照指定的要求进行远程控制和独立运行。所有交互都基于数据传输系统框架内的TCP/IP 协议。为了提供高可靠性、可扩展性和高性能,数据传输网络采用了多级体系结构。

　　通信信道是连接数据传输网络各节点的关键部件,它提供有线和无线节点之间的通信传输。无线技术应用于由于技术原因难以或不可能应用有线技术的情况,例如,在移动台的连接处或为了信息传输的预留信道场景。

📚参考文献

1. Barkalov SV, Kozmin VA, Sysoev DS, Tokarev AB (2016) Engineering infrastructure of the automated radio monitoring systems (in Russian). Spetstehnika i Svyaz (4):69 – 80.

2. SMO – ARMADA software package of automated spectrum monitoring systems. http://www. ircos. ru/en/sw_armada. html. Accessed 28 Nov 2017.

3. Alekseev DA, Ashikhmin AV, Kobelev SG, Kozmin VA, Rembovsky AM, Sysoev DS, Tsarev LS (2014) Features of automated spectrum management system at 27th Summer Universiade in Kazan (in Russian). Electrosvyaz (4): 34 –41.

4. Report ITU – R SM. 2257 – 2 (2014) Spectrum management and monitoring during major events. SM Series. Spectrum management. p 64.

5. Handbook on Spectrum Monitoring (2011) ITU – R, Geneva, p 659.

第5章

数字无线电接收机和测向仪

◢5.1 引言

目前,无线电监测系统广泛采用接收机技术,将接收到的模拟无线电信号预处理后转换成数字信号。在数字信号处理器(DSP)通道进行进一步的处理,主要处理单元包括选择性数字滤波器、数字解调器、数字识别单元和信号参数测量单元等。数字无线电接收设备基于软件定义无线电(SDR)原理设计,数字无线电接收机的结构如图5.1所示。

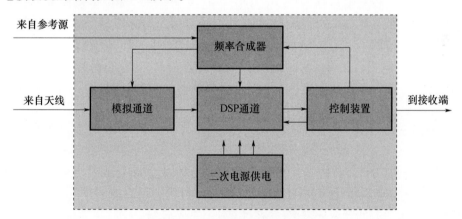

图5.1　数字无线电接收机结构图

模拟通道接收来自天线的信号,并滤除干扰。根据结构的不同,输入信号频谱可以传输到中频(IF)进行模数转换(ADC),或者在基带频率下直接进行信号转换。通道结构中的辅助装置包括自动增益控制(AGC)系统、衰减器、限幅器等,这些辅助装置会对放大通道的幅频特性产生影响,但不会造成接收信息的失真。

频率合成器基于外部或内部参考振荡器频率,生成接收机工作所需的频率栅格,包括数字信号处理设备工作所需的频率。

在 DSP 通道中进行基于 SDR 的主信号处理,数字无线电信号由 DSP 和现场可编程门阵列(FPGA)的嵌入式软件进行处理。根据处理目标,进行数字滤波、快速傅里叶变换、采样频率变换、自动调谐、解调和解码,以及各类检后处理等。

在控制装置的帮助下,可以设置接收机的必要操作模式:通电/断电、搜索信号和选择信号、自适应处理操作条件变化等。操作者可以远程或直接控制接收机。

二次电源将一次电源能量(例如,220V 固定网或车载网)转换为适合直接在接收机中使用的形式。

频谱分析仪、全景无线电接收机、测量接收机和信号分析仪作为数字无线电接收机在无线电监测任务得到应用。作为 IRCOS 公司的产品,数字无线电接收机的特性在文献[1-2]中有详细描述。

频谱分析仪是研究信号频谱分布及其参数测量的通用测量装置。现代频谱分析仪的结构通常与采用 DSP 的超外差接收机的结构一致。根据输入信号传感器的类型,频谱分析仪可用于科学和工程的各个领域。尤其是通过与天线组合应用,可使频谱分析仪成为全景接收机。这种分析仪可以通过天线和频谱分析仪之间预留电路的附加连接,执行全景测量接收机的任务。在基本结构中,频谱分析仪通常没有信号预选单元,因此,将它用于信号的无线电监测并不总是有效。

全景数字接收机是一种数字无线电接收机(DRR),其带宽从几百千赫到几十兆赫甚至几百兆赫,可以用于信号的频谱分布式处理和高性能频谱分析(从每秒几百兆赫到几十吉赫)。全景接收机通常包含不同的信号解调器和解码器。

全景式数字测量接收机是一种对无线电信号的电平、频率、带宽等参数进行高精度测量的全景式接收机,可用作标准的测量单元。数字测量接收机是现代无线电监测系统的"心脏",用于测量信号电平峰值、准峰值和均方根组合的检测器通常包括在测量接收机的结构中。测量接收机应在信号频谱分析时提供从几赫到几十千赫的频率分辨率,并在计算机控制下运行。

第一种类型的测量接收机是信号和干扰的电压和功率计量器。如果已知接收天线参数,可将其用作场强计量器,它成为输出端带有测量装置的特殊超外差接收机,具有很高的灵敏度和选择性,是中频通带调节的多量程接收机。线性接收通道可以使用不同类型的测量检测器,从而可以测量平均整流、均方根值、谐波和噪声信号的峰值。

第二种类型的测量接收机是频谱分析仪,除了电压和功率的测量外,它还进行各种调制和编码参数的测量。信号分析仪通常具有宽带模拟射频通道的高质量特性,以及足够的 DSP 通道计算能力,能够在时域、频域和码域实现必要的信号分析功能。一般来说,考虑到通信系统的信号类型,这些设备在不同频率范围内的工作特性都进行了优化。

　　全景数字无线电接收机是现代无线电测向结构的主要组成部分,目前,根据相关干涉仪原理工作的无线电自动测向仪得到广泛使用,测向仪的结构方案如图 5.2 所示。无线电测向仪主要由以下几部分组成:天线系统、模拟无线电接收通道、DSP 通道和控制器。

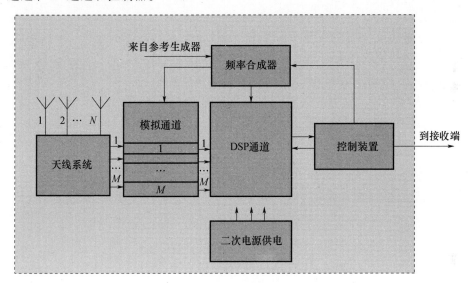

图 5.2　自动无线电测向仪结构图

　　天线系统的接收元件按照一定的顺序排布,例如,沿着圆周形成天线阵列。线圈天线、圆锥形和双圆锥形振动器、尖峰天线、圆盘锥形天线、定向天线等可作为天线元件。

　　相关干涉仪的工作原理是将接收到无线电信号的天线阵单元之间的测量电平、相位差数据,与电平、相位差的集合进行顺序比较,对给定的天线阵和可能的信号到达方向,进行初步的理论计算。通过计算相关系数并进行比较,将相关系数最大的“理论”方向视为指向方向。

　　为了使相关干涉仪的测向精度不低于 1° 并提供较宽的工作频率范围,例如 20 ~ 1300MHz,必须沿圆周布置 9 个天线元件,半径约为 1m。

　　无线电接收单元用于输入信号频率的选择、放大和转换,在所谓的单脉冲测向仪中,接收段的数目 M 等于天线元件的数目($M = N$),在这种情况下,可以保证最大的测向率。然而,这种解决方案的工程实现是复杂的,而且测向仪的成本相当高。因此,通常使用具有 $1\sim3$ 个信道($M=1,2,3$)的无线电接收通道。如果天线元件的数量大于接收通道的数量,那么我们可以使用高频开关,将天线元件依次连接到接收通道。

在模拟通道的输出端,信号转换成数字形式,并进一步数字处理,以计算无线电辐射源的方位角。除方位计算外,数字处理装置通常还执行信号的全景频谱分析、数字解调或解码。

另一种用于确定无线电波到达方向的设备是手持式无线电测向仪,通常,现代手持式测向仪的结构如图 5.3 所示[3-4]。

对于信号的搜索、检测和测向,可采用幅度法,该方法基于定向天线的信号电平估计来实现,并需设定中心频率和接收带宽。

本章将介绍两种类型的数字无线电接收机:超外差接收机和直接转换接收机,并讨论集成到天线系统中的数字无线电接收机的效能。此外,本章还将介绍主要的 DSP 算法,并讨论 IRCOS 公司目前交付的 ARGAMAK 系列数字无线电接收机和 ARTICUL 系列无线电测向仪的结构特点和工作特性[1]。

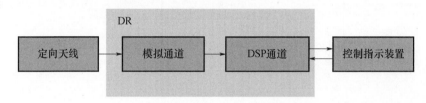

图 5.3　手持式测向仪结构图

5.2　数字无线电接收设备类型

在现代专业无线电设备中,外差接收机主要有两种类型:超外差接收机和直接转换接收机,它们将接收信号传输到基带("零")频率。这些类型接收机的功能方案如图 5.4 和图 5.5 所示[5]。

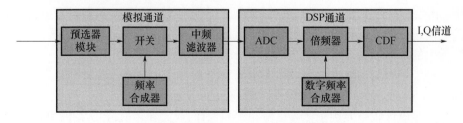

图 5.4　超外差 DRR 的功能方案图

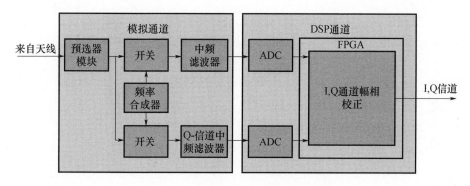

图 5.5　直接转换 DRR 的功能方案图

　　超外差型接收机具有更复杂的模拟通道结构,包括提供主接收通道和图像接收通道选择性的预选器,以及中频滤波器。通常,超外差型接收机采用两级或三级变频。

　　超外差结构的优点包括大动态范围;良好的带外干扰抑制;由于只使用一个 ADC 而不存在直流分量偏移和二次失真;采用数字递减转换器在 FPGA 中将实际信号转换为复数形式。缺点是:多级变频带来接收机功耗大、寄生接收信道多,因而对滤波系统要求高;滤波器的高矩形度和复杂的开关方案使得噪声系数增大;多级变频导致本地振荡器的相位噪声累加;宽带超外差 DRR 的 ADC 输入高中频,需要较高的 ADC 时钟速率。这将限制动态范围并对 ADC 通道性能提出了更高要求。

　　直接转换接收机的模拟部分结构较简单,一般情况下,只包括一个带本振的变频单元。这种结构可以在相同的分析带宽下实现较低的功耗、较低的质量尺寸指标、较低的噪声电平和互调分量。为了改善二阶和三阶互调失真并提高灵敏度,在直接转换接收机的结构中,通常包括带有宽带/可调滤波器和低噪声放大器的预选单元[6]。直接转换接收机在无线通信和数据传输设备中有着广泛应用。直接转换为"零"频率的缺点主要由正交变换的模拟电路引起[7]。由于两个通道中幅度和相位关系的不稳定性,在 ADC 输入端存在不平衡,导致信号频谱中出现伪分量,为了补偿这种不平衡,需要对同相和正交接收通道进行校正。为了在不同的测试条件下获得最佳的测试效果,必须定期进行校正。

　　不同信道间相移误差值下,同相和正交信道中杂散分量电平抑制与幅度差的关系如图 5.6 所示[8]。为达到可接受的正交分量抑制水平(不小于 40dB),通道的相位失配不得超过 1°,通道的幅度失配不得超过 −0.1dB。

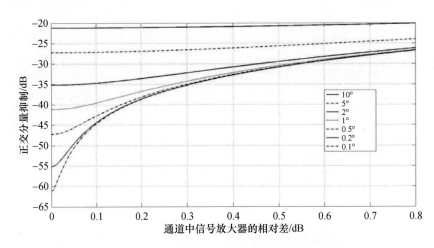

图 5.6　杂散分量抑制水平与接收信道幅相关系

现代集成电路(IC)制造技术允许在单一的芯片(RFIC)上实现直接变频电路,目前,类似的集成电路系列由不同的制造商生产,如 Analog Devices、Lime Microsystems 等。制造过程中的射频干扰校准的信号/干扰比(SINR)典型值为40dB,这足以接收大多数数字通信系统信号,额外的软件校准可将信号/干扰比提高到 60dB。

在执行无线电监测任务时,使用移动设备(包括无人驾驶飞机)和便携式无线电监测综合系统等紧凑经济的模块是有效的解决方案,可用于无线信道占用率应急估计、非授权频率信号确定、无线电干扰源的搜索和识别等。

在无线电监测设备发展的现代阶段,超外差式接收机在信号参数测量任务中得到广泛应用。在这些设备中,可以考虑采用 Rohde&Schwarz 的 ESMD 监测接收机、Medav 的 ComCat 调谐器、Agilent 的 M93XX 系列频谱仪、National Instruments 的 PXIE – 56XX 系列、ARGAMAK – IS 和 ARGAMAK – M N[1,4]。同时,在处理不需要对信号参数进行精确测量的无线电监测任务时,可以采用直接变频电路,这可以使 DRR 的质量和体积有实质性的降低。

超外差结构是高动态范围和高精度测量接收机的首选,基于该结构可设计出具有广泛功能的紧凑经济型设备,能够处理许多无线电监测任务。特别是,ARGAMAK – MN 超外差接收机杂散信道选择不低于 70dB,在三阶和二阶互调时的动态范围不低于 75dB,而功耗仅为 15W。转换为"零"频率的数字接收机ARC – CPS3 的功耗是 ARGAMAK – MN 的 1/2,但其具有较差的杂散信道选择(40dB)和三阶、二阶互调动态范围(60dB)特性。在复杂电磁情况下,这会对该接收机的工作质量产生负面影响。

▲5.3　无线电接收机与天线系统集成设计

在分布式无线电监测系统的发展中,由于设备成本在大多数情况下决定了整个系统的总成本,因此要求以最少的设备量,提供最大的作业区域。为此,用户将无线电监测设备的天线安装在尽可能高的物体上,并使用高灵敏度和宽动态范围的设备[9-10]。

本节将对集成设计在天线系统结构中的数字无线电接收机进行介绍。

5.3.1　馈线对监测设备性能影响

为扩大监测设备的作业区,接收天线系统安装在最高可用高度上,例如,多层建筑的屋顶上,为了减少当地障碍物的影响,天线接收系统通常安装在天线杆上。图 5.7 和图 5.8 显示了高层建筑上监控设备安装的两种可能方式。在第一种方式中,接收机位于直接安装在建筑物屋顶上的特殊容器中,从天线系统到接收机的馈线长度约为 15 ~ 20m;在第二种方式中,接收机位于业务室,馈线长度显著增加,可能达到 80 ~ 100m。

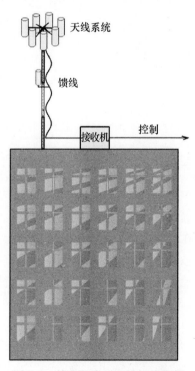

图 5.7　接收机位于天线杆的底部

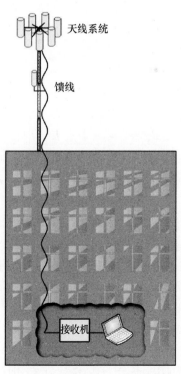

图 5.8　接收机位于业务室内

149

在无线电监测设备中,通常采用同轴电缆作为馈线,同其他有损耗的导体一样,同轴电缆也是噪声源。在室温下,馈线的噪声系数大约等于馈线内天线的噪声系数[4,11]。在表5.1中,给出了几种分布式同轴电缆的参数,图5.9显示了每1m长度单位的损耗 L_a 与频率的函数关系。

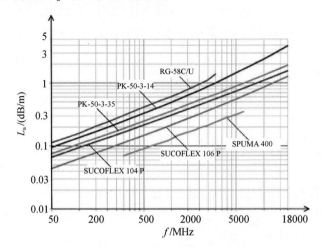

图5.9 单位长度损耗与频率的函数关系

表5.1 软同轴电缆结构参数

名称	RG 58 C/U	RK 50 – 3 – 14	RK 50 – 3 – 35	SUCOFLEX 104 P	SUCOFLEX 106 P	SPUMA 400
外径/mm	5	5	5	5.5	7.9	10.3
最小弯曲半径(单个)/mm	25	25	45	16	24	25
最小弯曲半径(多个)/mm	50	50	90	25	40	100

单位长度的损耗随着频率的增加而增加,长电缆具有较高的噪声系数,特别是当超过几百兆赫的频率时。例如,在 1000~3000MHz 的频率范围内,电缆 RK 50 – 3 – 14 的线性衰减从 0.5dB/m 到 1dB/m 增长,因此,30m 电缆的噪声系数取值为 15~30dB。随着噪声系数的增大,监测设备的灵敏度成比例地降低,并可能低到不可接受。

无线电监测设备(尤其是便携式和移动式)应具备可重复部署和卸载天线系统,因此,表征其柔性的最小弯曲半径是重要的参数。一般来说,单位长度的电缆损耗越小,其柔韧性就越差,因此,俄罗斯国产电缆 RK 50 – 3 – 35 和国外 SPUMA 400 的单位长度损耗较小,但弯曲半径比表中其他类型的电缆要大。

还应注意一个现象,通常在使用长馈线电线时出现,这就是天线效应,在这种效应下,馈线中的外部电磁场会引起传导干扰。天线效应对接收机的干扰不仅来自强大的或附近的无线电台的影响,而且包括来自照明、电力和计算机网络、位于监测设备安装地点及其天线馈线附近的各种家用和工业用电气设备的影响。

对于测向单元,天线效应会降低测向的精度和灵敏度,因为接收通道中的相位和幅度关系会受到信号的干扰。对于测量单元,天线效应会增加场强测量误差,并扭曲天线方向图,从而降低灵敏度。

5.3.2 前置放大器应用

提高监测设备灵敏度的直接方法之一是采用低损耗、高屏蔽性能的优质馈线。然而,在过长的馈电线上,频率超过几千兆赫的信号衰减会很明显,因此噪声系数会很高。此外,低损耗同轴电缆通常具有较大的直径和较小的灵活性,这使得监测设备的部署和开发变得复杂(表5.1)。

级联系统的噪声系数的已知表达式形式为

$$F = F_1 + \frac{F_2 - 1}{g_1} + \frac{F_3 - 1}{g_1 g_2} + \cdots + \frac{F_M - 1}{\prod\limits_{m=1}^{M-1} g_m} \tag{5.1}$$

式中:F_i、g_i分别为第i级的噪声系数和增益,$i = 1, 2, \cdots, M$,M为级数。由于内部噪声的存在,实际无线电工程设备的噪声系数始终大于1。工程实践中,通常使用分贝表示噪声系数,与噪声系数的关系为$NF = 10\lg(F)$。

由式(5.1)可知,第一级的增益增长降低了所有后续电路的噪声,因此,在天线输出端(图5.10)连接有足够增益和低噪声系数的低噪声放大器(LNA)将提高监测设备的灵敏度。

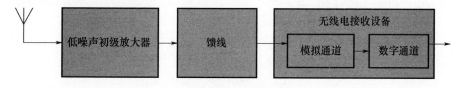

图5.10 LNA应用示例

对于三级级联监测设备,式(5.1)可以采用以下形式

$$F = F_1 + \frac{F_2 - 1}{g_1} + \frac{F_3 - 1}{g_1 g_2} \tag{5.2}$$

式中:F_1、F_2、F_3分别为LNA、馈电线和接收机的噪声系数;g_1、g_2为LNA和馈电线的增益。

在室温下馈线衰减从 5dB 到 40dB 时,监测设备噪声系数与 LNA 增益的关系如图 5.11 所示。LNA 噪声系数设置为 $NF_1 = 3dB$,接收机噪声系数设置为 $NF_3 = 10dB$。该图表明,随着增益 G_1 的增大,监测设备噪声系数渐进地达到了 LNA 噪声系数,此时,监测设备灵敏度提高,其动态范围从低信号值一侧延伸,但 LNA 引入的附加增益会减小大信号值一侧的动态范围。

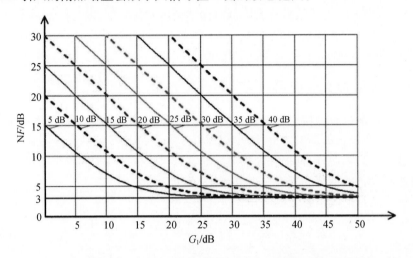

图 5.11 监测设备噪声系数与 LNA 增益的关系

接下来,我们来估计监测设备结构中级联的非线性特性的影响。我们将使用按级输出和输入的对数尺度中三阶互调的截取点 OIP_3 和 IP_3(单位:mW),以及按线性尺度 OIP_3 和 IP_3(单位:mW)的截取点[4,12]。众所周知,级联输出的截取点 OIP_3 通过级 $OIP_3 = IP_3 + G$ 与输入 IP_3 截取点建立关系,截取点的值表征了级联的线性度。对于国际市场上出现的宽带 LNA,在噪声系数为 $0.5 \sim 3dB$ 的情况下,OIP_3 的值通常为 $20 \sim 45dBm$。

三级串联三阶互调输出截取点由公式定义[12]:

$$OIP_3 = \frac{1}{\dfrac{1}{OIP_{33}} + \dfrac{1}{OIP_{32}g_3} + \dfrac{1}{OIP_{31}g_{283}}} \tag{5.3}$$

式中:OIP_{33}、OIP_{32}、OIP_{31} 分别为接收机、馈线和低噪声放大器的三阶输出截取点。馈线为线性被动级,其 OIP_{32} 的值远大于 OIP_{33} 和 OIP_{31},因此,忽略式(5.3)分母中的中间项,可以得到

$$OIP_3 = \frac{1}{\dfrac{1}{OIP_{33}} + \dfrac{1}{OIP_{31}g_2g_3}} \tag{5.4}$$

从输出截取点到输入截取点,可以得到

$$\text{IP}_3 = \frac{1}{g_1 g_2 \left(\dfrac{1}{\text{IP}_{33}} + \dfrac{1}{\text{IP}_{31} g_1 g_2} \right)} \tag{5.5}$$

然后确定无三阶互调的监测设备动态范围[4,12]

$$D_3 = \frac{2}{3} (\text{IP}_3 - P_{\text{thr}}) \tag{5.6}$$

式中：D_3 为监测设备动态范围（dB）；$\text{IP}_3 = 10\lg(\text{IP}_3)$ 为监测设备输入的三阶互调截取点电平（dBm）；P_{thr} 为监测设备的阈值灵敏度（dBm），

$$P_{\text{thr}} = 10\lg(p_{\text{thr}}) \tag{5.7}$$

这里 p_{thr} 是以 mW 表示的监控设备灵敏度：

$$p_{\text{thr}} = kTBF \cdot 1000 \tag{5.8}$$

式中：$k = 1.38 \times 10^{-23}$ 为玻耳兹曼常数（J/K）；T 为环境温度（K）；B 为信号带宽（Hz）；F 为监测设备噪声系数，稍后，我们将使用室温 $T = 293\text{K}(20℃)$。

线性标度的动态范围为

$$d_3 = (\text{IP}_3 / p_{\text{thr}})^{\frac{2}{3}} \tag{5.9}$$

将式（5.5）、式（5.8）和式（5.2）代入式（5.9），可得

$$d_3 = \left(\frac{g_1 g_2 \, \text{IP}_{31} \text{IP}_{33}}{kTB(g_1 g_2 F_1 + g_2 (F_2 - 1) + F_3 - 1)(g_1 g_2 \, \text{IP}_{31} + \text{IP}_{33})} \right)^{\frac{2}{3}} \tag{5.10}$$

图 5.12 显示了在馈线信号衰减从 5dB 到 40dB 变化时，式（5.10）的监测设备动态范围与增益 G_1 的关系，低噪声放大器和接收机三阶互调的截取点分别为 $\text{IP}_{31} = -5\text{dBm}$ 和 $\text{IP}_{33} = -10\text{dBm}$，输入信号带宽为 $B = 10\text{kHz}$，接收机和低噪声放大器的噪声系数与图 5.11 中使用的值相同，即 $\text{NF}_1 = 3\text{dB}$，$\text{NF}_3 = 10\text{dB}$。

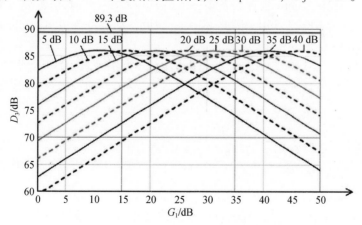

图 5.12　动态范围与 LNA 增益的关系

从图中可以看出,监测设备的动态范围首先增加(由于噪声系数降低而导致灵敏度增加),在达到最大值后,随着 LNA 增益进一步增加而减小。

让我们找到增益 g_1^*,该增益下,在给定的馈线衰减时动态范围达到最大值。由于函数 $x^{2/3}$ 是单调的,最大值的横坐标可由以下方程确定。

$$\frac{\partial}{\partial g_1}\left(\frac{g_1 g_2 \, \text{IP}_{31} \text{IP}_{33}}{kTB\left[g_1 g_2 F_1 + g_2(F_2 - 1) + F_3 - 1\right](g_1 g_2 \, \text{IP}_{31} + \text{IP}_{33})}\right) = 0 \quad (5.11)$$

由此得出结论

$$g_1^* = \frac{1}{g_2}\sqrt{\frac{\text{IP}_{33}\left[F_3 + g_2(F_2 - 1) - 1\right]}{F_1 \text{IP}_{31}}} \quad (5.12)$$

考虑到电缆的噪声系数近似等于其衰减 $F_2 \approx 1/g_2$,从而可以将式(5.12)简化为

$$g_1^* = \frac{1}{g_2}\sqrt{\frac{\text{IP}_{33}(F_3 + g_2)}{F_1 \, \text{IP}_{31}}} \quad (5.13)$$

最后一个公式表明:衰减 $1/g_2$ 越大且 LNA 线性度 IP_{31} 越小时,为达到动态范围的最大值,LNA 增益应越大。

确定监控设备动态范围和其结构中包含的接收机动态范围之间的关系,初步计算上述接收参数值下的接收机动态范围:

$$D_{33} = \frac{2}{3}\left[\text{IP}_{33} - 10\lg(p_{\text{thr3}})\right] = \frac{2}{3}\left[10 + 174 - 10\lg(10000) - 10\right] = 89.3\text{dB}$$

$$(5.14)$$

其中,$p_{\text{thr3}} = kTBF_3 \times 1000$ 是接收机的灵敏度(mW)。

在 $G_2 = -25\text{dB}$,$\text{IP}_{31} = -5\text{dBm}$ 和 $G_1^* = 36\text{dB}$ 的情况下,完成所有监测设备通道的类似计算,得到了监测设备动态范围 $D_3 = 82\text{dB}$,此时,监测设备噪声系数(见图5.12)为 $\text{NF} = 4.5\text{dB}$。因此,最大监测设备动态范围 D_3 比接收机动态范围 D_{33} 小 7dB 以上。

可以看出,当 LNA 包含在监测设备结构中时,不等式 $D_3 < D_{33}$ 总是成立的。假设 $\text{IP}_{31} \to \infty$,然后在式(5.10)中打开类型 ∞/∞ 的不确定形式,考虑到 $1/g_2 \approx F_2$,得出

$$\lim_{\text{IP}_{31} \to \infty} d_3 = \left[\frac{\text{IP}_{33}}{kTB\left[g_1 g_2 F_1 + g_2(F_2 - 1) + F_3 - 1\right]}\right]^{\frac{2}{3}} = \frac{d_{3\text{Rec}}}{\dfrac{g_2(g_1 F_1 - 1)}{F_3} + 1}^{\frac{2}{3}} \quad (5.15)$$

其中,$d_{3\text{Rec}} = (\text{IP}_{33}/kTBF_3)^{2/3}$ 是无线电接收机的动态范围。

因为 $g_1 > 1$ 和 $F_1 > 1$,所以 $g_1 F_1 > 1$。在这种情况下,$g_1 F_1 - 1 > 0$,并且分母 $\left[\dfrac{g_2(g_1 F_1 - 1)}{F_3} + 1\right] > 1$。因此,在假设情况下,即使当 LNA 恒线性时,监测设备

的整体动态范围也将小于接收机的动态范围。从式(5.15)可以看出,只有在监测设备结构中没有 LNA 时,即在 $g_1 = F_1 = 1$ 处,监测设备的动态范围才等于接收机的动态范围,$D_3 = D_{33}$。

因此,低噪声放大器的应用降低了噪声系数,提高了监测设备的灵敏度,扩大了小信号值的动态范围,同时缩小了大信号值一侧的动态范围。为了避免动态范围的过小,LNA 增益不应太大。此外,馈线频率相关损耗与 LNA 增益也是相匹配的。国际市场上的 LNA 通常具有恒定或减小的放大倍数(随频率增长),但为了保持监测设备的动态范围,必须具有反向依赖性,即 LNA 增益应随频率增长而增加。例如,对于 RK 50 – 3 – 14 型,在 1000 ~ 3000MHz 的频率范围内长度为 30m 的馈电线,噪声系数将在 15 ~ 30dB 变化。从图 5.12 可以看出,为了支持最大动态范围,需要将 LNA 增益从 26dB 增加到 42dB。在较宽的频率范围内提供这种相关性,以保持较小的噪声系数和较高的线性度,将使低噪声放大器的结构复杂化。

为了减少长馈电线的不利影响,可以从天线系统到接收机的实际距离开始,尽量选择最小的必要长度。但为了保持最大可能的动态范围,需要使用单独选择增益的低噪声放大器,这使得串行级联产品变得复杂。

在 LNA 应用中,放大后的信号通过馈线传输,降低了天线效应的不利影响,但不能完全消除。为减小天线效应采取一些特殊措施,如使用三层屏蔽差分电缆、锁扣形式的铁氧体滤波器,实质上使监测设备的设计复杂化。

5.3.3　系统集成设计

电子元件开发的现代化水平允许生产小尺寸的数字全景无线电接收机,促进其能够直接集成到天线系统结构中。当接收机集成到测向仪的圆形天线阵列中时,天线元件到接收机输入端的馈线长度不会超过米级,此时,衰减将在 0.1dB 到几个分贝的范围内,具体取决于馈线类型和工作频率。例如,在 3000MHz 频率下,长度为 2.5m 的 RK 50 – 3 – 14 型电缆的损耗为 2.5dB。短的馈线长度允许使用高质量电缆,而不增加监测设备成本,例如,可以使用 SU-COFLEX 106 P 代替 RK 50 – 3 – 14,其衰减小于一半。

如果馈线的损耗很小,监测设备灵敏度不需要比接收机灵敏度更好,则不需要 LNA。在此基础上,给出了监测设备可能的最大动态范围。如果需要提高监测设备的灵敏度,对低噪声放大器的要求就没那么严格了。

图 5.13 和图 5.14 分别显示了噪声系数和监测设备动态范围与 LNA 增益的函数。在 LNA 的 $IP_{31} = 15$ 时,馈线的衰减在 0.5 ~ 4dB 之间变化。从图中可以看出,在电缆衰减 2.5dB 时,监测设备的最大动态范围为 $D_3 = 88.1dB$,LNA 增

益为 $G_1^* = 3.6\mathrm{dB}$。为保证监测设备噪声系数为 4.5dB,应将 LNA 增益提高到 13dB,此时监测设备动态范围为 85.9dB。因此,与上述例子相比,集成接收机的应用将监测设备的最大动态范围扩大了 6dB 以上。在灵敏度相同的情况下,当噪声系数 NF =4.5dB 时,动态范围内的效益也超过 3dB。

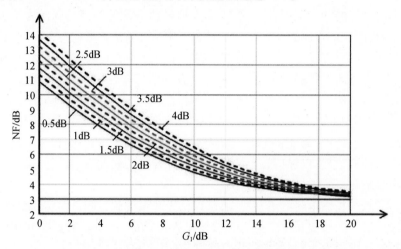

图 5.13　综合接收机应用时监测设备噪声系数与 LNA 增益的关系

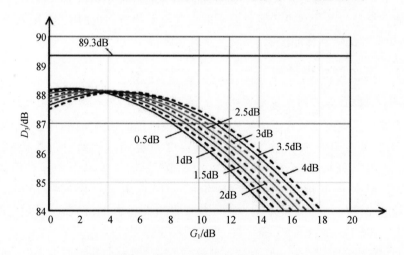

图 5.14　集成接收机应用IP_{31} =15dBm 时动态范围与 LNA 增益的关系

前一个例子中,在馈线长度 25m 的情况下,为了达到IP_{31} = -5dBm 的最大监测设备动态范围,LNA 增益为 G_1^* =36dB,输出的三阶互调截取点为OIP_{31} = $\mathrm{IP}_{31} + G_1 = -5 + 36 = 31\mathrm{dBm}$。在应用集成接收机时,为了达到相同的参数,可以采用IP_{31} =15dBm,G_1 =13dB 或(相同)OIP_{31} =28dBm 的低噪声放大器。这样的

LNA 在实现上会更简单。

数字接收机集成有两种方式。在第一种方式中,接收信号处理的唯一模拟通道嵌入到天线系统中,信号通过馈电线在低中频传输到 DSP 通道;在第二种方式中,包括 DSP 通道的接收机作为一个整体嵌入到天线系统中,信号通过数字形式的馈电线传输。

当信号在较低的中频传输时,线性电缆损耗很小,因此,将信号处理的模拟通道嵌入天线系统中,这样可以使用廉价的同轴电缆作为所需长度的馈电线。中频信号带宽限制在几十兆赫或几百兆赫,在整个监测设备工作频率范围内,与高频信号在传输通道上进行放大和匹配相比,在技术上更为简单,这样天线效应的影响得到本质性降低。测量单元的校准也得到简化,因为只需在一个频率(等于 IF)下校准馈线。

虽然将模拟信号传输到中频会显著降低天线效应的影响,但不能完全消除它。图 5.15 给出了一个示例,演示了高功率的近距离高频电台信号,其发射频率落在中频带内的情况。干扰是一个周期为接收机调谐步长的线频谱。

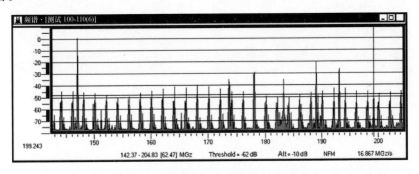

图 5.15 强高频电台天线效应的表现

当信号处理的模拟和数字通道都嵌入到天线系统中,并且信号和控制命令仅以数字形式通过馈线传输时,接收机集成的第二种方式是消除馈线中天线效应的根本方法。这样能够使用很长的以太网或光纤电缆,且完全不需要对测量单元进行校准。

5.3.4 设备实例

图 5.16 给出了具有圆形天线阵列 AS – PP4 的无线电测向仪 ARTIKUL – S 的天线系统,以及数字全景测量接收机 ARARMAK – IS 的天线系统[1]。接收机集成采用第一种形式——仅模拟通道嵌入到天线系统中,ADC 单元位于服务室或专用设备中。对于馈电线,产品中使用了便宜的同轴电缆 RG – 58,其长度可

达到 80～100m。

图 5.17 给出了另一个监测设备示例：多功能无线电监测站 ARCHA － INM[1]，它结合了测量接收机和相关干涉无线电测向仪的功能。该站使用了第二种形式的接收机集成，数字测量接收机 ARGAMAK － IS 嵌入圆柱形天线阵的底座(图 5.18 和图 5.19)，数据和控制命令基于以太网技术通过馈线传输。

图 5.16　场强全景测量系统的天线系统 ARGAMAK － IS(左)和测向仪天线阵 AS － PP4(右)

图 5.17　ARCHA － INM 监测站

图 5.18　ARCHA － INM 监测站天线底座

158

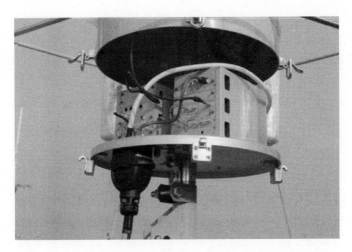

图 5.19　数字接收机 ARGAMAK – IS 嵌入在天线系统的底座
（对接收机开放连接）

尽管示例中所用的集成接收机尺寸较小,但其无线电监测设备的技术特性达到甚至优于 ITU 规范[10]中的值。特别是,对于 ARCHA – INM 监测站而言,在 $20\sim3000\text{MHz}$ 频率范围内,无线电接收通道的灵敏度和测向精度以及线性度的典型值分别是 $3\mu V/m$、$1°$ 以及 $IP_{33} = 10\text{dBm}$。

与传统的需要较长高频馈线的天线系统外接收机布置方式相比,集成接收机的应用具有一系列技术优势,可以归结为以下技术优势:

（1）扩展了设备的动态范围,实现所用接收机动态范围的宽度值。

（2）减小或完全消除了天线效应的影响,从而提高灵敏度,减小了弱信号参数测量和测向的误差。

（3）测量单元通道的校准得到简化。

（4）可以使用廉价的大长度柔性同轴电缆、以太网网线和光纤作为馈线,简化了天线系统的部署和卸载,特别是在高海拔位置,优点更加突出。

现代无线电电子技术的发展水平日益提高,已能够制造出功能强大的集成数字无线电接收机,其技术特性完全满足甚至超过 ITU 推荐的无线电监测设备相关的特性指标要求。

5.4　采样频率选择

数字无线电接收机的采样频率选择问题在许多有关 DSP 的书籍中都有充分的描述,例如文献[8,13 – 16]中的实例。在本节中,当低频或带通信号的频谱成分重叠时,将考虑一般情况下的采样频率选择顺序,这些信号不属于有用的信息信号[17]。

连续过程 $x(t)$ 的时间采样包括确定等距点 $t_k = kT$ 处的值 $x(t) = x(kT)$，其中 $k = 0, 1, 2, \cdots$，这里 $T = 1/F_s$ 是采样周期，F_s 是采样频率。众所周知，离散信号谱有如下形式

$$S_s(\omega) = \frac{1}{T} \sum_{n=-\infty}^{+\infty} S_x\left(\omega - \frac{2\pi n}{T}\right) \qquad (5.16)$$

从角频率转换到线性，得到另一种形式

$$S_s(f) = F_s \sum_{n=-\infty}^{+\infty} S_x(f - F_s n) \qquad (5.17)$$

因此，离散信号频谱是初始信号频谱无限个副本的总和，精度是 F_s 的整倍数，这些副本是通过沿频率轴上下以步长为 $\pm nF_s$ 对初始信号频谱变换而形成的，其中 n 是整数。换句话说，在信号 $x(t)$ 采样时，其频谱沿着频率轴上下重复，包括正频率 $f > 0$ 区域中的波瓣 A_0^+ 和负频率 $f < 0$ 区域中的波瓣 A_0^-，周期等于反向采样频率。显然，如果 $F_s > 2f_h$，采样频率满足 Nyquist – Kotelnikov 定理，则波瓣 $S(f)$ 将位于频率 nF_s 周围，其中 $n = 0, \pm 1, \pm 2, \cdots$，以这样的方式，频率区域 $nF_s \pm f_B$ 不重叠，波瓣本身也不重叠。离散信号频谱如图 5.20 所示。

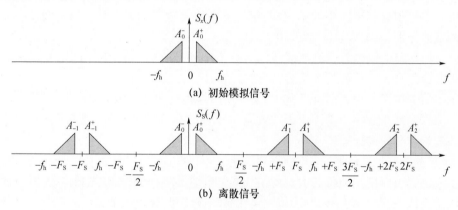

图 5.20　离散信号频谱

Nyquist – Kotelnikov 定理可以推广到窄带信号的情况，在一定条件下，采样频率可以选择在 $2f_h$ 频率以下。根据这种方法选择采样频率的主要要求是窄带谱集中在低频 f_l 和高频 f_h 之间。模拟带通信号的频谱如图 5.21 所示，通过频率 $F_s \geq 2f_h$ 进行采样时，离散信号频谱的形式如图 5.21(b) 所示。开始降低采样频率，显然，在 $2f_l < F_s < 2f_h$ 时，将观察到离散信号的频谱波瓣的叠加（或混叠），用通带滤波器恢复模拟信号的初始频谱是不可能的，然而，进一步的频率降低 $F_s < 2f_l$ 将再次为离散信号的频谱波瓣提供彼此的非混叠和模拟信号的恢复。因此，

$2f_1 < F_s < 2f_h$ 是采样频率禁止的区域。

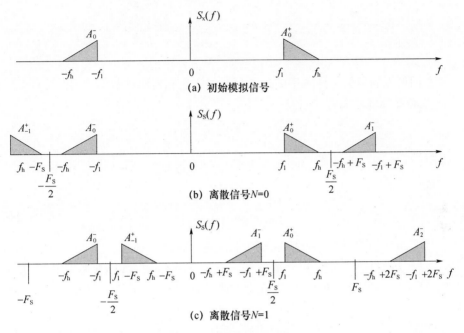

(a) 初始模拟信号

(b) 离散信号 $N=0$

(c) 离散信号 $N=1$

图 5.21　带通信号的频谱

由于图 5.21 离散信号的能量谱是周期性的、均匀的函数,一般情况下,离散信号的频谱波瓣在初始信号波瓣 A_0^+ 附近的位置将对应于图 5.22。频率选择允许区域的边界条件足以形成任何频谱波瓣。对初始波瓣 A_0^+ 执行以下操作:

$$\begin{cases} -f_1 + NF_s < f_1 \\ -f_h + (N+1)F_s \geqslant f_h \end{cases} \tag{5.18}$$

式中: $N = 0, 1, 2, \cdots, N_{max}$ 为选择采样频率时频率轴上允许的区域数。

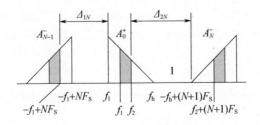

图 5.22　离散信号波瓣的位置

从不等式系统(5.18)中,得到了采样频率选择的表达式:

$$\frac{2f_h}{N+1} < F_s < \frac{2f_1}{N} \tag{5.19}$$

从以下不等式

$$\frac{2f_h}{N_{max}+1} \leqslant \frac{2f_1}{N_{max}} \tag{5.20}$$

我们可以确定与采样频率的最小可能值 F_{smin} 相对应的数值 N_{max}。

将式(5.20)转换为

$$2f_h N_{max} \leqslant 2f_1 N_{max} + 2f_1 \tag{5.21}$$

得到

$$N_{max} \leqslant \frac{f_1}{f_h - f_1} \tag{5.22}$$

或

$$N_{max} = \text{int}\left(\frac{f_1}{f_h - f_1}\right) \tag{5.23}$$

其中,$\text{int}(a)$ 是从数字 a 中取整数部分的函数。

式(5.19)对应于推广到窄带信号情况下的 Nyquist – Kotelnikov 定理,并根据离散信号 $x(kT)$ 提供模拟信号 $x(t)$ 的精确恢复[15]。从如下条件中定义最小采样频率

$$F_{s\ min} \geqslant \frac{2f_h}{N_{max}+1} \tag{5.24}$$

可以将式(5.24)替换为

$$F_{s\ min} \geqslant \frac{2f_h}{\dfrac{f_i}{f_h - f_i} + 1} \tag{5.25}$$

在此获得已知的表达式

$$F_{s\ min} \geqslant 2(f_h - f_1) = 2B \tag{5.26}$$

换句话说,最小采样频率不能小于信号频谱 $B = f_h - f_1$ 的 2 倍带宽。

在允许区域内选择采样频率,可在离散信号 $x(kT)$ 的频谱波瓣之间提供一些自由间隙,从图 5.22 中可以看到,间隔在波瓣 A_0^+ 的上下值定义如下:

$$\begin{cases} \Delta_{1N} = 2f_h - NF_s \\ \Delta_{2N} = (N+1)F_s - 2f_h \end{cases} \tag{5.27}$$

上述表达式与不存在离散信号频谱波瓣混叠的情况相对应。同时,如果接收机模拟通道的线性度很高,互调失真很小,那么可以在 ADC 输出处允许非信息和抑制(进一步数字滤波)频谱片段重叠(混叠),从而使采样频率最小化。

如前所述,对采样频率选择的最初要求是:数字通路输入端的信号频谱集中在下限频率 f_1 和上限频率 f_h 之间,而信息信号的频谱位于下限频率 f_1 和上限频

率 f_2 之间,带宽为 $B_{inf} = f_2 - f_1$。如果在中频通道的输出处进行采样,而不存在整个信号频谱的混叠,与之前一样,离散信号的频谱将具有图 5.22 所示的形式。式(5.18)定义的边界或允许区域条件,必须与位于任何频谱波瓣内的"有用"信息频率区(如波瓣 A_0^+)一起制定。

$$\begin{cases} -f_1 + NF_s < f_1 \\ -f_h + (N+1)F_s \geq f_2 \end{cases} \tag{5.28}$$

式中: $N = 0, 1, 2, \cdots, N_{max}$ 为频率轴上允许选择采样频率的区域数。

在没有频谱波瓣混叠的情况下,进行上述类似变换,得到采样频率允许值的表达式。

$$\frac{f_2 + f_h}{N+1} < F_s < \frac{f_1 + f_1}{N} \tag{5.29}$$

以及此选择允许的最大区域数

$$N_{max} = \text{int}\left(\frac{f_1 + f_1}{B + B_{gap}}\right) \tag{5.30}$$

以及信息信号频谱中频率上下的自由间隙值:

$$\begin{cases} \Delta_{1N} = f_1 + f_1 - NF_s \\ \Delta_{2N} = (N+1)F_s - f_h - f_2 \end{cases} \tag{5.31}$$

以及总自由间隙

$$\Delta_N = \Delta_{1N} + \Delta_{2N} = F_s - B - B_{inf} \tag{5.32}$$

图 5.23 显示了频率轴上禁止和允许采样频率选择的区域,以及频率间隙与第 N 和 $N+1$ 允许区域中采样频率的值。

如果由于某些原因不允许抑制信号的频谱混叠,那么 $f_1 = f_1, f_2 = f_h$,式(5.29)和式(5.31)分别采用式(5.19)和式(5.27)的形式。

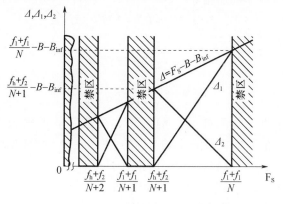

图 5.23　信息信号采样频率的选择

数字信号处理包括对有用信息信号的数字滤波,如果使用数字滤波器,通过与有用信号频谱进行带宽匹配,那么幅频响应就其通带的中间部分而言实际上是对称的。为了从有用信号的频谱片段中对频率上下定位的非信息频谱片段提供相同的抑制,最好使频率上下间隔相等。

$$\Delta_{1N} = \Delta_{2N} \tag{5.33}$$

这将减少频谱波瓣混叠的可能性,代入式(5.33)中由式(5.31)定义的频率间隙值,可以得到

$$F_s = \frac{f_l + f_h + f_1 + f_2}{2N+1} \tag{5.34}$$

如果有用信号频率的频谱间隔(f_1, f_2)有一个中频$f_0 = \dfrac{f_1+f_2}{2}$,与在 ADC 输入处的全频信号频谱的中心频点重合,并在区域(f_1, f_h)内,则式(5.34)可以转化成如下形式:

$$F_s = \frac{\dfrac{2(f_l+f_h)}{2} + \dfrac{2(f_1+f_2)}{2}}{2N+1} = \frac{2f_0+2f_0}{2N+1} = \frac{4f_0}{2N+1} \tag{5.35}$$

与前面一样,参数 N 为选择采样频率定义了一个允许区域的数量,其最大值 N_{max} 由式(5.30)定义。

根据式(5.35)选择采样频率,除了在采样信号的频谱波瓣之间提供相同的间隙,还基本上简化了正交分量的形成。

显然,对于对称频谱,频率上下的间隙值是相等的,即

$$\Delta_{1N} = \Delta_{2N} \tag{5.36}$$

这将减少频谱混叠的可能性,基于式(3.35)和式(3.36),得到了数值 F_s 选择的条件,以确保频率间隔相等:

$$2f_l - NF_s = (N+1)F_s - 2f_l \tag{5.37}$$

简化式(5.37),可得

$$(2N+1)F_s = 2(f_l+f_h) \tag{5.38}$$

$$F_s = \frac{2(f_l+f_h)}{2N+1} = \frac{4f_0}{2N+1} \tag{5.39}$$

下面考虑一些计算采样频率的例子。在数字通道输入时,中频值 $f_0 = 70\text{MHz}$;模拟信号的频谱相对于 f_0 是对称的,集中在 $B = 48\text{MHz}$ 的频带内。对有用信号的三种情况进行计算,其中频谱相对于 f_0 对称。

(1)有用信号的频谱宽度 $B_{inf} = 8\text{MHz}$。

(2)有用信号的频谱宽度 $B_{inf} = 24\text{MHz}$。

(3)有用信号的频谱宽度等于数字通道输入处整个信号的频谱宽度

$B_{inf} = 48 MHz$。

计算结果如表 5.2 所列。

在对要抑制的频谱片段混叠采样时,采样频率的值可以取得更小,这是由于允许区域的宽度与不进行此类混叠的采样时相比,要宽得多。

表 5.2　采样频率可能值的计算

数值允许区域	$F_{smax} = \dfrac{f_1 + f_1}{N}$ /MHz	$F_{smax} = \dfrac{f_2 + f_h}{N+1}$ /MHz	$F_s = \dfrac{4f_0}{2N+1}$ /MHz
$B_{inf} = 8 MHz$			
0	∞	168	280
1	112	84	93.333
2	56	56	56
$B_{inf} = 24 MHz$			
0	∞	176	280
1	104	88	93.333
$B_{inf} = B = 48 MHz$			
0	∞	188	280

5.5　正交分量形成

如果数字无线电接收机具有超外差结构,那么频谱传输通常在 DSP 通道的基带区(到"零"频率)进行。为方便操作,通过将离散时间样本 $x(kT)$ 乘以复杂参考调制序列来进行类似的传输。

$$\alpha(kT) = A\exp\left[j(k\omega T + \eta) \right] \tag{5.40}$$

式中: $k = 0, 1, 2 \cdots$ 为时间采样; $T = 1/f_s$ 为时间采样周期; A 为幅度; η 为初始相位。

为了减少与参考序列生成相关的计算量,最好选择采样频率 F_{sampl}、幅度 A 和初始相位 η,使 $\alpha(kT)$ 序列元素的值在每个周期精确重复,并适合执行乘法运算。例如,选项对应于一组数字 0、±1/2、±1、±2 等。

对参考序列应用"时间"表示并不能给出选择样本的一般答案,此外,还需要给出离散信号在其时间值周期调制时频谱变换的清晰表示,从而获得周期为 MT 的采样信号 $\hat{x}(kT)$ 的频谱与序列 $\alpha(kT)$ 的关系,即 $\hat{x}(kT) = x(kT)\alpha(kT)$ [18]。为此,利用图 5.24 所示的方案从连续信号 $x(t)$ 形成 $\hat{x}(kT)$ 信号。该方案由包含理想开关的并联支路组成,理想开关同时闭合,此时以周期 MT 打开。连续信号 $x(t)$ 应用于每个分支,输出的离散信号彼此相加。

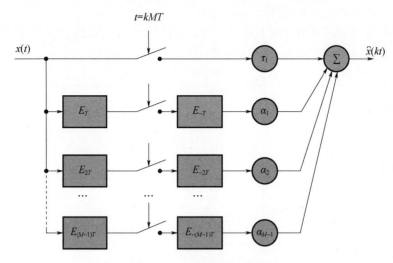

图 5.24　离散信号的形成

　　然后,对于离散信号 $x(kT)$ 的获取,其采样周期 T 不同于打开的周期 MT,每个通道在时间 $0,T,2T,\cdots,(M-1)T$,在其开关的输入端应包含连续信号的超前元素;在时间 $0,-T,-2T,\cdots,-(M-1)T$,在开关输出应具有离散信号延迟元素。如果每个支路中的信号 $x(kMT)$ 乘以系数 α_m,则离散信号 $\hat{x}(kT)$ 可写为

$$x(kT) = \sum_{m=0}^{M-1} \alpha_m E_{-mT}\{D\{E_{mT}\{x(t)\}\}\} \tag{5.41}$$

式中:E_{mT} 为时间 mT(信号向左移动)的超前运算符;E_{-mT} 为时间 $-mT$(信号向右移动)的延迟运算符;D 为具有周期 mT 的信号采样运算符。

　　如果连续信号 $x(t)$ 有具有傅里叶频谱 $X(\omega)=F\{x(t)\}$,信号 $E_{mT}\{x(t)\}$ 将具有频谱 $X(\omega)\mathrm{e}^{\mathrm{j}\omega mT}$。根据式(5.16),采样(具有周期 mT)信号的频谱 $E_{mT}\{x(t)\}$ 将具有以下形式:

$$F\{D\{E_{mT}\{x(t)\}\}\} = \frac{1}{MT}\sum_{n=-\infty}^{\infty} X\left(\omega - \frac{2\pi n}{MT}\right)\mathrm{e}^{\mathrm{j}\left(\omega - \frac{2\pi n}{MT}\right)mT} \tag{5.42}$$

各支路延迟离散信号 $E_{-mT}\{D\{E_{mT}\{x(t)\}\}\}$ 的频谱等于

$$F\{E_{-mT}\{D\{E_{mT}\{x(t)\}\}\}\} = \frac{1}{MT}\sum_{n=-\infty}^{\infty} X\left(\omega - \frac{2\pi n}{MT}\right)\mathrm{e}^{\mathrm{j}\left(\omega - \frac{2\pi n}{MT}\right)mT}\mathrm{e}^{-\mathrm{j}mT} \tag{5.43}$$

或者,等于

$$F\{E_{-mT}\{D\{E_{mT}\{x(t)\}\}\}\} = \frac{1}{MT}\sum_{n=-\infty}^{\infty} X\left(\omega - \frac{2\pi n}{MT}\right)\mathrm{e}^{-\mathrm{j}\frac{2\pi nm}{M}} \tag{5.44}$$

离散信号 $\hat{x}(kT)$ 之和的频谱将具有以下形式:

$$\overline{X}_D(\omega) = \frac{1}{MT} \sum_{m=0}^{M-1} \alpha_m \sum_{n=-\infty}^{\infty} X\left(\omega - \frac{2\pi n}{MT}\right) e^{-j\frac{2\pi nm}{M}} \tag{5.45}$$

将式(5.45)的求和结果改为

$$X_D(\omega) = \frac{1}{T} \sum_{n=-\infty}^{\infty} \frac{1}{M} \sum_{m=0}^{M-1} \alpha_m e^{-j\frac{2\pi nm}{M}} X\left(\omega - \frac{2\pi n}{MT}\right) \tag{5.46}$$

或

$$\overline{X}_D(\omega) = \frac{1}{T} \sum_{n=-\infty}^{\infty} \sigma_n X\left(\omega - \frac{2\pi n}{MT}\right) \tag{5.47}$$

其中,精确到常量倍数的系数 σ_n 定义为调制序列 $\sigma_1, \sigma_2, \cdots, \sigma_{M-1}$ 的离散傅里叶变换。

$$\sigma_n = \frac{1}{M} \sum_{m=0}^{M-1} \alpha_m e^{-j\frac{2\pi nm}{M}} \tag{5.48}$$

或以矩阵形式

$$\boldsymbol{\sigma} = \frac{1}{M} \boldsymbol{F} \boldsymbol{\alpha} \tag{5.49}$$

式中:$\boldsymbol{F}$ 为直接快速傅里叶变换旋转倍数的平方矩阵,规模为 $M \times M$,其中元素

$$f_{iq} = e^{-j\frac{2\pi iq}{M}}, 0 \leqslant i \leqslant M-1, 0 \leqslant q \leqslant M-1 \tag{5.50}$$

$$\boldsymbol{\alpha} = \begin{bmatrix} \alpha_1 \\ \alpha_2 \\ \vdots \\ \alpha_{M-1} \end{bmatrix}$$ 是规模为 $M \times 1$ 的调制向量。

如果不进行调制,所有 $\alpha_m = 1$,则在 $n = 0, \pm M, \pm 2M \cdots$ 处,参数 σ_n 等于1,除此之外,所有 σ_n 均等于零。因此,在 $\alpha_m = 1$ 时,变量变化 $n = mi$ 后的式(5.47)转换为离散信号 $x(kT)$ 频谱的常用表达式:

$$X_D(\omega) = \frac{1}{T} \sum_{i=-\infty}^{\infty} X\left(\omega - \frac{2\pi i}{T}\right) \tag{5.51}$$

将式(5.47)的总和分为 M 部分之和,其中 $k = 0, \pm M, \pm 2M \cdots$ 并引入新变量 $n = m + iM$,得到

$$\overline{X}_D(\omega) = \frac{1}{T} \sum_{m=0}^{M-1} \sum_{i=-\infty}^{\infty} \sigma_{m+iM} X\left(\omega - \frac{2\pi(k + iM)}{MT}\right) \tag{5.52}$$

因为系数 σ_{m+iM} 是周期性的,周期为 M,即 $\sigma_{m+iM} = \sigma_m$,所以可以将其拿到求和符号 i 之外。然后,将变量 m 改变为 n,并转移到循环频率 $f = 2\omega\pi$,可以得到

$$\overline{X}_D(f) = \frac{1}{T} \sum_{n=0}^{M-1} \sigma_n \sum_{i=-\infty}^{\infty} X\left(f - \frac{F_D(n + iM)}{M}\right) \tag{5.53}$$

非周期离散信号 $x(kT)$(采样间隔为 T)乘以周期序列(周期为 mT),式

(5.53)可以将其下一个频谱转换规则进行公式化:离散信号的每个频谱波瓣被划分为 m 个部分(子波瓣),落在与采样频率为 F_s 的间隔内,以步长为 F_s/M 等距离分布,即接近频率 $rF_s + mF_s/M$,其中 r 和 m 为整数,$m < M$。每一个以这种方式形成的子瓣都以这种形式重复非调制信号的初始频谱瓣,但采用了复杂的加权系数 σ_n。

通过改变调制向量 $\boldsymbol{\alpha}$ 的大小和元素,可以改变向量 $\boldsymbol{\sigma}$,从而使频谱波瓣的功率和相位集中在点 $rF_s + mF_s/M$ 附近。

向量单元 $\boldsymbol{\alpha}$ 在 n 个位置上的循环移位,使加权系数的模保持不变,系数由数值 $2\pi\dfrac{n}{M}$ 改变,从而可以形成具有给定相移、正交且为多相信号的数字序列。

基于述周期调制时的频谱变换规则,提供中心频率 f_0 向基带("零")频率的转换,采样频率与转换后的中心频率之间,应通过以下公式进行关联。

$$rF_s + \frac{m}{M}F_s = f_0 \tag{5.54}$$

式中:r 和 m 为整数,$m < M$。

为了形成正交,调制向量的循环移位应能提供加权频率系数 σ_n 随角度 $\pi/2$ 的变化。在移到一个位置时,参数将改变 π/M,因此,调制向量的最小可能长度为 $M = 4$。由式(5.54)可知,为将中心频率转换为零点,有用信号的采样频率和中心频率应满足以下条件:

$$rF_s + \frac{F_s}{4} = f_0 \tag{5.55}$$

或条件

$$rF_s + \frac{3F_s}{4} = f_0 \tag{5.56}$$

图5.25(a)显示初始模拟信号的频谱,图5.25(b)、(c)显示根据式(5.55)和式(5.56)的采样频率采样的相应信号频谱。在第一种情况下,位于频点 $F_s/4$ 周围的信号频谱不会翻转,而在第二种情况下,具有翻转特点。

如果应用该条件,信号频谱在正交形成后不应有反比特征,显然,周期调制的过程将根据允许的区域号码的均匀性或奇异性而有所不同。

根据上述规定的周期调制频谱变换规则,从图5.25(b)中可以看出,采样频率 F_s 采样的信号频谱位于均匀允许区内,这是调制的结果,如图5.25(d)所示,为了在点 0,$\pm F_s$,$\pm 2F_s$…附近定位频谱波瓣,频域中需要以下加权向量:

$$\boldsymbol{\sigma} = \begin{bmatrix} 0 & 0 & 0 & 1 \end{bmatrix}^T \tag{5.57}$$

时域中的调制向量与之对应

$$\boldsymbol{\alpha} = MF^{-1}\boldsymbol{\sigma} = \begin{bmatrix} 1 & -j & -1 & j \end{bmatrix}^T \tag{5.58}$$

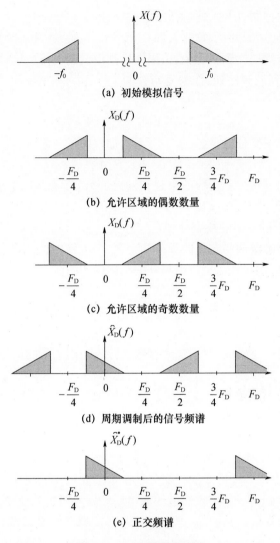

图 5.25　正交信号的形成

同样,对于用频率 F_s 在奇数区域内采样的信号,如图 5.25(c)所示,加权向量为

$$\boldsymbol{\sigma} = [0 \quad 1 \quad 0 \quad 0]^{\mathrm{T}} \tag{5.59}$$

在时间域中调制向量与之对应

$$\boldsymbol{\alpha} = [1 \quad j \quad -1 \quad -j]^{\mathrm{T}} \tag{5.60}$$

调制信号 $\hat{x}(kT)$ 的频谱形式如图 5.25(d)所示,因为在点 $\dfrac{n}{2} F_s$ (n 为整数)的邻接处有频谱波瓣,该信号的实部和虚部不是正交分量。为了形成正交,这些

频谱成分必须被抑制,例如,通过低频滤波处理。

通常,建议使用周期复数序列,即在频率 $F_s/4$ 时,通过离散复指数的采样形成正交分量。与周期性调制有关,该周期序列由调制向量(式 5.58)定义。在这方面,应该注意到调制序列,作为复指数的采样,并不是唯一可能形成正交的序列。例如,向量

$$\boldsymbol{\alpha} = \begin{bmatrix} 2 & -1-j & 0 & -1+j \end{bmatrix}^T \tag{5.61}$$

也能够形成正交分量,这是由于下面的加权向量与之对应

$$\boldsymbol{\sigma} = \begin{bmatrix} 0 & 0 & 1 & 1 \end{bmatrix}^T \tag{5.62}$$

但是调制向量作为复指数的采样,在被调制信号的频谱中没有给出额外的波瓣,因为在这种情况下,频域中的加权向量的一个元素等于1,而其他的元素为0,从而简化了进一步的数字处理。

该规则能够确定调制向量的规模和元素,为无线电监测设备的 DSP 算法提供正交分量形成,这些算法是按照超外差结构构建的。

◣5.6 复杂的数字滤波

在这种情况下,当仅需要由一个接收机接收不同类型的信号时,可以使用具有二次采样对的 DSP。

二次分量的形成是在无线电接收机的模拟或数字通道中进行的。正如第5.1 节所述,基于二次本地振荡器形成接收机模拟通道,其中输入模拟信号由本地振荡器信号的正弦波和余弦分量进行乘法运算,并进一步进行低频滤波。可使用模拟 Hilbert 转换器或 90°移相器代替正交本地振荡器。

图 5.26 给出了一种可能的正交分量模拟形成的接收机结构。在 Hilbert 变换器(HC)的帮助下,将主接收通道的输出信号分为同相分量和正交分量。工作传输通道的信号提取由具有(一般情况下)直接耦合和交叉耦合的双通道数字滤波器执行。

双通道滤波器的传递矩阵

$$\boldsymbol{H}(z) = \begin{bmatrix} \boldsymbol{H}_{11}(z) & \boldsymbol{H}_{12}(z) \\ \boldsymbol{H}_{21}(z) & \boldsymbol{H}_{22}(z) \end{bmatrix} \tag{5.63}$$

将输出序列 $Y_1(z)$ 和 $Y_2(z)$ 的 z 表达式与输入序列 $X_1(z)$ 和 $X_2(z)$ 的 z 表达式联系起来:

$$\begin{bmatrix} Y_1(z) \\ Y_2(z) \end{bmatrix} = \boldsymbol{H}(z) \begin{bmatrix} X_1(z) \\ X_2(z) \end{bmatrix} \tag{5.64}$$

在模拟接收机通道中形成正交分量时,有必要使用两个 ADC,如图 5.26 所

示,但与单通道相比,需要小于采样频率的 1/2,这是由于具有单边带频谱的信号放置于采样中。在 DSP 通道中的正交分量形成时,可以使用数字正交局部外差来或采用第 5.4 节中的周期调制方法再现复杂的指数序列。

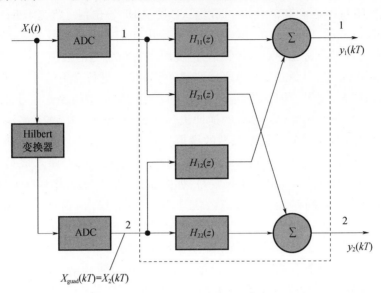

图 5.26　模拟正交形成的双通道 DSP 系统

复杂数字滤波器(CDF)中序列 $x(kT) = x_1(kT) + jx_2(kT)$ 的复杂滤波是正交分量处理的可能算法。CDF 是具有两个输入和两个输出的单元,输出序列 $Y_1(z)$ 和 $Y_2(z)$ 的 z 表达式,通过以下表达式与输入序列的 z 表达式相关联。

$$Y_1(z) + jY_1(z) = H_{CF}(z)\left[x_1(kT) + jx_2(kT)\right] \tag{5.65}$$

式中:$H_{CF}(z) = H_1(z) + jH_2(z)$ 为复杂滤波器的传递函数;$H_1(z)$ 和 $H_2(z)$ 分别为 CDF 传递函数的实数和虚数部分,传递函数具有实系数。

表达式(5.65)的矩阵形式表达式如下:

$$\begin{bmatrix} Y_1(z) \\ Y_2(z) \end{bmatrix} = \boldsymbol{H}_{CF}(z)\begin{bmatrix} X_1(z) \\ X_2(z) \end{bmatrix} \tag{5.66}$$

式中:$\boldsymbol{H}_{CF}(z)$ 为 CDF 的传递矩阵。

$$\boldsymbol{H}_{CF}(z) = \begin{bmatrix} H_{11}(z) & H_{12}(z) \\ H_{21}(z) & H_{22}(z) \end{bmatrix} = \begin{bmatrix} H_1(z) & -H_2(z) \\ H_2(z) & H_1(z) \end{bmatrix} \tag{5.67}$$

因此,复合滤波器是具有反对称交叉耦合的二维滤波器[19]。

CDF 频率响应 $H_{CF}(e^{j\bar{\omega}})$ 将输出复序列 $\dot{y}(kT)$ 与输入指数复序列 $\dot{x}(kT) = e^{j\bar{\omega}k}$ 关联,其中 $\bar{\omega} = \omega T$。与实际数字滤波器的频率响应相比,该特性的模件和参

数可能具有一般形式的函数,即相对于点 $nF_s = n/T$,可能不为偶数或奇数。因此,CDF 可以与有用的复杂信号的频谱相匹配,这些复杂信号相对于这些点也是非对称的,从而在相邻信道的杂散信号背景下进行提取。

对于 Hilbertian 和共轭 Hilbertian 输入信号,CDF 输出信号将是 Hilbertian 或共轭 Hilbertian 的,因此,这类滤波器的两个输出在信息上是等效的。输出信号的实部和虚部具有常见的双边带频谱,因此可以进行常见的数模转换。图 5.27 说明了使用复杂数字滤波器对单边带调制(SSB)信号进行有用信号提取操作的示例。在这种情况下,具有幅度谱 $|X_d(f)|$ 的直接传输信道的 SSB 信号被认为是有用的信号。幅度谱为 $|X_{inf}(f)|$ 的逆通道信号是杂散的。图 5.27 显示了中心频率 f_0 等于单边带信号的抑制载波的模拟信号 $x(t)$ 的频谱。借助模拟 Hilbert 变换器,二次分量 $x_{quad}(t)$ 如图 5.26 所示。同相分量和正交分量形成具有单边带谱的解析信号 $x_{an}(t) = x(t) + x_{quad}(t)$,如图 5.27(b) 所示。将频率 F_s 乘以中心频率 f_0,完成数模转换后,形成离散信号,其幅度谱 $|X_D(f)|$ 如图 5.27(c) 所示。利用 CDF 的幅频特性 $|X_{inf}(f)|$ 与有用信号 $|X_D(f)|$ 的频谱匹配,进行滤波,提取有用的信号,频谱如图 5.27(d) 所示,同时抑制了 CDF 通带外相邻信道的干扰。实部或虚部具有如图 5.27(e) 所示的常见双边带频谱,并且可以放置于常见的数模转换中,如为了音频再现。

由于信号 $x_d(kT)$ 和 $x_{inv}(kT)$ 的频谱将交换,因此可以通过同相分量和正交分量的采样反转来将无线电接收机切换到低于"零"频率的传输信道。

另一种有用信息信号提取的双通道方案,是基于信息信号的频谱转移,以便将其中间转移到"零"频率。频谱转移是通过与复指数采样相乘来实现的。经过这样的转换后,信息频谱将与"零"频率对称,因此,调谐到该信号的 CDF 表示两个类似的非耦合低通数字滤波器,它们将对应于无交叉耦合的 CDF 传输矩阵。

$$\boldsymbol{H}_{CF}(z) = \begin{bmatrix} H_{11}(z) & 0 \\ 0 & H_{22}(z) \end{bmatrix} = \begin{bmatrix} H_{LP}(z) & 0 \\ 0 & H_{LP}(z) \end{bmatrix} \tag{5.68}$$

式中:$H_{11}(z) = H_{22}(z) = H_{LP}(z)$ 为低通数字滤波器的传递函数。

经滤波后,提取的信号频谱可以传输到所需的频段或根据无线监控设备的运行算法放置于其他处理流程。

对于 CDF 传递函数的计算,可以使用以下方法[19]。首先,计算数字滤波器常用的实单通道低频原型的传递函数 $W(z)$,其频率响应准确地重复了复数滤波器所需的频率特性,但相对于"零"频率是对称的。之后,通过在 $W(z)$ 到 $z \times e^{-j2\pi f_c/F_s}$ 中的变量 z 变化,来执行原型频率响应的移动,其中 f_{sh} 是由有用信号频谱定义的所需频率响应移动。

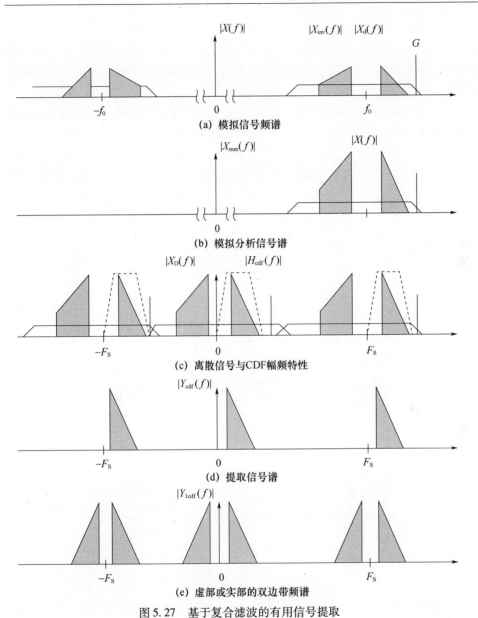

(a) 模拟信号频谱

(b) 模拟分析信号谱

(c) 离散信号与CDF幅频特性

(d) 提取信号谱

(e) 虚部或实部的双边带频谱

图 5.27　基于复合滤波的有用信号提取

在这种计算方法中,CDF 传递函数可以表示为

$$H_{CF}(z) = \frac{\sum_{i=0}^{N} a_i z^{-i}}{\sum_{i=0}^{L} b_i z^{-i}} \qquad (5.69)$$

其中

$$a_i = \alpha_i \times e^{j2\pi f_c/F_s}, b_i = \beta_i \times e^{j2\pi f_c/F_s} \tag{5.70}$$

式中：α_i 和 β_i 为 CDF 原型传递函数的系数。对于非递归 CDF，分母中的系数除系数 $b_0 = 1$ 外都等于零。

将系数表示为 $a_i = a_{ri} + ja_{imi}$，$b_i = b_{ri} + jb_{imi}$，并以 z 实多项式的复和形式表示 $H_{CF}(z)$ 的分子和分母，可得

$$H_{CF\Phi}(z)\frac{A_r(z) + jA_{im}(z)}{B_r(z) + jB_{im}(z)} \tag{5.71}$$

其中

$$A_r(z) = \sum_{i=0}^{N} a_{ri}z^{-i}; A_{im}(z) = \sum_{i=0}^{N} a_{imi}z^{-i} \tag{5.72}$$

$$B_r(z) = \sum_{i=0}^{N} b_{ri}z^{-i}; B_{im}(z) = \sum_{i=0}^{N} b_{imi}z^{-i} \tag{5.73}$$

利用式（5.66），得到方程组

$$\begin{cases} B_r(z)Y_1(z) - B_{im}(z)Y_2(z) = A_r(z)X_1(z) - A_{im}(z)X_2(z) \\ B_{im}(z)Y_1(z) - B_r(z)Y_2(z) = A_{im}(z)X_1(z) - A_r(z)X_2(z) \end{cases} \tag{5.74}$$

式（5.74）定义了如图 5.28 所示的 CDF 可能结构。

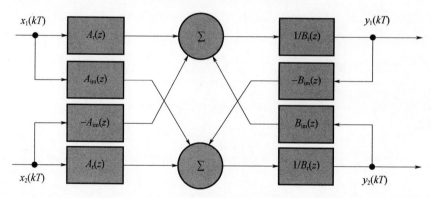

图 5.28　实施的 CDF 结构

根据图 5.28 中的结构，使用分子中 z 实多项式和 CDF 传递函数的分母，得到了 CDF 传递矩阵 $\boldsymbol{H}_{CF}(z)$ 元素的表达式。

$$H_{11}(z) = H_{22}(z) = \frac{A_r(z)B_r(z) + A_{im}(z)B_{im}(z)}{B_r^2(z) + B_{im}^2(z)}$$

$$\tag{5.75}$$

$$H_{21}(z) = -H_{12}(z) = \frac{A_{im}(z)B_r(z) - A_r(z)B_{im}(z)}{B_r^2(z) + B_{im}^2(z)}$$

对于非递归数字滤波器,分母 $B_r(z)=1$,$B_{im}(z)=0$,从而最后两个公式的多项式形式如下:

$$\begin{cases} H_{11}(z)=H_{22}(z)=A_r(z) \\ H_{21}(z)=-H_{12}(z)=A_{im}(z) \end{cases} \qquad (5.76)$$

为了理解获取 CDF 的选择性和复杂性,举两个例子说明。图 5.29 显示了六阶递归 CDF 的幅度 – 频率特性 $A(f)$ 和相位 – 频率特性 $\Theta(f)$,其中包括根据 SSB 信号滤波器典型要求计算的 3 个双二次截面:通带的幅度 – 频率特性(AFC)不规则度不大于 1dB,在 600Hz 通带边界频率的频率偏移处,滤波器衰减带的衰减率不小于 60dB;带宽为 300~3400Hz 的信息信号的再现频率频谱相对于转换抑制载波的频率具有更高的频率。该滤波器不仅能对有用的单边带信号进行滤波,还能对有用的单边带信号进行解调。

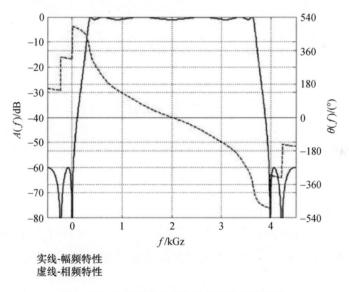

实线-幅频特性
虚线-相频特性

图 5.29 六阶复递归数字滤波器的频率特性

图 5.30 显示了在 Parks – McClellan 算法[14] 的帮助下,根据与前一示例相同的选择性初始要求合成的非递归 CDF 的幅度 – 频率特性 $A(f)$ 和相位 – 频率特性 $\Theta(f)$。

与六阶递归 CDF 相比,非递归 CDF 具有 70 阶,但其相频特性是线性的。如果不与滤波一起进行频率降采样,那么与递归滤波器相比,非递归滤波器的实现将需要较高的计算量。例如,在快速卷积的基础上,借助于 FFT[13],使用非递归滤波算法可以从根本上减少甚至消除这一缺点。

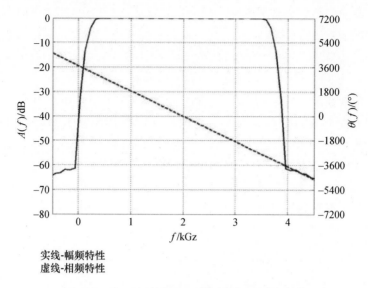

实线-幅频特性
虚线-相频特性

图 5.30　70 阶复杂非递归数字滤波器的频率特性

▲5.7　数字信号重采样

无线电监测接收机应提供数字通信标准的信号处理和解调,频谱带宽不超过数字接收机的带宽。对于不同速率的信号处理,应能够改变频率,从而执行信号采样。采样频率变化的设备通常被称为过采样或重采样设备。

通过 ADC 时钟的变化,可以改变信号采样频率;类似数字接收机的功能如图 5.31[5] 所示,这种装置的模拟通道应该包含一组滤波器,它们根据预设的采样频率限制信号带宽。这种工程解决方案的显著缺点是必须使用大型模拟滤波器。

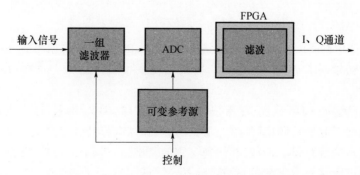

图 5.31　带 ADC 可变时钟的数字接收机组成

另一种方法是假设在 FPGA 中采用数字方法改变 ADC 固定时钟和采样频率,数字接收机的适当电路如图 5.32 所示。因为 ADC 时钟是固定的,模拟通道包含一个预先定义带宽的中频滤波器,它提供了接收机高杂散响应的选择性和稳定性。

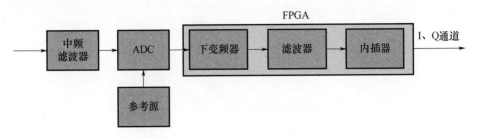

图 5.32　滤波法采样频率变化功能图

通过不同的方法,可以改变 FPGA 中的采样频率。滤波器方法采用滤波抽取器和插值器,具有整值上采样因子和下采样因子[20]。

滤波后,主选择度的数字滤波器输出端的信号带宽,比其输入端的信号带宽小得多,滤波后的降采样不会造成数字信号频谱波瓣的混叠。在整数值下采样时,不计算不必要的样本,节省了计算资源。对于非递归滤波器,计算成本将与抽取系数成正比。

通过筛选滤波器特性,可为该流程失真提供可接受的解决方案,但对受约束的 FPGA 最大时钟有限制。此外,由于 FPGA 计算资源的过度使用,大量的上、下采样中间阶段的应用可能变得不方便。

采样频率变化的另一种方法是内插(近似)算法的应用,该算法允许在初始采样频率的信号样本基础上,获得所需采样频率的新样本。图 5.32 显示了使用内插算法的 FPGA 中,采样频率的变化情况。

模数转换器输出的数字信号,经过数字变频器的 FPGA,在那里执行形成复杂的信号;然后进行初步的数字滤波,以限制信号带宽。带宽受限的复杂信号通过多项式插值实现采样频率的变化。

以插值算法为基础的采样频率变化单元的 FPGA 结构功能如图 5.33 所示,输入信号具有采样频率 F_{s1},输出信号具有所需频率 F_{s2}。为进行插值,需要计算 n 阶多项式值。根据文献[21-22]中描述的方法,多项式系数与输入信号样本一致。时间间隔发生器对初始频率 F_{s1} 处的信号样本在新频率 F_{s2} 处形成差异间隔,以表征信号样本在新频率 F_{s2} 处的位置。在采样器提供的动态范围,取决于插值多项式阶数以及输入和输出采样频率之间的关系。例如,图 5.34 给出了插值拉格朗日多项式为三阶、五阶和七阶的重采样器的 AFC;此时,频率轴相对于输入采样频率进行归一化。图 5.35 给出了重采样动态范围建模与输入复杂信号的归一化带宽之间的函数关系,对计算值和获得值进行了比较,并给出了不同阶数插值多项式的结果[21]。

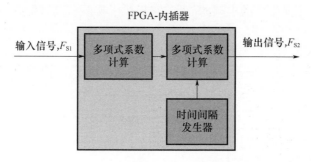

图 5.33　多项式插值采样频率变化工作图

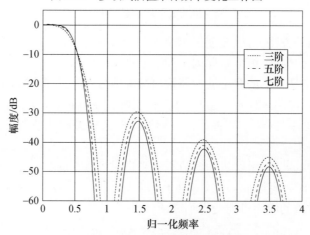

图 5.34　设备中插值器的幅频特性

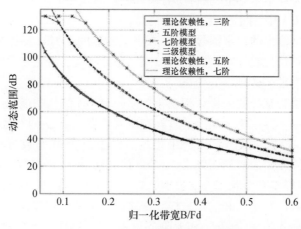

图 5.35　设备中插值器的动态范围

需要注意的是,借助基于插值多项式的重采样,不仅可以实现采样频率的变化,而且可以实现数字信号的时钟同步。由于计算成本和输出信号质量的优化,基于插值多项式的重采样系统具有通用性。在下面介绍的算法中,类似的重采样可用于处理特定的无线电监测任务,包括检测持续时间很短的脉冲信号、辐射源的测向、宽带多通道信号滤波等。

◣5.8　多通道窄带滤波

在监测诸如 DMR、APCO、TETRA 等现代数字通信系统信号时,必须同时接收分布在 20MHz 及以上宽带中的大量窄带信号。在任务解决方案中,接收机被调到频率范围的平均频率,具有降采样功能的数字多通道滤波器,使其能够调到最初检测通道,并能够实现最大 128 个总通道数的选择性分析或记录。

窄带滤波的算法是基于信号样本的初始重叠向量求和,以及实时计算 FFT的方法实现的。基于这种方法,在宽带接收信道中,可能在 50kHz 的采样频率下,在 25MHz 带宽内形成和记录多达 128 个频率任意的信道,信道通过带宽为25kHz,网格步长为 25kHz(单独信道滤波器的 AFC 是预先设置的,如图 5.36 所示),或在采样频率为 38.4kHz(使用重采样器)的情况下,最多 32 个通道的带宽为 12.5kHz,网格步长为 12.5kHz(用于标准 DMR 和 APCO 25)。

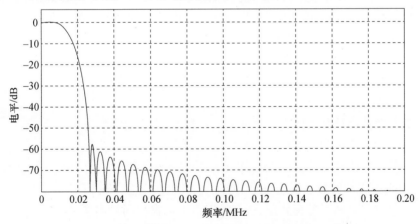

图 5.36　通带宽度为 25kHz 的信道滤波器的幅频特性

◣5.9　瞬时信号测向

对于短持续时间信号的测向,需要对其进行实时检测和处理。基于双通道相关干涉仪,利用相位测向方法,实现了天线对切换的同步、根据确定标识的辐射源选择,以及方位信息的单独计算。对于幅度测向仪来说,实时检测和处理信号是必要的。对于 ARGAMAK 系列数字接收机的 FPGA 通道中的短信号测向,信号通用检测器在给定的带宽内通过能量阈值[5]实现。两个电平表在给定频段的两个信道中并联工作:分别是 24MHz、10MHz、5MHz、2MHz 和 250kHz、120kHz、50kHz、25kHz、12.5kHz。在检测器工作状态下,仅在信号超过用户定义的阈值时,数据才开始传输到承载信息的计算机。不同接收频段的检测延迟如表 5.3 所列。

表 5.3　不同接收频段的检测延迟

接收机带宽/MHz	延迟/ms	接收机带宽/kHz	延迟/ms
24	0.01	250	0.14
10	0.05	120	0.142
5	0.12	50	0.145
2	0.28	25	0.9
		12.5	1.2

基于 ARGAMAK 系列数字接收机使用上述方法的测向仪,在检测信号时每秒获得 1800 个方向信息,持续时间为 530μs,频谱分辨率为 12.5kHz,带宽为 24MHz,或在检测信号时每秒形成 6000 个方向信息,持续时间为 140μs,频谱分辨率为 800kHz,带宽为 24MHz。

🔺5.10　数字信号的寻址测向

数字通信中移动或固定设备的测向比较复杂,主要原因如下[3-22]:

(1) 传输协议的复杂包结构。

(2) 信号仅在有限时间存在,例如:对于 GSM 数据包,数据包的持续时间为 577μs;对于 DECT,最小持续时间为 96μs。

(3) 在码分和时分模式下,多个发射机可以在相同频率下工作。

(4) 发射机频率变化以及跳频的可能性,这是 GSM 和 DECT 辐射源的典型特征。

(5) 在一个数据传输中包含几种调制类型,例如,Wi-Fi IEEE 802.11b 标准的发射机在差分二进制相移键控下。允许物理层的信息传输,并且借助于 MAC 层的帮助实现更复杂的调制。

(6) 在现代城镇条件下,在同一带宽内,在 GSM、DECT 或 Wi-Fi 通信系统的工作频率范围内广播大量不同来源的数据包。

考虑到这些信息,数字通信设备测向的任务解决方案需要对检测到的辐射源进行必要的识别。时间标志、识别标志和信号参数应与每个检测到的数据包相关联。根据符号总数对信息进行软件分析时,应提取不同来源的数据包。每个被检测源的数据定向参数的计算,应以地址方式进行,即根据用其标识的数据包总数分别对每个源进行计算,在这一点上,必须实时进行检测和分组解码。

因此,对于来自不同发射机的短分组信号的检测、区分和测向,我们需要利用通信标准的特点,实时确定信号发射机的可用识别标志,这种模式被称为寻址测向查找[3,5]。

实时进行接收数据包的检测和识别,主要计算负载为数字处理器,其结构图如图 5.37 所示。数字处理器应采用 SDR 原理,允许软件启动,实现所需的信号处理算法。数字化信号通过处理器输入,然后传输到“零”频率并进行滤波。滤波后的数据传递到检测器,在检测器中执行数据包提取和时间同步。该检测器既可以通过参数化方案实现,同时考虑到事先已知的一些信号信息(如前序视图),也可以通过更简单的能量方案实现,其中信号电平超过阈值是检测标准。阈值可以定义为常量,也可以根据情况自适应定义(自适应阈值)。在完成必要的调整(幅度、频率、时钟或时间)后,确定信息解码和识别标志。因此,数字处理器的输出信号是基于解码信息[3]的一组关于解码数据包信息的消息。

图 5.37　数字处理器的结构图

对于 Wi-Fi 标准设备,可以将发射器的 MAC 地址作为识别标志;对于 DECT 标准设备,可以将 RFPI 站和传输方向(上行链路和下行链路信道)作为识别标志;对于移动 GSM 设备,可以将时隙数和信号电平作为识别标志。

5.10.1　GSM 移动站测向

图 5.38 给出了 GSM 移动站数据包检测和识别标志确定的数字处理结构图。

利用宽带检测器对 GSM 移动站数据包进行检测,其主要部分是快速傅里叶变换(FFT)计算单元。在对应于频率信道的 FFT 样本(二进制数)的总和超过阈值的情况下,对频率信道中的包检测进行判定。在考虑先前的 FFT 实现的情况下计算阈值,根据 FFT 计算结果,确定检测包的功率电平,在当前时刻提供信息传输的频率信道数量被发送到频率合成器。接收到的信号转换为“零”频率,并借助通道滤波器进行滤波,滤波后,根据包的前沿执行时间同步,然后,根据匹配滤波器对训练序列的响应进行信号解调和时隙数的确定。如果匹配的滤波器响应电平超过阈值,则接收到的数据包将被视为已检测,数字处理器输出将显示有关数据包检测的消息,包括频率信道数、信号电平估计和时隙数。根据这组识别标志,进行信息积累,然后利用定向天线,通过幅度法实现辐射源的定向。

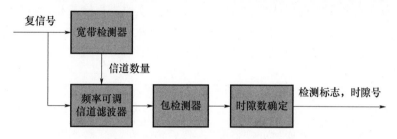

图 5.38　GSM 移动站数据包检测和识别标志确定的数字处理结构图

5.10.2　Wi-Fi 设备测向

用于检测 IEEE 802.11b 设备包和确定识别标志的数字处理器的结构如图 5.39 所示。

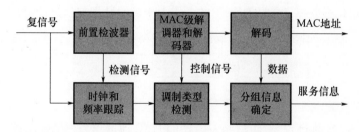

图 5.39　IEEE 802.11b 设备包和确定识别标志的数字处理器的结构图

在该处理器中,采用了基于已知前导码的参数检波器。根据监测器的激活情况,完成频率和时钟跟踪。前置码检测器为处理器的所有其他单元形成时间同步信号。

在数字接收机 ARGAMAK – MN[1]的算法实现中,时钟同步系统的任务之一是将初始信号的采样频率,从 25MHz(100MHz 的 ADC 时钟频率的 1/4)变为 11MHz 的 Wi-Fi 频率[3]。使用五阶插值多项式进行重采样,该系统实现了时钟的变化和前沿的调整,精度高达 1/4 周期(等效采样频率为 44MHz)。MAC 电平的调制类型由物理电平确定;选择适当的 DBPSK、DQPSK 或 CCK 解调器。由于在处理器输出端进行信号解码,会出现分组发射机的 MAC 地址。借助基于 CRC 检验的控制累加计算来检查地址值的可靠性,然后确定包类型。

因此,在处理器输出端进行分包检测的情况下,检测器输出端会出现以下信息:发送数据包的发射机的 MAC 地址;接收包的级别和允许获得类型表示的附加服务信息;以及接收包的传输方向(从接入点或到接入点)。在无线 Wi-Fi 网络的拓扑结构中使用了额外的服务信息。

5.10.3　DECT 设备测向

图 5.40 显示了用于 DECT 设备包检测和识别标志确定的数字处理器结构。

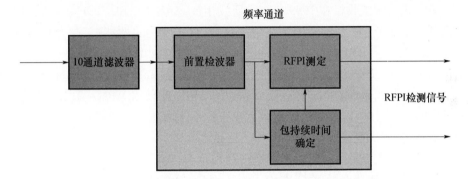

图 5.40　DECT 设备包检测和识别标志确定的数字处理器结构图

DECT 技术标准设计了 10 个独立的频率通道,因此在 FPGA 中实现了并行多通道处理。在 24MHz 的频带内,进行信道分频。在每个频率通道中,信号传输到"零"频率并进行滤波。滤波后,对每个通道分别进行处理。信号检测是借助于参数前导码检测器完成的。时钟跟踪和时间同步是根据探测器的响应进行的。确定 RFPI 站和信号传输方向(上行链路和下行链路),并确定包的持续时间。在数字处理器的输出端,出现包含 RFPI 站、信号电平和传输方向的信息。

在数字接收机 ARGAMAK – MN 中,实现了上述的幅度测向算法。本书提出的分组信号处理方法允许在时分模式下,对数字通信的其他标准信号进行定向。

▲5.11　ARGAMAK 系列无线电接收机

数字无线电接收机是无线电监测设备的基础,在 IRCOS 公司成立以来的 25 年历史中,设备在持续研制发展。目前,公司在生产第五代设备[1-2]。

进口的通信无线电接收设备与自主开发和制造的 DSP 单元构成了第一代数字接收机,进口接收机的现代化程度最低:在中频的模拟量输出端设置了缓冲放大器,将信号传送到 DSP 单元,并安装自动增益控制电路开关,为全景观测模式下的操作提供通道的恒定传递函数。

引进的模拟接收机与国产 DSP 构成第二代数字接收机。然而,现在模拟部分需要进行更大的改进。除了在中频模拟输出端和开关自动增益控制电路上安装额外的缓冲放大器外,还采用了自己开发和制造的频率合成器单元,将接收机给定频率的调谐时间缩短,并提高全景观测率。

第一代和第二代设备的运行经验表明,使用进口工业级的通信接收机有着明显的缺陷和限制。传输增益的不规则性高、噪声高、动态范围不足、存在大量自切频率、重调性能不超过 50MHz/s,这些都迫使急需自主研发接收机。

第三代数字接收机在 1999 年自主研发生产,命名为 ARC – CT1。接收机有模拟和数字部分;它为当时的工程任务提供了可接受的性能:工作范围 20 ~ 2020MHz,通频带 2MHz,三阶互调动态范围不小于 70dB,频率合成器的重调时间不超过 10ms,2MHz 通频带的数字全景频谱分析速率高达 140 ~ 150MHz/s。

随着第三代单通道和双通道数字接收机 ARC – CT1 和 ARC – CT2 的成功投产,消费者对无线电监测综合设施的需求也在不断增加,这为第四代数字接收机的发展奠定了基础。

在设计第四代设备时,特别注意从功能上和构建上的模块开发,在此基础上,考虑到特定消费者的要求,开发了不同的无线电监测系统。

2003 年,第四代数字无线电接收设备 ARC – CT3 出现在国际市场上。新接收机的工作频率范围为 9kHz ~ 3GHz,频率合成器的重调时间不超过 5ms,接收机通带增加到 5MHz,从而可以计算出频谱全景图的速率超过 700MHz/s。

考虑到数字接收机、便携式测向仪和手持测向仪设备开发和制造的经验积累,以及在不同的地基和航空母舰上的安装经验,2003 年,开始研制第五代便携式数字接收机,新的数字接收设备 ARGAMAK 在 2004 年中期投产。

与第三代和第四代接收机相比,数字无线电接收机 ARGAMAK 的重量和尺寸减小了几倍。在精度、灵敏度、动态范围等方面,其参数均优于 ARC – CT3 参数。例如,频率合成器的重调时间不超过 2ms。一个更有用的特性是通带可以从 2MHz、5MHz 或 10MHz 一系列值中选择。接收机具有稳定的工作特性,可以连接外部参考振荡器。在此基础上,研制了 ARGAMAK – I、ARGAMAK – IM、ARC – KNV4、ARC – D1TP、ARGAMAK – 2K 等系列数字全景测量接收机。

ARGAMAK 系列数字接收机的进步发展从两个方向进行。第一个方向是研制在不同便携式设备中自主使用的无线电接收设备。对于这一方向,在保持主要工作特性的同时,明确的要求包括质量轻、尺寸小和能耗低。第二个方向是根据现代通信和数据传输系统的接收操作要求确定的。该方向的主要问题是要将接收机通带扩展到 24MHz,提高 DSP 单元的性能。

在第一个方向的研究成果中,2009 年出现了双通道数字接收机 ARGAMAK –

2K 和单通道数字接收机 ARGAMAK – M,其通带可达 10MHz,内置可充电电池,体积小,重量轻。在第二个方向的研究过程中,2011 年开始制造接收通道通带高达 24MHz 的数字接收机 ARGAMAK + 。

接收机 ARGAMAK – M 和 ARGAMAK + 具有实时数字信号处理能力,即不会遗漏瞬时输入的无线电信号片段。

2015 年之前,数字无线电接收机的开发主要侧重于提高功能性、可靠性和稳定性。2012 年,在数字接收机 ARGAMAK + 基础上,数字测量无线电接收机 ARGAMAK – IS 的系列产品开始商业化。2015 年,现代化的 ARGAMAK – MN 开始批量生产,其通带高达 22MHz,频谱样品分辨率为 6.25kHz,全景频谱分析高达 6.5kHz/s。

2016 年,功耗近 6W 的微型数字无线电接收模块 ARC – CPS3 和数字无线电接收机开始系列化生产。此时,通带达 40MHz,全景分析速率大于 20GHz/s。同年,还开发制造了便携式多功能无线电接收机 ARGAMAK – RS(无线电传感器)。

5.12　ARGAMAK – 2K 数字无线电接收机

ARGAMAK – 2K 数字接收机是具有两个相干接收通道、具备自主电源供电的便携式数字无线电接收机,能够在便携式自动相关干涉无线电测向仪、复合搜索互扰设备,以及在快速部署的搜索非许可无线电发射系统中工作。

在设计中要解决的问题包括质量减轻和尺寸减小,双通道接收机中自主电源的利用,确保大温差范围内的正常运行,以及在湿度和灰尘增加的情况下的运行。

图 5.41 显示了接收机 ARGAMAK – 2K 的可充电电池关闭和打开盖子的外视图。数字接收机 ARGAMAK – 2K 的主要技术特性如表 5.4 所列,有关技术特性的详细信息,请参阅文献[1]。

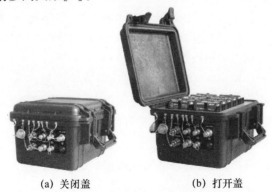

(a) 关闭盖　　　　　　(b) 打开盖

图 5.41　数字接收机 ARGAMAK – 2K

表 5.4　数字接收机 ARGAMAK – 2K 的技术特性

参数	数值
工作频率范围	0.009 ~ 3000MHz
同步分析带宽	5MHz
噪声系数	
在 25 ~ 465MHz 频率范围内	12dB
在 465 ~ 3000MHz 频率范围内	12 ~ 14dB
杂散响应选择范围,不小于	70dB
三阶和二阶互调的动态范围	75dB
全景频谱分析速率,不小于	3500MHz/s
本地振荡器在 10kHz 偏移下的相位噪声	
在 25 ~ 1000MHz 频率范围内	– 95dBc/Hz
在 1000 ~ 3000MHz 频率范围内	– 85dBc/Hz
内参考振荡器的频率稳定性	$\pm 5 \times 10^{-7}$
功耗,不超过	20W
外形尺寸,不超过	330mm × 250mm × 170mm
包括充电电池在内的质量,不超过	5.5kg
工作温度范围	– 20 ~ + 55℃

接收机 ARGAMAK – 2K 具有超外差结构。数字接收机 ARGAMAK – 2K 的主要部件是模拟转换 ARC – PC5 的两个模块,以及数字处理器 ARC – CO10 的一个双通道模块。USB 2.0 接口用于控制、命令和数字数据分流:通过它传输无线电信号、频谱和解调信号。

RS – 485 接口用于连接外部设备;自动测向天线系统 AS – HP1(110 ~ 3000MHz)、AS – HP2(3 ~ 8MHz)和 AS – HP0(1.5 ~ 30MHz),信号转换器 ARC – KNv4 和其他设备可通过它进行连接。

接收机 ARGAMAK – 2K 包含 10 个镍氢可充电电池的嵌入式电源,其中一套可提供不少于 4h 的自动工作。任何电压为 10 ~ 32V 的直流电源都可用作电源和充电电池。

接收机 ARGAMAK – 2K 具有耐用保护外壳,防护等级不低于 IP64(防尘、防水,防止任何方向的降水)。所有外部电气连接均通过外壳侧面的防水接头提供。包含一组可充电电池的接收机质量不超过 5.5kg,外形尺寸不超过 330mm × 250mm × 170mm。

接收机 ARGAMAK – 2K 的每个信道的工作频率范围为 9kHz ~ 3000MHz。当两个通道从同一外差同步并且彼此独立时,可以在相干模式下进行通道操作。相干模式的设计,使得 ARGAMAK – 2K 可以在自动相关干涉测向仪、相互干扰搜索系统、非许可无线电发射搜索复合设备中使用。同时,独立信道操作提供了较高的扫描速率,并通过同时分析带宽来调整接收信道的偏移,这使得全景频谱分析速率几乎增加了 1 倍。

在超过同步处理带宽的频带内进行全景频谱分析时,模拟无线电信号转换单元按频率重新调谐。在合成器的平均重调时间为 2ms 且频谱分辨率为 6.25kHz 时,全景分析速率不小于 3500MHz/s。除了处理信号检测和测向任务外,接收机还可以分析 GSM、UMTS、IS – 95、CDMA2000、EV – DO、TETRA 和 DECT 信号。

▉5. 13　ARGAMAK – MN 数字无线电接收机

ARGAMAK – MN 数字无线电接收机具有超外差结构,并具有模拟信号转换器、数字处理模块和内置可充电电池的充电电源。在构造上,数字接收机 AR-GAMAK – MN 作为一个整体,表面是紧凑的铝外壳,尺寸为 110mm × 60mm × 245mm,质量为 1.5kg。为便于在手持测向结构中使用,接收机可进行全景频谱分析、将无线电信号记录到嵌入式或外部数据存储、无线电信号技术分析、模拟和数字数据传输,以及通信、电视和广播系统的参数分析。该接收机的主要技术特征如表 5.5 所列,详细信息参阅文献[1]。

表 5.5　ARGAMAK – MN 接收机的主要技术特征

参数	数值
工作频率范围	0.009 ~ 3000MHz
同步分析最大带宽	22MHz
噪声系数,不超过	12dB
杂散响应选择范围,不小于	70dB
三阶和二阶互调的动态范围,不小于	75dB
工作频率范围内的全景频谱分析速率(在 6.25kHz 的频谱分辨率下),不小于	6500MHz/s
功耗,不超过	15W
外形尺寸,不超过	110mm × 60mm × 245mm
带充电电池的重量,不超过	1.5kg
工作温度范围	− 40 ~ + 45℃

嵌入式自主电源连续工作时间不少于4h。在附加的可充电电池组的帮助下,可以延长连续工作时间。数字无线接收机 ARGAMAK – MN 的外视图如图5.42所示,其结构如图5.43 所示。

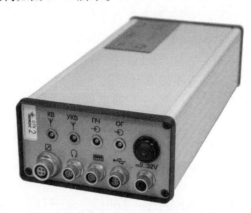

图5.42　数字无线接收机 ARGAMAK – MN 的外部结构

嵌入式自主电源为数字接收机供电,并可通过直流电源为嵌入式可充电电池充电,电压为10~32V。来自90~230V 交流电网的电源以及一组用于自动操作的可充电电池都包含在数字接收机中。

接收机的模拟通道频率范围为20~3000MHz,具有超外差结构,在初选单元具有双频率转换和匹配滤波器。70MHz 的中频信号是模拟转换器的输出信号。对于0.009~30MHz 的范围,预选器后的无线电信号传递到 ADC 输入,进一步的处理以数字形式进行。

在连接外部变频器时,频率范围可以扩展到8GHz 或18GHz。通过 RS –485 控制总线,基于 DSP 模块对预选滤波器、频率合成器、变换器其他单元的参数进行整定。

在对宽度超过同步处理带宽的频带进行全景频谱分析时,采用频率对无线电信号的模拟转换器进行了重新调整。在6.25kHz 的频谱分辨率下,全景频谱分析速率不低于6500GHz/s。

在无线通信数字信号的接收中,采用了基于插值多项式(见5.6 节)的采样频率变换系统。接收机提供 GSM、Wi-Fi、DECT 信号的寻址测向、GSM、IS –95、CDMA2000、EV – DO、UMTS、LTE、TETRA、DECT、DMR、APCO P25、Wi-Fi、WiMax、DVB – T/T2/H 等标准的业务信号解码。在5.10 节中,我们介绍了寻址测向算法,手持无线电测向仪 ARC – RP3M 的实现参见文献[3]。

在数字接收机 ARGAMAK – M N 的基础上,研制了现代化的全景数字测量接收机 ARGAMAK – M,用在无线电监测和测向的便携式测量装置 ARC – NK5 中。

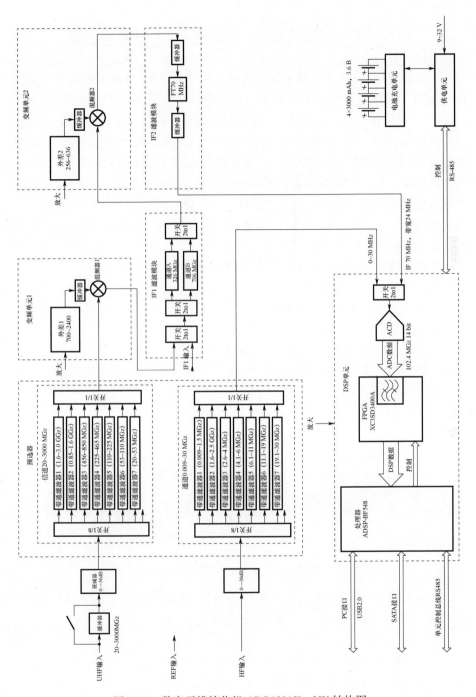

图 5.43　数字无线接收机 ARGAMAK – MN 结构图

▲5.14　ARGAMAK – IS 无线电测量接收机

ARGAMAK – IS 无线电测量接收机具有超外差结构,由两个模块组成:模拟 HF – VHF – UHF 无线电信号转换器 ARC – PS5 + 和数字信号处理模块 ARC – CO +[4]。该接收机用于全景频谱分析、电磁场强度和信号参数的测量、无线电信号的记录、技术分析、数据传输、通信、电视和无线电广播的模拟和数字系统的参数分析,包括识别 GSM、IS – 95、CDMA2000、EV – DO、UMTS、LTE、TETRA、DECT、DMR、APCO P25、Wi-Fi、WiMax、DVB – T/T2/H 等系统的无线电辐射源。测量按照经证实的方法进行[1]。该接收机用在移动式和固定式无线电监测站的测量结构中。无线电接收单元 ARGAMAK – IS 的外观图如图 5.44 所示,其结构如图 5.45 所示。

无线电接收单元的结构中包括以下模块:
- 信号接收转换模块 ARC – PC5 + ;
- 数字处理模块 ARC – CO + ;
- 无线电信号转换器 ARC – KNV3;
- 高稳定性铷参考发生器 ARC – OG1;
- 频率合成器;
- 开关单元。

图 5.44　无线电接收单元 ARGAMAK – IS 的外观图

模拟 HF – VHF – UHF 无线电信号转换器 ARC – PS5 + 和数字信号处理模块 ARC – CO + ,采用单独的多层印制板制作,尺寸为 160mm × 100mm。

在 ARC – PS5 + 中采用可切换前置放大器,能够扩展接收信号的动态范围。如果打开此前置放大器,噪声系数将显著降低,从而允许接收和处理弱信号;如果关闭此前置放大器,则设备具有高线性,从而允许接收和处理强信号。该模块提供不低于 80dB 的杂散响应选择,从而在进一步的模数转换时将混叠影响降至最低。

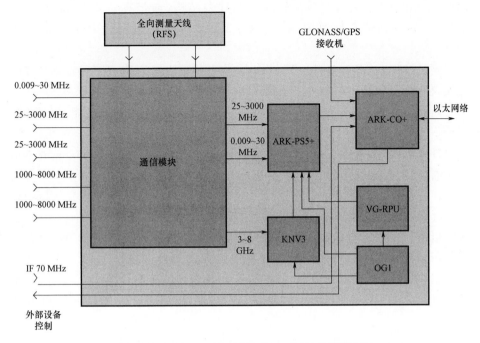

图 5.45　无线电接收单元 ARGAMAK – IS 结构图

模块 ARC – PC5 + 具有超外差结构,在超高频范围内具有双变频,在高频范围内具有单变频。通过公共控制总线对初选滤波器、频率合成器和其他接收单元的参数进行调整。70MHz 的中频信号是 ARC – PC5 + 的输出信号。

在 ARC – PS5 + 模块中,主要选择两种类型的滤波器。第一种滤波器的通带为 24MHz,允许获得高信号处理速率。然而,在某些情况下,例如,在无线电广播站的频率范围或其他占用频率范围内的信号分析中,较宽的通带可能导致 DSP 通道中的模拟数字处理模块过载。为了消除类似情况,ARC – PC5 + 模块中还设计有带宽为 500kHz 的附加窄带滤波器。

DSP 的 ARC – CO + 模块有两个相干的处理通道,每个通道有两个可能的输入。可以将 70MHz 的中频信号(带宽高达 24MHz 的 9kHz ~ 30MHz 的低频信号)应用于输入。该模块借助 FPGA 中实现的数字滤波器对输入信号进行额外滤波。在此基础上,对信号进行进一步的处理,如信号检测、不同频率分辨率的频谱计算、频谱平均、最大值搜索、功率谱积累等。此外,通过顺序接口 RS – 485 对外部设备进行控制,例如,通过转换器 ARC – KNV4、支持旋转设备 ARC – UP1M、ARC – UP2、ARC – UP3D[1]。

无线电信号转换器 ARC – KNV3 模块,用于接收 3000 ~ 8000MHz 范围内的无线电信号,它具有单频转换的超外差结构,通带高达 24MHz,并提供不低于 70dB 的杂散信道抑制。ARC – KNV3 模块的输出是 70MHz 的中频信号。

测量接收机 ARGAMAK – IS 结构中,除上述模块外,还包括高稳定参考发生器模块 ARC – OG1 和外置外差模块 VG – PRU。

高稳定参考振荡器 ARC – OG1 模块执行附加参考振荡器的功能,相对频率误差不超过 $\pm 1 \times 10^{-9}$,输出频率的额定值为 10MHz。

外部本地振荡器 VG – RPU 模块用于形成信号转换器 ARC – PC5 + 的本地振荡器信号,相位噪声不超过 – 100dBc/Hz(偏离中心频率 10kHz)。

在连接外部参考振荡器和 GNSS GLONASS/GPS 等 GNSS 同步导航接收机的情况下,频率测量误差小于 5×10^{-11}。

精密开关单元包括前置放大器和高质量衰减器,可测功率达 2 W 的信号,精度不低于 ±1dB,接收机中实现多种放大方式,动态范围可达 150dB。开关单元最多可连接安装在旋转和偏振转换装置上的 5 个附加测量天线(除了常规主动测量天线系统外,还有远程射频传感器)。开关单元的结构如图 5.46 所示。

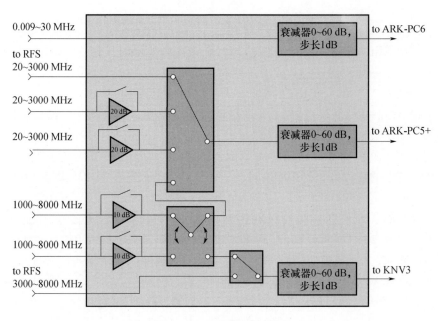

图 5.46 开关单元结构图

将输入频率为 1000 ~ 8000MHz 的无线电信号转换为工作频率范围为 20 ~ 3000MHz 的 ARC – PC5 + 模块的输入,是转换单元的主要作用。这种连接允许使用相同的定向天线,例如,P6 – 23 型天线,接收 850 ~ 8000MHz 的信号。

通过以太网电缆提供控制和数据传输,信号以数字形式传输,并且不存在天线效应和任何衰减。

无线电接收机 ARGAMAK – IS 的主要技术特性如表 5.6 所列[1]。无线电接收机 ARGAMAK – IS 的技术特性符合 ITU 建议[10]。

如上所述,无线电接收机 ARGAMAK – IS 用于移动和固定无线电监测站,它是场强全景测量系统 ARGAMAK – IS 主要组成部分[1]。在固定站的操作,它可以在无人模式下自动运行。此时,ARGAMAK – IS 装置、本地控制服务器(工业计算机)、通信设备均安装在保温防水箱内。这种实现方式不需要放置在服务室内,测量系统可以直接安装在室外,例如,高层建筑的屋顶上,工作温度范围在 – 40 ~ + 50°C。在工作温度低至 – 55°C 的情况下,需要改变系统实现方案。场强全景测量系统结构如图 5.47 所示。测量系统的外视图及典型天线系统分别如图 5.48 和图 5.49 所示。

全景测量接收机 ARGAMAK – IS 配备额外的信号接收同步信道,是无线电监测站 ARCHA – INM 和 ARCHA – IT 的基础。监测站不仅用于参数测量,还可用于无线电信号的测向。ARCHA – INM 监测站的外视图如图 5.17 所示。具有特定实现方式的测量接收机直接安装在天线阵列的底座上。

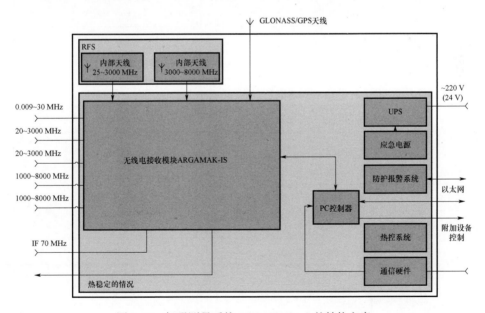

图 5.47 场强测量系统 ARGAMAK – S 的结构方案

图 5.48　ARGAMAK - ISN 的外视图

图 5.49　ARGAMAK - ISN 典型天线系统

表 5.6　无线电接收机 ARGAMAK - IS 的主要技术特性

参数	数值
工作频率范围	0.009 ~ 8000MHz
同步分析最大带宽	22MHz
噪声系数	
在 0.09 ~ 20MHz 频率范围内	15dB
在 20 - 8000MHz 频率范围内	12dB
杂散响应选择范围内,不小于	80dB
三阶和二阶互调的动态范围	75dB
全景频谱分析速率,不小于	10000MHz/s
本地振荡器在 10kHz 偏移下的相位噪声	- 100dBc/Hz
内参考振荡器的频率稳定性	$\pm 1 \times 10^{-9}$
功耗,不超过	30W
外形尺寸,不超过	490mm × 280mm × 150mm
工作温度范围	5 ~ 45℃

▲5.15　ARGAMAK – RS 无线电接收机

小型数字无线电接收机 ARGAMAK – RS 用于 9kHz ~ 8000MHz 范围内的无线电台的频谱和技术分析,能够测量场强和调制参数、识别基于数字技术的无线电辐射源。无线监控网络中的接收机在与 GNSS 同步时,能够进行无线辐射源定位。

数字无线电接收机 ARGAMAK – RS 具有超外差结构,实际上与全景测量接收机 ARGAMAK – IS 结构类似,结构相同的射频模块包括:

- 信号接收转换模块 ARC – PC5 + ;
- 数字处理模块 ARC – CO + ;
- 无线电信号转换器 ARC – KHV3 ;
- 频率合成器。

和 ARGAMAK – IS 的主要区别在于,数字无线电接收机 ARGAMAK – RS 没有精密开关单元,使用更紧凑的石英基准振荡器代替了铷频率标准振荡器。通过改进模块布局,将设备外壳的总体尺寸减少到 300mm × 300mm × 150mm。保温防水外壳满足防护等级 IP67 和抗震等级 IK10 的要求。数字无线电接收机 ARGAMAK – RS 的外视图如图 5.50 所示,其结构如图 5.51 所示。

图 5.50　小型数字无线电接收机 ARGAMAK – RS 的外视图

数字无线电接收机 ARGAMAK – RS 的技术特性如表 5.7 所列[1]。接收机 ARGAMAK – RS 用在无线电监测设备 ARGAMAK – RSS 和 ARGAMAK – RSM 的微型测量复合设备结构中。固定测量复合设备 ARGAMAK – RSS 的外视图如图 5.52 所示。测量复合设备 ARGAMAK – RSS 包括数字接收机 ARGAMAK – RS 和以下单元:

- 远程射频传感器单元(全向测量有源天线);
- 导航定时设备 GLONASS/GPS ;
- 电源(位于下方)。

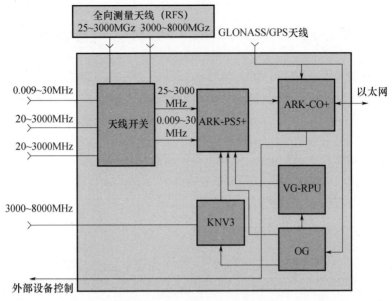

图 5.51   ARGAMAK – RS 结构图

　　无线电接收机 ARGAMAK – RS 的电源,可在露天使用,具有满足 IP67 和 IK10 要求的外壳。电源中有应急充电电池、控制器、通信设备、有线遥控接收机和无线 2G/3G/4G 信道。接收机和电源都设计有遮阳板。

表 5.7   数字无线电接收机 ARGAMAK – RS 的技术特性

参数	数值
工作频率范围	0.009 ~ 8000MHz
同步分析最大带宽	22MHz
噪声系数	
在 20 ~ 3000MHz 频率范围内	12dB
在 3000 ~ 8000MHz 频率范围内	16dB
在 20 ~ 3000MHz 频率范围内杂散响应选择范围,不小于	80dB
三阶和二阶互调的动态范围	75dB
全景频谱分析速率,不小于	10000MHz/s
在 20 ~ 3000MHz 频率范围内、10kHz 偏移下的外差相位噪声	−100dBc/Hz
内参考振荡器的频率稳定性	$\pm 5 \times 10^{-8}$
功耗,不超过	35W
外形尺寸,不超过	$490mm \times 280mm \times 150mm$
带充电电池的质量,不超过	7kg
工作温度范围	−40 ~ 55℃

图 5.52　固定测量复合设备 ARGAMAK – RSS 的外视图

5.16　ARC – CPS3 无线电接收单元

无线电接收模块 ARC – CPS3[1,5] 具有直接变频结构,集成电路 RFIC AD9364 用于将信号转换为"零"频率,以及进行模数转换。该模块提供以下功能:

(1) 无线电信号的全景频谱分析,在给定的频率范围内累积频谱全景。

(2) 连续记录 I、Q 信道数据至嵌入式数据存储设备。

(3) 进行技术分析、调制类型的确定和无线电信号参数的测量。

(4) 无线电辐射源的识别。

(5) 生成具有给定特性的无线电信号。

ARC – CPS3 模块的主要技术特性如表 5.8 所列。其外观如图 5.53 所示,结构如图 5.54 所示。

表 5.8 ARC - CPS3 模块的主要技术特性

参数	数值
工作频率范围	70 ~ 6000MHz
同步分析最大带宽	40MHz
噪声系数,不超过	15dB
杂散响应选择范围,不小于	40dB
三阶互调的动态范围,不小于	60dB
工作频率范围内的全景频谱分析速率(在 12.5kHz 的频谱分辨率下),不小于	20GHz/s
在 10kHz 偏移下的外差相位噪声	- 100dBc/Hz
内参考振荡器的频率稳定性	$\pm 5 \times 10^{-7}$
收发器的带外发射电平,不超过	- 40dBc
功耗,不超过	7W
外形尺寸,不超过	170mm × 100mm × 15mm
质量,不超过	0.5kg
工作温度范围	
无嵌入式数据存储	- 40 ~ 55℃
带嵌入式数据存储	- 25 ~ 55℃

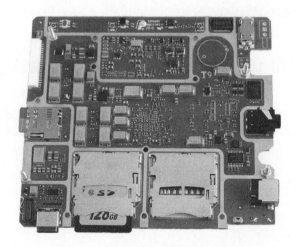

图 5.53 无线电接收模块 ARC - CPS3

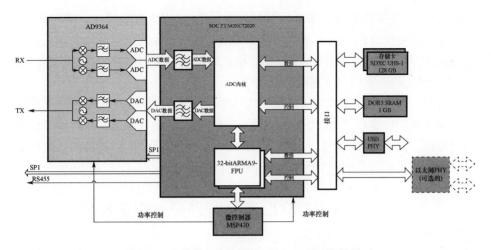

图 5.54　无线电接收模块 ARC – CPS3 结构图

数字接收机 ARC – CPS3 的射频部分,基于单片机数字收发器 AD9364 实现,片上系统 SoC ZYNQ XC7Z020 提供收发控制和 DSP 功能。在单片机 MSP430FR5869 上,实现了所有板上单元的功率控制和嵌入式软件的加载控制。

收发器 AD9364 具有无线电接收和发射通道,通道正交变换为"零"中频。嵌入式 ADC 和 DAC 具有 12 位的数字容量,支持高达 112MHz 的采样频率,同时处理带宽可以达到 56MHz。收发器基于 SDR 原理,允许对所有无线电通道参数进行操作控制,包括接收机和发射机的调谐频率、采样频率、滤波器参数、手动参数和自动增益调整。

片上系统 SoC ZYNQ XC7Z020 包括双核处理器 ARM Cortex – A9 上的双核处理系统,其结构采用浮点型 FPU Neon 和 ARTIX – 7 系列的可编程逻辑矩阵 FPGA。处理器系统在 Linux 操作系统的控制下运行。在逻辑矩阵中,基于最小时间和功率消耗的快速并行计算,实现了对外部设备数字接口支持和 DSP 算法。数字信号处理器包括数字变频器、数字滤波器、同步装置、解调器、译码器以及不同通信系统信号处理所需的其他数字模块和单元。

ARC – CPS3 模块功能通过嵌入式软件实现。只读存储器允许存储数十种嵌入式软件,用于全景和频谱分析模式下的操作、无线电信号参数的测量、各种通信系统(如 GSM、UMTS、LTE、Wi-Fi)的监控,以处理特殊的无线电监测和无线电压制任务。

微控制器 MSP430FR5869 可为特定任务提供必要的复杂软件加载。操作模式下的加载控制,由外部控制和显示设备(计算机、平板电脑、智能手机)通过接口 USB 3.0 或以太网执行。以太网接口有两种形式:一种是铜双绞线的 1000BASE – T,另一种是具有光纤接口的 1000BASE SX,采用可交换的 SFP 模块格式(小型可插拔模块紧凑型收发器的工业标准)。嵌入控制器中的实时时钟,允许在预设时间以自主模式激活内存中分配的任务。无线电监测任务执行结果存储在 SDXC(高容量安全数字存储卡)格式的可交换存储卡中。存储卡允许在高达 10MHz 的带宽内记录连续的无线电信号。

数字传输通道使生成给定特性的无线电信号成为可能,这些信号用于无线电监测系统的校准和测试、通信系统间的交互监控、当地或建筑物内的信号传播条件测试。嵌入式无线电信号收发器提供了无线电信号再现的可能性,这些信号提前被写入可交换的存储卡或从控制设备加载。

▲5.17 ARTIKUL 系列自动无线电测向仪

无线电辐射源(RES)测向和定位的有效性由无线电监测综合设施的硬件—软件组件的技术特征确定。在这点上,硬件部分的参数,特别是无线电接收机和天线切换单元,直接影响到数字信号处理的质量。

数字接收机 ARGAMAK、ARGAMAK - MN 和 ARGAMAK - S 具有质量轻、体积小、中频信道扩展带宽和大工作带宽等优势,使得向国际市场推出具有高技术特性的自动和手动无线电测向仪成为可能[1, 4]。

ARTIKUL 无线电测向仪系列包括固定(部署)和移动自动无线电测向仪。在图5.55~图5.57 中,显示了固定和移动无线电测向仪 ARTIKUL - C 和 AR-TIKUL - M1 天线系统的外部视图。表5.9 显示了它们的技术特性。

图5.55　固定无线电测向仪 ARTIKUL - S 的天线系统 AS - PP4
(工作范围 1.5~8000MHz)

图 5.56　天线系统 ARTIKUL – M1 的
不可更换形式
（工作范围 1.5 ~ 8000MHz）

图 5.57　天线系统 ARTIKUL – M1 的
可更换形式
（工作频率范围 1.5 ~ 8000MHz）

表 5.9　ARTIKUL – C 和 ARTIKUL – M1 的主要技术特性

参数	数值
工作频率范围	1.5 ~ 8000MHz
同步分析最大带宽	24MHz
三阶互调的动态范围,不小于	75dB
多通道测向仪在 1.5 ~ 20MHz 频率范围内的速率,达到	10MHz/s
多通道测向仪在 20 ~ 8000MHz 频率范围内的速率,达到	2500MHz/s
ARTIKUL – C 在以下范围内的测向灵敏度,不超过	
1.5 ~ 20MHz	15μV/m(typ. 10μV/m)
20 ~ 3000MHz	6μV/m(typ. 2μV/m)
3000 ~ 8000MHz	12μV/m(typ. 5μV/m)
ARTIKUL – M1 在以下范围内的测向灵敏度,不超过	
1.5 ~ 20MHz	15μV/m(typ. 6μV/m)
20 ~ 3000MHz	8μV/m(typ. 3μV/m)
3000 ~ 8000MHz	12μV/m(typ. 5μV/m)
ARTIKUL – C 在以下范围内测向的仪器精度(均方根误差),不大于	
1.5 ~ 20MHz	5°(typ. 2.5°)
20 ~ 3000MHz	2°(typ. 1°)
3000 ~ 8000MHz	4°(typ. 2°)
ARTIKUL – M1 在以下范围内测向的仪器精度(均方根误差),不大于	
1.5 ~ 20MHz	5°(typ. 2.5°)
20 ~ 3000MHz	2.5°(typ. 2°)
3000 ~ 8000MHz	3°(typ. 2°)

（续）

参数	数值
测向情况下信号的最小持续时间	
单向	1ms
重复	10ms
工作温度范围	−40 ~ +55℃
ARTIKUL – C 的外形尺寸和质量	
尺寸(直径×高度)	2110mm×2820mm
质量,不超过	40kg
ARTIKUL – M1 的外形尺寸和质量	
尺寸(长×宽×高),不超过	1550mm×1100mm×550mm
质量,不超过	50kg

天线系统不仅包括字母形状的天线阵列和开关,还包括双通道数字接收机,接收机在基于模块 ARGAMAK + 的固定测向仪 ARTIKUL – C 结构中。移动测向仪的双通道数字接收机嵌入到 ARTIKUL – M1 的天线系统中,天线系统具有可更换和不可更换两种实现方案。

通过以太网接口(双绞线或光缆)以数字形式实现测向仪控制和信号传输,用于命令和数字数据流传输:无线电信号的时间采样、频谱、解调信号等。该技术解决方案完全消除了馈线中的天线效应,提高了动态范围内测向的灵敏度和精度(见第5.3节)。

测向仪天线系统的一般结构如图5.58所示。天线阵列接收适当频率范围的信号。天线阵的阵元是有源的,在小天线尺寸下提供高灵敏度,来自天线系统输出的信号传递到相应频率范围的开关。所有天线开关都配备了可切换的前置放大器,具有低噪声系数,也提高了方向探测器的灵敏度。通过天线开关的输出,信号传递到适当频率范围的无线电信号转换器。

无线信号转换器模块 ARC – PS5 + 和 KNV3、双通道信号转换器 CT6 – 2L + ,包含在测向仪的结构中。

无线信号转换器 CT6 – 2L + 模块具有单频变换的超外差结构。CT6 – 2L + 的输出信号是706MHz和280MHz的中频信号。KNV3的输出信号是706MHz的中频信号。

从转换器 ARC – PC5 + 输出的70MHz中频信号,传递到 ARC – CO + 的双通道模块,在每个通道中,提供从两个同轴输入到初步模拟滤波和放大电路的中频或低频 – 高频信号。然后,在ADC的帮助下,信号被转换为数字形式并传递到FPGA,在FPGA中进行数字频率选择、频率转换以及并行数字处理。

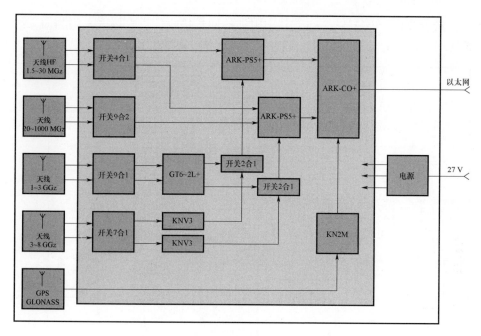

图 5.58　天线系统 ARTIKUL - C 的结构图

需要特别介绍一下第 2 个字母天线接收单元,其包括天线系统,9 合 1 天线开关和无线电信号转换器 CT6 - 2L + ,该单元采用统一的构造块形式。天线开关和转换器位于与天线系统最接近的位置,这使得天线和开关之间的连接电缆长度最小。天线系统中的天线不是沿圆周安装,而是沿椭圆安装:这样的阵元位置布局可以消除信号方位确定的模糊性,模糊性因车身机动而在圆形天线阵某些频率产生的。

导航装置 ARC - KN2M 通常包括在测向仪 ARTIKUL - M1 的移动天线系统结构中,它用于确定车在停止和运动时的地理坐标和方向,方位角确定的典型误差通常不超过 0.1°。

如果在部署版本中使用 ARTIKUL - C 的天线系统,则导航设备 ARC - KNM2 可以包括在其结构中。导航设备的存在不仅提供了天线系统地理坐标的确定,而且提供了其对北方向的自动附加确定。

移动测向仪天线系统的整体尺寸和相对较小的质量,允许将其安装在不同的移动基座上,包括汽车、海上和河上舰船,以及飞行器。

⚠ 5.18　ARCHA - INM 多功能无线电监测站

在测向单元中,本节特别介绍多功能无线电监测站 ARCHA - INM。该站采用测量接收机 ARGAMAK – IS,其中附加的同步接收信道直接嵌入到测向天线系统中。该站的结构图如图 5.59 所示,其外视图如图 5.17 所示。

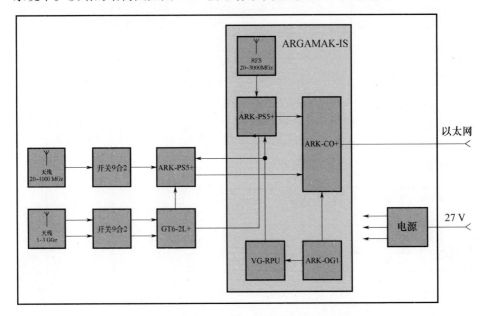

图 5.59　ARCHA – INM 站天线系统的结构图

这种解决方案允许将测量接收机和相关干涉仪集成到一个设备中。该站提供了若干任务的解决方案:包括信号参数测量,通过相关干涉测量方法定向,以及通过到达时差方法在具有多个站的系统结构解决辐射源定位的问题。

ARCHA – INM 站不需要单独的技术室,包括备用电源在内的所有设备均可安装在户外。

▲5.19　ARCHA – IT
移动测量站

ARCHA – IT 无线电监测站,作为 ARCHA – INM 无线电监测站的特殊实现形式,在测量设备 ARGAMAK – IS 的基础上,附加同步接收通道,并安装在天线杆上的箱子中。

但与 ARCA – INM 站相比,ARCA – IT 站使用的是可变天线系统,即 AS – HP – KV、AS – HP5、AS – HP2 射频传感器天线。一方面,这种解决方案允许将测量接收机和相关干涉仪的特性集成到一个设备中;另一方面,该站具有较高的机动性,并且如果它位于可移动基座,则可以在停止和运动中使用。带有测向天线系统 AS – HP5 的测量站外部视图如第 1 章的图 1.16 所示。

◤5.20　ARTIKUL – H1
自动无线电测向仪

自动相关干涉仪 ARTIKUL – H1 的独特之处在于其紧凑性和质量轻,使得其可以在车辆难以通行的区域,作为背负式设备使用。数字接收机 ARGAMAK – 2K 和一组可变的测向天线包括在测向仪的结构中。该站的外部视图如第 1 章图 1.19 ~ 图 1.22 所示。

其功能与移动和固定测向仪类似,工作范围为 25 ~ 3000MHz(扩展版本为 1.5 ~ 8000MHz)。在整个工作频率范围内,测向误差不超过 5°,背负式版本的基座质量小于 15kg,连续工作时间不小于 4h,并且可以通过增加一组可充电电池延长工作时间。测向仪配有导航装置,使得自动天线系统固定指北,并确定测向仪坐标。无线电测向仪的特性取决于所使用的天线系统,主要技术特性如表 5.10 所列。

表 5.10　ARTIKUL – H1 的一些技术特性

天线	使用方式	工作频率范围,MHz	测向灵敏度,不超过	测向仪的精度(rms 误差),不超过	质量/kg	尺寸(直径 × 高度)/mm
AS – HP – KV	移动式、固定式	1.5 ~ 30	15μV/m (typ. 9μV/m)	5°(typ. 2.5°)	6.2	465 × 170
AS – HP0	便携式、移动式、固定式	20 ~ 300	15μV/m (typ. 7μV/m)	5°(typ. 2.5°)	3.9	465 × 150
AS – HP1	便携式、移动式、固定式	110 ~ 3000	8μV/m (typ. 4μV/m)	4°(typ. 3°)	2.7	465 × 135
AS – HP5	移动式、固定式	20 ~ 110 110 ~ 3000	10μV/m (typ. 6μV/m) 8μV/m (typ. 4μV/m)	5°(typ. 2.5°) 2.5°(typ. 2°)	8.5	580 × 250
AS – HP2	便携式、移动式、固定式	3000 ~ 8000	15μV/m (typ. 5μV/m)	5°(typ. 2.5°)	2.2	345 × 155

如第 1 章中所述,测向仪 ARTIKUL – H1 可用于便携式、移动式和固定式。

在便携式系统中,测向仪 ARTIKUL – H1 的设备位于特殊的携带包中。在其结构中,包括天线系统、双通道全景接收机 ARTIKUL – 2K、可充电电池组。在便携式笔记本电脑的帮助下提供测向仪的控制。

操作者胸前特制的平板桌用于固定便携式笔记本电脑,平板桌的特殊设计,使得操作者可以按需调整键盘位置和屏幕的倾角。

通过背包上的特殊机构将天线从运输位置转移到操作位置并可恢复,这允许操作者为克服障碍物,可独立地将天线系统带到运输位置,然后在通过灌木丛等复杂的野外环境后再次将天线系统带到操作位置。此时,不需要关闭设备。

在固定式系统中,天线系统固定在天线杆上,高度可达 4m,这扩展了检测区域和无线电辐射源方向发现区域。

在移动式系统中,将测向仪安装在汽车车顶上的天线系统,使用了特殊的磁铁支架,可以在高达 70km/h 的速度下保持天线系统的可靠连接;另一种将天线放置于塑料箱中。

5.21 ARTIKUL – MT 移动无线电测向仪

移动自动相关测向仪 ARTIKUL – MT 是 ARTIKUL 系列固定测向仪和用于停车和运动中工作的无线电测向仪 ARTIKUL – H1 的混合体。它具有两种类型测向仪的优点:紧凑,质量轻,并且还改善了 ARGAMAK 系列模块的特性。

在基本型中,测向仪配有天线系统 ASHP5,频率范围为 20 ~ 3000MHz,在扩展型中,工作频率范围 1.5 ~ 8000MHz。在扩展型中,也可以连接高稳定参考振荡器,相对频率误差不超过 $\pm 1 \times 10^{-9}$。带有天线系统 AS – HP5 的测向仪的外视图如第 1 章的图 1.18 所示。

测向仪控制和信号传输以数字形式通过以太网接口(双绞线或光纤电缆)实施,命令和数字数据流(无线电信号的时间样本、频谱、解调信号等)也通过以太网传输。

5.22 ARC – RP3M 手持测向仪

全景数字接收机 ARGAMAK – M N 是手持测向仪 ARC – RP3M 的硬件基础,也用于无线电监测和测向的手动测量综合体 ARC – NK5I。

测向仪 ARC – RP3M 可以实现手动测向和无线电辐射源定位,包括无线通信系统信号和数据传输信号源、干扰源等,还可用于全景频谱分析和技术分析。它允许对基站和移动 GSM 电话、基站和用户 DECT 站、无线 Wi-Fi 设备进行识别和寻址测向。测向仪 ARC – RP3M 的外视图如第 1 章图 1. 25 和第 2 章图 2. 15所示。

在测向仪的组成中,包括以下单元:全景数字接收机 ARGAMAK – MN、基于 Android 操作系统的智能手机(包含 SMO – ANDROMEDA 软件包)[23]、带有智能手机支架的手柄,以及用于固定可变定向天线的手柄。此外,电源、定向天线组、笔记本电脑或受保护的平板电脑也可以包括在系统中。手持式测向仪的主要技术特性如表 5. 11 所列。

表 5. 11　ARC – RP3M 的主要技术特性

参数	数值
工作频率范围(基本型)	9kHz ~ 3000MHz
工作频率范围(ARC – KNV3M)	9kHz ~ 8GHz
工作频率范围(ARC – KNV4M)	9kHz ~ 18GHz
同时处理的最大带宽	22MHz
杂散响应选择范围,不低于	70dB
三阶和二阶互调范围,不小于	75dB
全景频谱分析速率(在 6. 25kHz 的频谱分辨率下)	6500MHz/s
测向灵敏度	3 ~ 15μV/m
测向精度(RMS 误差)	7° ~ 15°
自主运行的持续时间	2 ~ 8h
工作温度范围	– 20 ~ 45℃

天线可采取有源或无源模式。在有源模式下,天线具有较高的灵敏度,而在无源模式下,线性度增加,这使得可以在远距离和近距离定位无线电辐射源。天线模块和手柄的外视图如图 5. 60 所示。交付套件中包括 4 副主动天线:

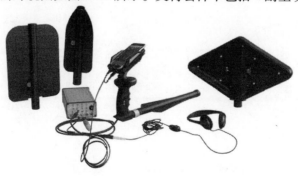

图 5. 60　一套 ARC – RP3M 系统

207

- ARC – A3 – KV(0.3~30MHz)——线圈天线；
- ARC – A3 – 1A(25~500MHz)——线圈天线；
- ARC – A3 – 2A(400~850MHz)——对数周期天线；
- RK – A3 – 3A(800~3000MHz)——对数周期天线。

手柄和天线元件构成的系统可在对垂直和水平极化的无线电辐射源定向。天线模块组提供无线电信号的定向接收，此时，使用最多的是天线元件 ARC – A3 – 1A 的频率范围 25~500MHz，天线模式如图 5.61~图 5.64 所示。

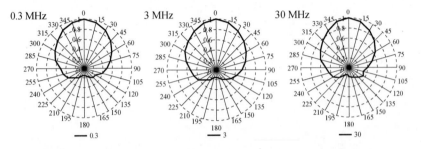

图 5.61　0.3MHz、3MHz 和 30MHz 下天线 ARC – A3 – KV 的模式

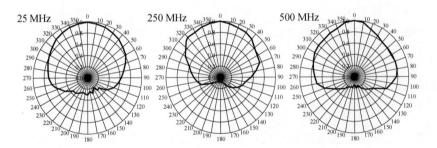

图 5.62　25MHz、250MHz 和 500MHz 下天线 ARC – A3 – 1A 的模式

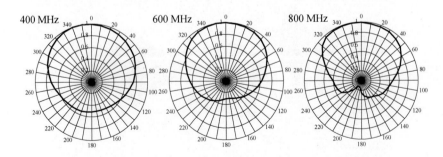

图 5.63　400MHz、600MHz 和 500MHz 下天线 ARC – A3 – 2A 的模式

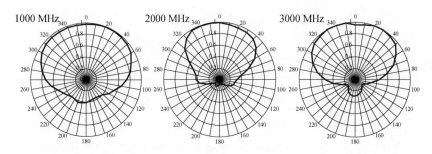

图 5.64　1000MHz、2000MHz 和 2000MHz 下天线 ARC – A3 –3A 的模式

为了扩大工作频率范围,可以将变频器 ARC – KNV3M(频率范围为 3 ~ 8GHz)和 ARC – KN4M(频率范围为 3 ~18GHz)也纳入测向器系统,这两个变频器都有嵌入式定向天线系统。

无须使用专用仪器即可更换定向天线模块,隐蔽测向的天线系统(位于包中)可选择交付。

手持式测向仪的手柄针对野外工作条件进行了优化。带天线的手柄质量不超过 700g,重心低于操作者的手掌,可以长时间操作而不会疲劳。

由数字接收机 ARGAMAK – M N 提供的实时信号分析,以功率谱的形式呈现信息,能够可靠地检测和区分各种来源的分组信号,并在一个频带内进行方向查找。在计算机控制下运行时,ARC – RP3M 还提供数字通信系统 GSM、IS – 95、CDMA2000、EV – DO、UMTS、LTE、TETRA、DECT、DMR、APCO P25、Wi-Fi、WiMax、DVB – T/T2/H 等信号的业务信息解码。

作为实时频谱展示的一个例子,图 5.65 显示了 CDMA 信号的功率谱,靠近左边界,我们可以看到窄带干扰。

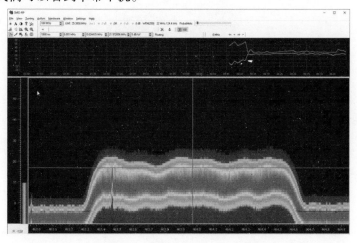

图 5.65　CDMA 信号的功率谱

为了显示信息并控制测向仪,提供了基于 Android 操作系统的移动设备(通常是智能手机)和专用软件 SMO - ANDROMEDA,使用 USB 2.0 或无线蓝牙接口控制。

智能手机在无线控制模式中的应用,以及隐蔽测向天线系统中的应用,使得可以在人群拥挤的地方,执行检测和无线电辐射源的定位任务,例如在大众体育运动或公共活动中,当不希望操作者受到注意时。图 2.15 显示了无线电辐射源定位的公开和隐藏工作的一个例子。定向天线系统和数字接收机 ARGAMAK - M 都在包里;由智能手机通过无线蓝牙接口提供控制。

智能手机的导航功能可以监控测向仪的位置和方向。使用导航数据,SMO - ANDROMEDA 计算并显示本地地图背景上复杂操作的结果:运动轨迹,与坐标和天线方向相关的信号电平、方位和其他测量结果。可以使用电子地图的开放格式,包括开放式街道地图。

◤5.23 辐射源自动定位

在 SMO - ANDROMEDA 软件中,实现了无线电辐射源位置的自动计算,极大简化了操作人员的工作。手持式测向仪的操作者沿路线移动,天线系统在方位平面上沿着圆圈周期性地旋转,如果可能的话,在空旷的地方,例如,在十字路口,用于估计到达信号方向的突出部分。此时,当操作者向信号增加的方向移动时,不需要使用经典的行进方法,可以在距离辐射源足够远的通道上移动。在智能手机显示屏上,逐渐形成如图 5.66 所示的色带,越来越明显地显示出无线电辐射源最可能的位置。

图 5.66　无线电辐射源自动定位

以便于理解且可持续更新的开放街道地图格式为基础,对于空间定位,在地图图像上添加测向标志、运动轨迹、源位置估计的计算矩阵和检测到的无线电辐射源标志。在操作过程中,使用 GLONASS/GPS 数据、智能手机的数字罗盘和加速度计数据以及天线系统的信号电平和方向数据。保存获得的所有数据并将其传输到自动位置计算模块。

方位数据处理采用单步坐标计算算法。在天线旋转时,根据所使用的加性噪声模型,方位估计规则有如下形式:

$$\hat{\theta} = \arg \max_{\theta}(q0_{\theta}) \tag{5.77}$$

$$q0_{\theta} = \frac{\left(\sum_t S_t \cdot D(\theta - \psi_t)\right)^2}{\sum_t D^2(\theta - \psi_t)} \tag{5.78}$$

式中:θ 为源方位的可能值(一般情况下为 $-\pi \leqslant \theta \leqslant \pi$);$S_t$ 为信号电平;ψ_t 为方位角;D 为接收天线的模式。

在确定坐标时,我们使用了源场强度相对于距离的函数。对于反二次函数和对数正态测量模型,有

$$(\hat{x}, \hat{y}) = \arg \min_{x,y}(q(x,y)) \tag{5.79}$$

$$q(x,y) = \Sigma_1(x,y) - \frac{1}{T}(\Sigma_2(x,y))^2 \tag{5.80}$$

$$\Sigma_1(x,y) = \sum_t (U_t - d_t(x,y))^2 \tag{5.81}$$

$$\Sigma_2(x,y) = \sum_t (U_t - d_t(x,y)) \tag{5.82}$$

式中:$U(t) = 20\lg(S_t)$ 为取幅度的对数;$d_t(x,y) = 20\lg\{D[\arg(\dot{r}_t(x,y) \cdot e^{-i \cdot \psi_t})]\} - 20\lg\{|\dot{r}_t(x,y)|^2\}$,$\dot{r}_t(x,y) = z(x,y) - Z_t$ 为从测向仪到复数坐标为 $z(x,y) = y + jx$ 空间点的复数距离。

将得到的矩阵添加到数字位置图,无线电辐射源的最可能位置由圆形的标记单独指定,测向仪的位置由箭头指定。在运动过程中,沿路线建立测向仪运动轨迹。在数据积累过程中,缩小可能的局部区域,源位置更加精确。

▲5.24　寻址测向

由数字接收机 ARGAMAK - MN 提供的实时频谱分析,以功率谱形式表示信息,可以检测和区分同一个频带内,频谱重叠的各种源的分组信号。然而,基于给定带宽中的电平或信号功率估计"经典"幅度法并不总是有效的,定向天线接收信号用于一组辐射源的测向和定位,这些辐射源在相同的带宽中使

用时间或编码区分。对于具有类似辐射源的操作,需要知道如何在数字包中传输的业务标识进行解码,然后根据其标识,在其他信号背景下对所需信号进行寻址测向。

在5.9节中,考虑了 GSM、Wi-Fi 和 DECT 信号的寻址测向算法。这些算法提供了标准和非标准频率下发射设备的标识符确定、与给定标识符相对应的信号电平提取,然后利用定向天线实现测向和定位。所述算法在 SMO – ANDROM-EDA 软件中实现。

采用与 GSM 信号相一致的信号,在工作范围进行扫描,搜索移动 GSM 站。图 5.67 显示了与第六个时隙中存在信号相对应的结果,在该情况下,信号电平为 71dBμV;信道源 ARFCN 的射频号码等于 106。操作人员提高检测阈值,提取信号电平最大的辐射源。

图 5.67　GSM 设备的检测

图 5.68 显示了在一个信道中工作但在不同时隙中的多个源的历史电平,图形颜色对应于时隙的编号。历史电平图使得操作者可以确定辐射源的方向(借助于复幅度方向查找和定位)。

在定位接入点和 Wi-Fi 设备时,SMO – ANDROMEDA 软件中在 2.4 ~ 5GHz 范围内的标准 Wi-Fi 频率以及用户指定的任意频率下完成搜索。检测到的Wi – Fi 源如图 5.69 所示。与 GSM 模式类似,可能的历史电平如图 5.70 所示。

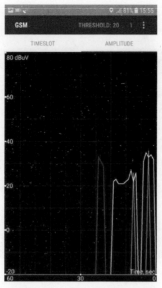

图 5.68 GSM 源的历史电平

图 5.69 检测到的 Wi-Fi 源

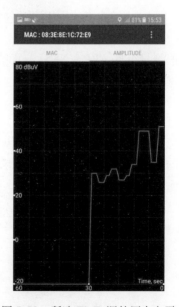

图 5.70 所选 Wi-Fi 源的历史电平

对于 DECT 源,所实施的算法允许在 DECT 信道的标准频率和指定的手动非标准频率处检测源,DECT 信号搜索的结果如图 5.71 所示。与 Wi-Fi 和 GSM 模式类似,所选站点的 RFPI 值代表历史电平,如图 5.72 所示。

图 5.71　检测到的 DECT 源

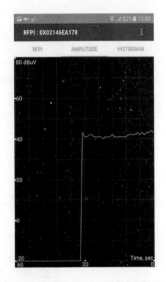

图 5.72　所选 DECT 源的历史电平

⚠ 5.25　ARC – NK5I 便携测量组件

便携测量组件 ARC – NK5I 与无线电测向仪 ARC – RP3M 的区别在于,它使用了测量接收机 ARGAMAK – M,与 ARGAMAK – MN 相比,ARGAMAK – M 具有更精确的校准设计,可以作为测量单元。组件中包括用于手持式测向的定向天线和测量天线。

高稳定的外部参考振荡器也可包含在组件中。测量组件提供对无线电辐射源信号的检测、定向、定位和技术分析。从蜂窝通信站测量建筑物屋顶的场强电平如图 5.73 所示。

图 5.73　场强测量

◢5.26　本章小结

本章对超外差架构和直接转换架构(频率转换为"零"频率)的数字接收机进行了分析和比较,表明超外差更适合用作动态范围宽、测量精度高的接收机。将频率转换为"零"频率的架构允许实现具有广泛功能的紧凑型经济设备,这些设备能够解决各种无线电监测任务。例如,超外差接收机 ARGAMAK – MN 具有不低于 70dB 的杂散响应选择和不低于 75dB 的三阶和二阶互调动态范围,功耗为 15W。转换为"零"频率的 ARC – CPS3 数字无线电接收模块的功耗更低,降低为原来的 1/2,但是,杂散响应选择较低(等于 40dB),三相和二阶互调的动态范围小,接近 60dB。在复杂的电磁情况下,这可能对接收机性能产生负面影响。

结果表明,与传统的天线系统外接无线电接收机的方式相比,集成式无线电接收机的应用具有一系列的技术优势,为此需要使用高频长馈线。可以将其技术优势归结为以下内容:

(1)扩展了设备的动态范围,使其接近所用接收机动态范围的宽度。

(2)减少或完全消除了天线效应的影响,从而提高灵敏度,减少测量误差,并提高了弱信号测向能力。

(3)简化了测量单元的校准。

(4)采用廉价的大长度柔性同轴电缆作为馈线(以太网和光纤电缆),简化了天线系统的部署和卸载,尤其是在高空安装时。

本章给出了带通信号采样频率选择与任意周期序列调制的信号频谱的关系,带通信号采样频率选择需考虑非信息频谱分量混叠以及连接初始离散信号。本章还给出了非周期性离散信号与周期序列相乘时的频谱变换规则,该规则允许选择调制序列并提供所需的信号频谱变换,特别是其在"零"频率下的变换和正交分量的形成。

本章研究了 DSP 的典型算法,并将其用于处理无线电监测任务,包括有用信号的滤波、采样频率的变化、短持续时间信号的检测和测向,以及 GSM、DECT 和 Wi-Fi 信号的寻址幅度测向算法及其实现。这些功能在手持测向仪 ARC – RP3M 的 SMO – ANDROMEDA 软件中得以实现。

本章介绍的 ARGAMAK 系列数字无线电接收机系列及以其为基础的无线电测向仪,能够为几乎所有的无线电监测任务提供解决方案,包括数字通信系统 GSM、IS – 95、CDMA2000、EV – DO、UMTS、LTE、TETRA、DECT、DMR、APCO P25、Wi-Fi、WiMax、DVB – T/T2/H 等业务信息的信号解码。

便携式双通道无线电接收设备 ARGAMAK – 2K 用于无线电测向仪 AR-

TIKUL – H1,以及非许可无线电发射的搜索系统。接收机外壳防护等级不低于 IP64,工作温度范围宽,接收机质量不超过 5.5kg,全景观测速率高达 3.5GHz/s。

数字无线电接收机 ARGAMAK – MN 和 ARGAMAK – M,包含嵌入式可充电电池在内的质量不超过 1.5kg。对于 24MHz 的瞬时观测带宽,接收机能够实时提供信号处理,且无数据丢失;全景频谱分析速率高达 6.5 GHz/s。接收机 ARGAMAK – MN 用于手持式无线电测向仪 ARC – RP3M,接收机 ARGAMAK – M 用于便携式测量组件 ARC – NK5I。

先进的技术解决方案被认为是射频模块 ARGAMAK + 的基础,现代制造和调整技术在性能、线性度、通道灵敏度和特性稳定性等方面提供了高技术参数,使全景测量接收机 ARHGAMAK – IS 的技术和性能得以发展,其功能参数符合国际电联的建议。接收机提供所有必要类型的无线电信号参数测量,包括电磁场强度、无线电发射频率和带宽以及许多其他参数。

在数字无线电接收机 ARGAMAK – IS 射频模块的基础上,创建了数字无线电接收机——射频传感器 ARGAMAK – RS,用于 9kHz ~ 8000MHz 频率范围内无线电信号的频谱分析和技术分析,测量场强和调制参数,识别数字技术的无线电辐射源。在与 GNSS 同步时,接收机(在无线电监测网络结构中)进行无线电辐射源位置的确定。

ARTIKUL 系列自动无线电测向仪具有高达 22MHz 的同步信号分析带宽、性能卓越、工作频率范围 1.5 ~ 8000MHz,由固定、可移动,移动和便携双通道相关干涉仪组成,用于任意参数的信号测向:频谱宽度、调制类型、广播时间等。无线电测向仪的质量和尺寸相对较小;提供快速部署、安装和卸载,能够在较宽温度范围内工作。

在不允许使用固定和移动综合设施的条件下,无线电监测任务的解决方案由便携式和可移动设备提供,例如自动无线电测向仪 ARTIKUL – H1、便携式无线电测向仪 ARTIKUL – MT 和手持式无线电测向仪 ARC – RP3M（ARC – NK5I）,它质量小、尺寸小、性能好,提供检测、定向和无线电发射定位,它们在同一频段工作。

在测量接收机 ARGAMAK – IS 的基础上建立的无线电监测站 ARCA – INM 和 ARCA – IT,具有附加的同步接收通道,既能提供无线电辐射源的测向和参数的测量,又能对数字通信网的业务信息进行解码和分析。

手持式无线电测向仪 ARC – RP3M 不仅作为“最后一公里”的设备,实现了无线电辐射源定位的功能,而且为无线电监测行动提供了保密性,它可以用于无线电辐射源自动定位和寻址测向。

在测向仪控制方面,采用包含 SMO – ANDROMEDA 软件的智能手机,实现了无线电辐射源定位的自动计算方法和寻址测向算法。在辐射源定位时,不需要使用驾车方式,此时操作者应朝着信号电平增长的方向移动。可以在距离源位置较远的路线上移动;沿着路线移动的过程中,在电子地图上自动形成色带,从而更准确地显示出无线电辐射源所在的位置。GSM、Wi-Fi 和 DECT 标准的数字通信和数据传输系统的无线电信号的寻址和定位可以在标准和非标准频率、开放区域和室内进行。

数字无线电接收机和无线电测向仪的技术特性符合国际电信联盟的要求。它们既可由操作者直接控制使用,也可在诸如 ARMADA、AREAL 等自动化地理分布无线电监测系统的结构中使用。

参考文献

1. The Catalogue 2017 of IRCOS JSC. http://www. ircos. ru/zip/cat2017en. pdf. Accessed 28 Nov 2017.

2. Rembovsky A, Ashikhmin A, Kozmin V, Smolskiy S (2009) Radio monitoring. In: Problems, methods and equipment. Lecture Notes in Electrical Engineering. Springer, 507 p.

3. Ashikhmin AV, Kozmin VA, Myakinin IS, Radchenko DS, Spazhakin MI (2016, in Russian) Handheld direction finder for radio monitoring. SpetstehnikaiSvyaz (4):101 – 105.

4. Rembosky AM, Ashikhmin AV, Kozmin BA (2015, in Russian) Radiomonitoring: problems, methods, means. In: Rembosky AM (ed), 4th edn. Hot Line – Telecom Publ. , Moscow, 640 p.

5. Ashikhmin AV, Litvinov AI, Pershin PV, Polyakov AV, Sergienko AR, Spazhakin MI, Tokarev AB (2016, in Russian) Digital radio receivers of spectrum monitoring. Spetstehnikai Svyaz (4):90 – 97.

6. Razavi B (1997) Design consideration for direct – conversion receivers. IEEE Transa Circ Syst – II Analog Digit Signal Proc 44(6):428 – 435.

7. Tsui JB (2004) Digital techniques for wideband receivers, 2nd edn. SciTech Publishing Inc.

8. Nezami MK (2003) RF architectures and digital signal processing aspects of digital wirelesstransceivers, 513 p.

9. Kozmin VA (2016, in Russian) Application of integrated radio receivers to improve technicalcharacteristics of monitoring equipment. Electrosvyaz (11):57 – 64.

10. (2011) Handbook on spectrum monitoring. ITU – R, Geneva, 659 p.

11. Volker J (2003/11) Better system sensitivity through preamplifiers/News from Rohde &Schwarz 43(178): 41 – 45.

12. Besser L, Gilmor R (2003) Practical RF circuit design for modern wireless systems. In:Passive circuits and systems, vol 1. Artech House Inc. , 527 p.

13. Goldenberg LM, Matyushkin BD, Polyak MN (1985, in Russian) Handbook of digital signalprocessing. Radio I Svyaz, Moscow, 312 p.

14. Oppenheim AV, Schafer RW (2010) Discrete – time signal processing. Prentice – Hall, Englewood Cliffs, NJ, p 1108.

15. Lyons R (2004) Understanding digital signal processing. Prentice Hall. Pearson EducationInc. , Prentice Hall.

16. Gu K (2005) RF system design of transceivers for wireless communications. Springer Science + Business Media, Inc.

17. Kozmin VA (2007, in Russian) Statistical modeling of radio engineering devices and systems(textbook), 2nd edn. Voronezh State Technical University, 258 p.

18. Bityutsky VI, Kozmin VA (1987, in Russian) Periodic modulation of discrete signals and itsuse in digital processing. In: Methods and devices of digital and analog informationprocessing. Voronezh, pp 20 – 23.

19. Bityutsky VI, Kozmin VA (1986, in Russian) Using complex digital filtering to SSB signalsreceive. Radioelectron Commun Syst 29(4):48 – 53.

20. Crochiere R, Rabiner L (1983) Multirate digital signal processing. Prentice – Hall Inc. ,Englewood Cliffs, New Jersey 07632, 411 p.

21. Spazhakin MI, Repnikiv VD, Tokarev AB (2013, in Russian) Usage of farrow resampler indigital receiver for GSM direction finding. Bull Voronezh State Tech Univ 9(6 – 3):26 – 29.

22. Spazhakin MI, Tokarev AB (2015) Digital receiver for addressed direction finding of moderncommunication standards. In: Control and Communications (SIBCON), 2015 InternationalSiberian Conference OMSK 21 – 23 May 2015 Page(s):1 – 4 Print ISBN: 978 – 1 – 4799 – 7102 – 2. https://doi. org/10. 1109/sibcon. 2015. 7147223.

23. SMO – ANDROMEDA Software package for manual direction finding and radio monitoringfor tablets and smartphones. http://www. ircos. ru/en/sw_andromeda. html. Accessed 28 Nov2017.

第6章

无线电信号和干扰参数测量

◣6.1 引言

无线电监测系统的很多参数估计,与被观测信号的中心频率、频谱宽度和电平密切相关[1-2]。对测量精度的复杂要求,迫使信号处理质量持续改进,所用方法也不断修改。现代无线电监测系统应提供符合规范性文件要求的测量精度,如俄罗斯国家标准 P53373 – 2009[3]、ITU – RSM. 443[4] 以及 ITU – RSM. 377 – 4 建议书[5]。

参数估计的方法主要取决于被观测信号的类型、测量设备的潜力以及开展无线电测量所涉及的区域标准要求。使用数字信号处理方法进行测量,使开发者能够显著提高无线电测量系统的各种特性[2]。同时,必须考虑测量系统多个指标的相互联系和相互影响。某些特性的改善会直接或间接地导致其他特性的退化,有时导致无法满足规范性文件的某些要求。本章将中心频率、占用带宽等无线电信号参数的测量方法,无线电干扰特性测量以及无线电态势分析有关的瓶颈技术作为整体进行了讨论。

◣6.2 无线电信号频率测量算法

中心频率是所有窄带无线电信号的关键参数。如果观测时间是无限的,则可以任意高精度地测量频率。然而,在实践中,信号处理的采样持续时间是有限的,这会从根本上影响所能提供的估计精度[1]。

文献中所描述的数字测量方法通常使用插值算法[6],适用于无线电监测的自动化软硬件系统。文献[7]开展了不同窗函数对频率估计精度影响的研究,没有发现测量精度随所选窗函数存在显著的、质的变化。因此,下面将用汉宁窗函数来研究算法的特点。

递归插值算法(RIA)可以表示为

$$f'_{m+1} = f'_m + \Delta f_m(x) \tag{6.1}$$

初始迭代中，$\Delta f_0(x) = 0$。下一步迭代中，为了得到修正量 $\Delta f_m(x)$，先计算：

$$\alpha = \sum_{n=0}^{N-1} x_n \exp\left(-j2\pi n\left(\frac{f'_m}{F_S} - \frac{1}{2N}\right)\right) \tag{6.2}$$

$$\beta = \sum_{n=0}^{N-1} x_n \exp\left(-j2\pi n\left(\frac{f'_m}{F_S} + \frac{1}{2N}\right)\right) \tag{6.3}$$

式中：x_n 为时域采样，$n = 1,2,\cdots,N-1$ 是时域采样的序号；F_S 为采样频率。

上述公式可用于频率修正量的计算；如果实际频率变化在一个频域采样间隔内，频率修正量描述了频率估计误差的特性[8]。

$$\Delta f_m(x) = \frac{1}{4 \cdot N} \cdot \frac{|\beta|^2 - |\alpha|^2}{|\beta|^2 + |\alpha|^2} \cdot F_S \tag{6.4}$$

通过数学建模方法对该估计精度的研究表明，频率估计偏差限制在一个频域采样间隔内时，其迭代过程如图6.1和图6.2所示。

可以看出，式(6.1)的第一次修正已经改善了估计精度。然而，只有经过3次迭代后，才能保证对任意被处理信号频率的高精度估计。因此，在实践中，RIA算法的迭代次数 m 应取为3，这与文献[9]的建议一致。

高精度算法(HPA)是 RIA 算法的改进版本，提高了计算速度和估计精度。文献[10]详细描述了该算法。

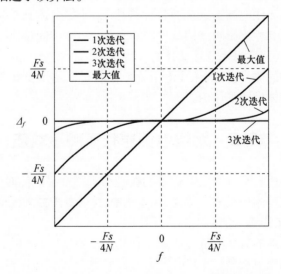

图6.1　高信噪比下不同迭代次数 RIA 的频率估计偏差

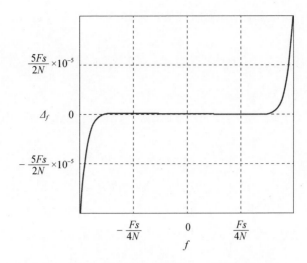

图 6.2　高信噪比下 3 次迭代 RIA 的频率估计偏差

HPA 算法的第一阶段是根据下式计算信号相对频率的估计值：

$$\phi = G(k_{\max}) \tag{6.5}$$

其中，

$$G(k_m) = \begin{cases} \alpha(N) \cdot \left(\dfrac{|X[k_m+1]|}{|X[k_m+1]| + |X[k_m]|} - 0.5 \right) + 0.5 + k_m, & |X[k_m+1]| \geqslant |X[k_m-1]| \\[3mm] \alpha(N) \cdot \left(\dfrac{|X[k_m]|}{|X[k_m]| + |X[k_{m-1}]|} - 0.5 \right) + 0.5 + k_m, & |X[k_m+1]| < |X[k_m-1]| \end{cases}$$

$|X[k]|$ 是根据加权时域信号计算的快速傅里叶变换（FFT）的模，$\alpha(N)$ 是用于最小化频率测量误差的参数：

$$\alpha(N) = \frac{0.5}{\left(0.5 - \dfrac{|W_N[1]|}{|W_N[0]| + |W_N[1]|} \right)} \tag{6.6}$$

式中：$W_N[0]$ 为时域窗的零级频谱分量；$W_N[1]$ 为一级频谱分量。

对指定的信号频率 ϕ' 的相对估计，可根据傅里叶系数确定如下：

$$\phi' = \phi + \left(\frac{|X[0]|}{|X[0]| + |X[1]|} - 0.5 \right) \tag{6.7}$$

式中：ϕ 为第一阶段计算得到的频率估计值；而 $|X[0]|$ 和 $|X[1]|$ 是零级和一级傅里叶系数，分别为

$$|X[0]| = \left| \sum_{n=0}^{N-1} z[n] \right| \tag{6.8}$$

$$|X[1]| = \left| \sum_{n=0}^{N-1} z[n] \cdot \exp\left(-j \cdot \frac{2\pi}{N} \cdot n \right) \right| \tag{6.9}$$

221

其中,$z[n]$是频率搬移至 0.5 的时域信号采样,在该频率附近式(6.5)给出最小误差。

$$z[n] = x[n] \cdot \exp\left(-\mathrm{j} \cdot \frac{2\pi}{N} \cdot (\phi - 0.5) \cdot n\right) \qquad (6.10)$$

待求频率可计算为 $f = \phi' \cdot F_S/N$。

图6.3 给出了信号频率在相邻频域采样间隔内变化对应的估计精度研究结果。

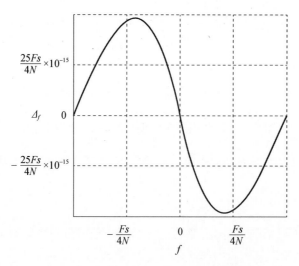

图6.3　高信噪比下 HPA 算法的频率估计偏差

通过控制正弦信号频率服从 $[0 \sim F_S]$ 范围内的随机均匀分布,图6.4 展示了基于统计模型确定的算法特性。

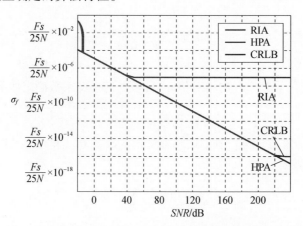

图6.4　频率估计均方误差与信噪比的关系

研究结果表明,在低信噪比和中信噪比下,HPA 和 RIA 算法同样有效,它们所提供的实际误差分布与 Cramer – Rao 下界一致,根据文献[8]可表示为

$$\sigma_{\mathrm{CRLB}}^2 = \frac{6}{(2\pi)^2 N (N^2 - 1) \cdot 10^{\frac{\mathrm{SNR}}{20}}} \qquad (6.11)$$

式中:SNR 为信噪比。需要注意的是,为了实现相同精度,RIA 算法比在其基础上开发的 HPA 算法需要更高的计算量。

在高信噪比下,HPA 算法也是有效的,理论上其线性度可保持到信噪比 220dB,这是相比在测量系统中使用 RIA 算法的另一个优点。目前,HPA 算法已成功应用于具有 ARGAMAK – IS 和 ARGAMAK – M 接收机的测量系统的 SMO – PAI 软件中,可精确实施无线电信号测量,并满足规范性文件的要求[3,5,11]。

6.3　角度调制信号中心频率的估计

让我们来估计频率或相位调制的无线电信号中心频率,其频谱宽度满足不等式

$$B_f \geqslant \frac{2 F_S}{N} \qquad (6.12)$$

式中:N 为 FFT 点数。

如果将该任务按照搜索无线电信号频谱的中间点来解决,那么最大估计精度将等于频率窗口(离散频谱相邻采样之间的频率间隔)宽度的一半。这是相当粗略的估计。因此,这些信号的频率通常使用频率检测器来确定[1]。频率检测器输出值由下式确定

$$X[i] = \frac{1}{2\pi} \cdot \angle (Z[i] \cdot Z^*[i-1]) \qquad (6.13)$$

式中:$\angle$ 为 $(-\pi, \pi]$ 范围内复相位;$Z[i]$ 为信号复包络的采样;$Z^*[i-1]$ 为复包络的前一个采样的复共轭值。

为了提高测量精度,计算接收信号频率估计值时,应当对频率检测器输出取平均值:

$$F = \frac{F_S}{M \cdot N} \sum_{k=0}^{M-1} \sum_{i=0}^{N-1} W[i] \cdot X[i + kN/2] + F_0 \qquad (6.14)$$

式中:F_0 为接收机调谐频率;N 为样本大小;M 为总的重叠段数;k 为在 $0 \sim M-1$ 的范围内的重叠段数;$W[i]$ 为窗函数。

图 6.5 展示了调频信号的频率测量精度与信噪比的关系,也揭示出频率检测器相比频谱最大值估计法的优势。从图中可以看出,信噪比大于 15dB 的情况下,该方法提供的频率估计精度不大于 $F_S/(12N)$,比频谱最大值法的估计误差

小很多。而且,样本长度达到 16000 个以上的相对较短的样本,即可提供足够高的精度。

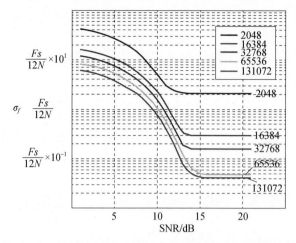

图 6.5　不同处理样本大小条件下,频率检测器调频信号频率
估计精度与信噪比的关系

6.4　数字信号中心频率估计算法

借助频谱分析方法,可实时获得对幅移键控(ASK)信号、频移键控(FSK 和 FSK – MS)信号和相移键控(PSK)信号的高精度频率估计[1]。

ASK 信号的中心频率估计并不困难,因为其中心频谱分量显而易见,可借助 HPA 算法进行估计。在这种情况下,估计精度将最大限度地接近 Cramér – Rao 界。

对于 FSK,"0""1"信息序列对应的正弦信号频率如图 6.6 所示。该类信号的中心频率估计,可取为频谱最大值法得到的频率估计的算术平均值;其估计误差直接取决于 FSK 信号的多个分量,这些分量可通过被研究时段内的瞬时频谱表示。

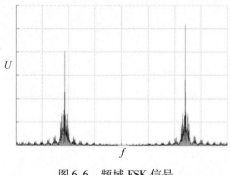

图 6.6　频域 FSK 信号

为了提高估计精度,可使用 HPA 算法。然而,只有在信号仅包含单个最大频谱分量时,HPA 算法才能给出良好的估计结果。因此,在执行计算之前,必须确定包含正弦信号的频谱区域,并在此之后分别开展每个正弦信号的估计。尽管 HPA 算法很有效,但是由于需要对信号的谐波分量进行无误差提取,难以在低信噪比下进行 FSK 信号的频率估计。

另一种更精确的方法使用式(6.13)的频率检测器。频率检测器输出瞬时频率值的序列(两个或更多个采样,取决于移位键控位置的数量),输出序列的平均值为 FSK 信号中心频率的估计。信噪比大于 10dB 的情况下,实验证实其精度为频率窗口的 1/8 ~ 1/2。从图 6.7 可以看出,信噪比超过 15dB 时,FSK 信号平均频率法的误差不超过频率窗口的 1/100。

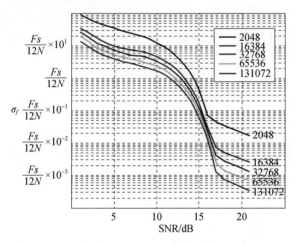

图 6.7　不同处理样本大小条件下,FSK 信号
频率估计精度与信噪比的关系

最小频移键控(MSK)是 FSK 的一种特殊情况,它具有连续相位和最小调制指数 m,使得"0""1"数字信息通过正交信号传输。换句话说,MSK 信号的"0"和"1"之间频率偏移最小,并可在时间间隔 T 内区分

$$\begin{cases} S_0 = A \cdot e^{j((\omega_0 - \omega_\partial)t)} \\ S_1 = A \cdot e^{j((\omega_0 + \omega_\partial)t)} \end{cases} \quad (0 \leqslant t \leqslant T) \qquad (6.15)$$

为了提取信号 S_0 和 S_1 的频谱,我们对信号进行 n 次方。考虑到信号乘方导致信噪比降低,为了区分频谱成分,通常设置 $n = 2$ 或 4 区分频谱分量。

$$\begin{cases} (S_0)^n = (A)^n \cdot (e^{j((\omega_0 - \omega_\partial)t)})^n \\ (S_1)^n = (A)^n \cdot (e^{j((\omega_0 + \omega_\partial)t)})^n \end{cases} \rightarrow \begin{cases} (S_0)^n = (A)^n \cdot e^{j((n\omega_0 - n\omega_\partial)t)} \\ (S_1)^n = (A)^n \cdot e^{j((n\omega_0 + n\omega_\partial)t)} \end{cases} \quad (0 \leqslant t \leqslant T)$$

如此,MSK 信号进行 n 次方时,频率 ω_0 本身及其偏移 ω_∂ 都扩大为 n 倍。结

果,频谱上形成了两个清晰表示且彼此远离的最大值。图 6.8 展示了 MSK 信号乘方对应的频谱变换。

经过变换后,中心频率可类似 FSK 信号基于频率检测器进行估计。该方法的估计误差分析结果如图 6.9 所示。可以看出,信噪比不小于 15dB 时,即使持续时间较短,该方法对 MSK 信号也能提供较小的估计误差。

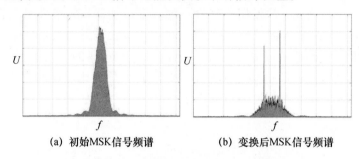

(a) 初始MSK信号频谱   (b) 变换后MSK信号频谱

图 6.8　初始和变换后的 MSK 信号频谱

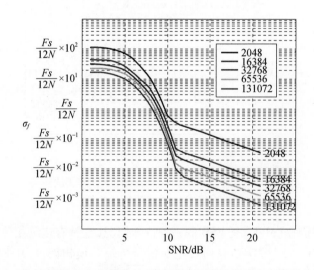

图 6.9　不同处理样本大小条件下,MSK 信号频率估计精度与信噪比的关系

相移键控(PSK)信号可写为[2]

$$s_i(t) = A \cdot e^{j(\omega_0 t + \varphi_i)}, i = 0, 2, \cdots, (M-1), 0 \leqslant t \leqslant T \tag{6.16}$$

式中:相位 φ_i 可取 M 个离散值 $\varphi_i = 2\pi i / M, i = 0, 2, \cdots, (M-1)$；$\omega_0$ 为载波频率；T 为测量持续时间间隔,$0 \leqslant t \leqslant T$。

对于 PSK 信号的频率估计,解调待分析信号是高效手段。解调完成的数学变换可提取信号中心分量。

一般地,解调结果可写成

$$s_i^M(t) = A^M \cdot e^{jM(\omega_0 t + \varphi_i)} = A^M \cdot e^{jM \cdot \omega_0 t + jM \cdot \varphi_i} \tag{6.17}$$

事实上,由于 $\varphi_i = 2\pi i/M$,式(6.17)可采用如下形式表示:

$$s_i^M(t) = A^M \cdot e^{jM \cdot \omega_0 t + jM \cdot \frac{2\pi i}{M}} = A^M \cdot e^{jM \cdot \omega_0 t} \tag{6.18}$$

式(6.18)的信号频谱在频率 $M\omega_0$ 或 $f = M\omega_0/(2\pi)$ 处具有唯一的谱线,如图 6.10 所示,对于正弦信号,可利用 HPA 算法对信号中心频率进行估计。

为了说明这种频率估计方法的特点,图 6.11 展示了 PSK 信号频率估计与信噪比和信号持续时间的关系。显然,即使短时间观测(样本数不超过 2^{11} 个),该方法也可在低信噪比下将测量误差控制到频率窗口的千分之一。

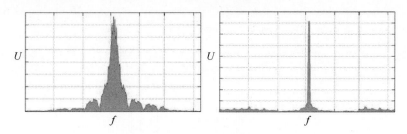

图 6.10 乘方处理前后的信号频谱

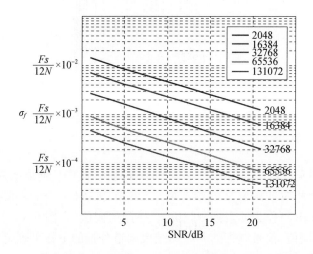

图 6.11 不同处理样本大小条件下,PSK 信号频率估计精度与信噪比的关系

6.5 XdB 法占用带宽测量

频谱宽度是表征信号的主要参数之一。该参数的估计可使用两种方法,其中稍好些的是 XdB 法。

假设无线电信号频谱宽度测量在持续时间间隔 $T = T_0 \cdot M$ 内进行。其中,M 为抽样测量次数,T_0 为单次抽样测量的 N 点信号采样持续时间;而且,在持续时间 $T_0 = N \cdot \Delta t$ 内,N 个复采样 x_n 的采样间隔 $\Delta t = 1/F_s$。于是,第 m 次抽样测量的采样序列 $x_{m,n}$ 对应的离散幅度谱可定义为

$$X_{m,k} = \left| \sum_{n=0}^{N-1} x_{m,n} \cdot w_n \cdot \exp\left(-\mathrm{j} \frac{2 \cdot \pi}{N} kn \right) \right| \quad k = 0,1,\cdots,N-1 \quad (6.19)$$

式中:w_n 为所使用的窗函数。

M 次抽样中,$X_{m,k}$ 的最大值构成数组 N_k:

$$N_k = \max_m \left[X_{m,k} \right], k = 0,1,\cdots,N-1; m = 0,1,\cdots,M-1 \quad (6.20)$$

然后可确定频谱分量的最大幅度(图 6.12)。

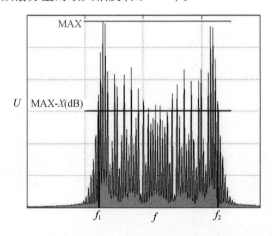

图 6.12　XdB 法测量无线电信号带宽

$$U_{\max} = \max_k \left[N_k \right] \quad (6.21)$$

XdB 频谱宽度定义为具有上、下限的频率范围,其中任何离散频谱分量或连续功率谱密度相对初始定义的参考电平(本节中为 $U_{\max}$[4])降低不超过 XdB。因此,$U_{\max} - X$dB 可作为搜索被测频段上、下限的阈值(在图 6.12 中以水平线标记)。根据该阈值,信号频带的开始和结束频谱分量的下标可确定为 L 和 R,对应于频率 f_1 和 f_2。

待分析信号占用带宽的估计可计算为

$$\text{Band} = (R - L) \cdot \frac{F_s}{N} \quad (6.22)$$

式中:N 为 FFT 点数。

为了实现高精度的估计,必须确保信号电平高出噪声电平至少 XdB。如果满足该要求且有余量,带宽估计的精度将基本不依赖于信噪比。同时,由于式

(6.22)的带宽估计是基于离散样本的,因此估计精度直接取决于频率窗口宽度。

◤6.6　Beta/2 法频谱宽度测量

按照 $\beta/2$ 法对频谱宽度的理解,超出频带上、下限以外的平均发射功率分别等于 $\beta/2$ 倍的总平均发射功率

$$S_{(\mathrm{Spectr})} = \sum_{k=0}^{N-1} N_k^2 \tag{6.23}$$

该方法是 $X\mathrm{dB}$ 法的替代方法。

为了获得信号频谱的左边界,从第一个谱线开始,计算谱线平方和,逐渐增大谱线下标,直至得到接近于 $S_{(\mathrm{Spectr})} \cdot \beta/2$ 的值。为了获得信号频谱的右边界,可进行类似操作,但需要从最后一个谱线开始,并逐渐减小谱线下标:

$$\sum_{k=0}^{L} N_k^2 \approx \sum_{k=R}^{N-1} N_k^2 \approx S_{(\mathrm{Spectr})} \cdot \frac{\beta}{2} \tag{6.24}$$

计算结果为对应于图 6.13 中频率 f_1 和 f_2 的两个边界(下标 L 和 R)。

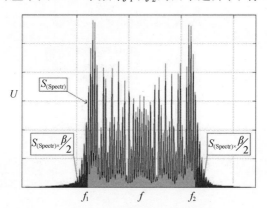

图 6.13　$\beta/2$ 法信号带宽测量原理

待分析信号的频谱宽度估计可根据式(6.22)计算。

◤6.7　测量算法的实现

测量软件包 SMO – PAI 实现了上述无线电信号参数估计方法,借助数字接收机 ARGAMAK – IS、ARGAMAK – IM 和 ARGAMAK – M,达到了测量的顶尖水准。SMO – PAI 提供了无线电信号频率、占用频率带宽的测量功能,以及频率偏

差、调制系数、调制频率等无线电信号特定参数的计算功能,满足规范性文件 [5]。正弦信号和角度调制信号频率测量的相对精度优于 1×10^{-9},对数字调制信号则优于 5×10^{-8}。信号频谱宽度的估计误差(XdB 法,X 取 30、40、50 和 60)不超过 5%。

图 6.14 展示了使用 AGAMAK – IS 接收机和 SMO – PAI 软件进行频率和信号频谱宽度测量。

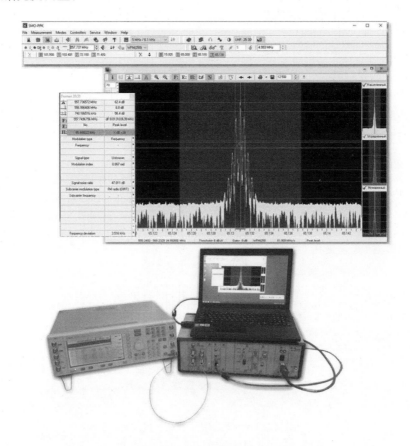

图 6.14　ARGAMAK – IS 接收机测量角度调制信号频率

让我们来分析使用上述两种方法进行频谱宽度测量的结果。测量在高信噪比、频率与高精度源 VCH – 311 同步的条件下执行。XdB 法和 $\beta/2$ 法测量的软件窗口如图 6.15 和图 6.16 所示,测量结果如表 6.1 和表 6.2 所列。测量结果表明,在整个频率范围内,带宽测量误差不超过 0.7%。

不难发现,频率越高,测量误差就越大,这与处理算法特性无关,而是由无线电接收机的相位噪声电平的增大引起的。

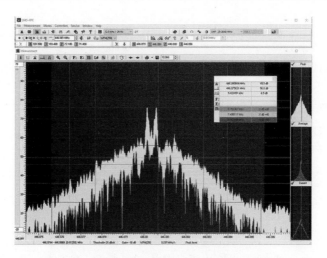

图 6.15　SMO – PAI 采用 XdB 法测量占用频带

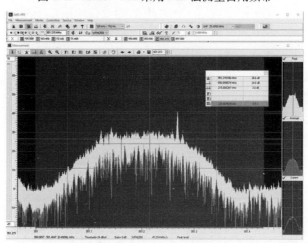

图 6.16　SMO – PAI 采用 $\beta/2$ 法测量占用频带

表 6.1　XdB 法频谱宽度测量误差

f/MHz	X/dB			
	$-30/\%$	$-40/\%$	$-50/\%$	$-60/\%$
1	0.10	0.09	0.45	0.26
3	0.10	0.09	0.45	0.26
13	0.10	0.09	0.45	0.26
20	0.10	0.09	0.45	0.26
25	0.17	0.16	0.45	0.69

（续）

f/MHz	X/dB			
	−30/%	−40/%	−50/%	−60/%
640	0.17	0.16	0.45	0.35
1000	0.17	0.16	0.45	0.69
2000	0.17	0.16	0.45	0.69
3000	0.17	0.16	0.45	0.69

▲6.8　干扰强度估计

现代无线电干扰测量设备的要求是由包括标准[12－13]在内的一系列规范性文件规定的。这些标准规定了无线电监测设备的测量子系统应该满足的控制参数集合。

让我们关注干扰测量数字设备中的频率选择性问题[14－15]。对测量系统带宽的要求可以在标准[13]的图2中找到。在无线电监测系统中,数字处理允许实现与理想滤波器的频率响应相当接近的滤波器。根据标准[13]对频率选择性的要求,在干扰测量数字系统中,使用高矩形比频率响应特性的滤波器似乎是方便的。然而,更细致的分析表明,这样的解决方案不是通用的。特别是对于采用平均值检波器的干扰测量系统,方案无法满足标准要求的幅度比。

标准规定,信号经过检波前各级处理后,平均值检波器被用于测量信号包络的平均值。采用平均值检测器的干扰测量系统,对重复脉冲的响应如下:即对于测量系统输出的固定测量值,其输入幅度和脉冲重复频率呈反比例。在实践中,满足这些要求的精度将取决于采样参数的选择和接收路径的滤波特性。

测试检测器特性时,将连续高频填充的短脉冲序列作为干扰测量系统的输入。脉冲填充的连续性确保了中频滤波器响应填充的连续性,结果直接得到了这些响应的复包络的和。因此,数字检测器输入端的全部复数信号可以表示为

$$\dot{S}_{\beta x,\partial em}(t) = S_0\Big[\sum_{k=0}^{\infty}\dot{A}(t-kT_n)\Big]\,\mathrm{e}^{\mathrm{j}\psi_0} \qquad (6.25)$$

式中:T_n为脉冲重复周期;$\dot{A}(t)$为包括末级低通滤波器(LPF)在内的接收路径的脉冲响应特性的复包络。

但是,当输入探测脉冲的重复频率增加时,对其响应会来不及衰减,并且将

开始重叠。幅度和脉冲重复频率仅在以下条件下保持比例，即对于每一时刻 t，式(6.25)中的 $\dot{A}(t-kT_n)$ 分量的复相位一致；或者，如果接收路径脉冲响应特性的复包络为实值，该条件为任意时刻 t 的接收路径脉冲响应特性的复包络的符号不变。为了估计特定 LPF 特性相对于上述要求的偏差，可以使用 χ 指数

表 6.2　$\beta/2$ 法频谱宽度测量误差

f/MHz	$\beta=1\%/\%$	$\beta=6\%/\%$	$\beta=17\%/\%$	$\beta=24\%/\%$
1	1.10	0.05	0.27	0.22
3	1.10	0.05	0.16	0.22
13	1.10	0.05	0.27	0.22
20	1.10	0.05	0.16	0.65
25	1.10	0.05	0.68	0.65
640	1.10	0.05	0.68	0.65
1000	1.10	0.05	0.68	0.65
2000	1.10	0.05	0.68	0.65
3000	1.10	0.05	0.68	0.22

$$\chi = \begin{cases} 20\lg\left(\dfrac{\int_{-\infty}^{\infty}\mid g(t)\mid \mathrm{d}t}{\left|\int_{-\infty}^{\infty} g(t)\mathrm{d}t\right|}\right) & \text{模拟滤波器} \\[4mm] 20\lg\left(\dfrac{\sum_{i}\mid g(i)\mid}{\mid \sum_{i}g(i)\mid}\right) & \text{数字滤波器} \end{cases} \tag{6.26}$$

式中：$g(t)$ 和 $g(i)$ 为模拟和数字 LPF 的脉冲响应特性。对于严格非负的脉冲响应特性，$\chi=0\text{dB}$；随着脉冲响应特性为负对应面积的增加，χ 值也增大。

标准[13]的附录 A 描述的 LPF 可提供必要的系统选择性滤波能力，其具有滤波传输因子

$$\dot{K}_{\text{CISPR}}(\omega)=K_0\left[\frac{(2\varOmega^2)}{((\varOmega+j\omega)^2+\varOmega^2)}\right]^2 \tag{6.27}$$

其中，参数 $\varOmega(\text{rad/s})$ 的计算规则为

$$\varOmega=\frac{\pi B_f}{\sqrt{2}} \tag{6.28}$$

$B_f(\text{Hz})$ 为 LPF 的 6dB 带宽。计算表明，该滤波器的脉冲响应特性具有弱符号交替特性，结果幅度比的失真指数可达 $\chi_{\text{CISPR}}\approx1.1\text{dB}$。

如果尝试在接收路径中，使用近似矩形幅频特性（具有符号交替的 Sinc 脉

冲响应特性）的滤波器，将导致公式（6.26）给出无法容忍的大值，可高达$\chi_{DLPF} \approx 5.6 \mathrm{dB}$。

为了最小化干扰测量系统末级 LPF 的χ指数，推荐利用10%带宽预失真的海明窗综合设计有限脉冲响应（FIR）滤波器，并在平均值检测器前使用。

$$F_b = 0.45 \cdot T B_f \tag{6.29}$$

而且滤波器阶数应根据以下规则选择

$$\mathrm{FIR\_Len} = \mathrm{ceil}(1.13/F_b) \tag{6.30}$$

式中：ceil（·）为向上取整函数。类似的滤波器不仅满足了选择性要求，而且其脉冲响应特性的$\chi_{FIR} \approx 0 \mathrm{dB}$。

幅度比误差由以下指数确定

$$\chi(f_{HF}, F) = 20\lg\left(\frac{s_{out.\,det}(f_{HF})\,F}{s_{out.\,det}(F)\,f_{HF}}\right) \tag{6.31}$$

式中：f_{HF}和F为输入干扰测量系统的探测脉冲的高频和低频，图6.17中也可见到。

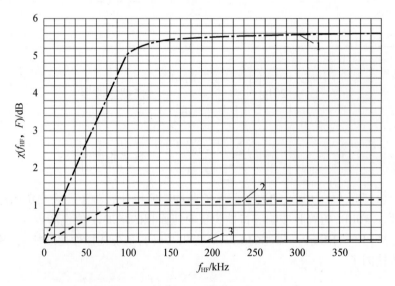

图 6.17　$F = 5 \mathrm{kHz}$ 时，幅度比误差$\chi(f_{HF}, F)$

（1 为理想 LPF 的模拟，2 为 CISPR 标准中的滤波器，3 为 FIR 滤波器）

这些函数是在 ARGAMAK 系列[2]接收机全面试验期间获得的，试验在中频滤波器 6dB 带宽$B_f = 120 \mathrm{kHz}$条件下，对 C 频段（30～300MHz）和 D 频段（300～1000MHz）无线电辐射进行了测量。使用具有 512 阶脉冲响应特性的 FIR 滤波器来模拟理想 LPF。使用两级滤波器来模拟标准[16]中描述的滤波器，两级滤波器的系统函数为

$$H(z) = b\,\frac{1 + 2\,z^{-1} + z^{-2}}{1 - a_1 z^{-1} - a_2 z^{-2}} \tag{6.32}$$

系数 $b = 0.00778$, $a_1 = 1.7354$, $a_2 = 0.7665$。利用"英特尔信号处理库"[17]综合设计了特定 FIR 滤波器,参数为 $F_b = 0.027$, $\mathrm{FIR}_{\mathrm{Len}} = \mathrm{Ceil}(1.13/0.027) = 42$。

从图 6.17 可以看出,使用理想低通滤波器的数字模拟来提高频率选择性,其代价是伴随着无法容忍的幅度比失真;使用文献[13]推荐的频率选择滤波器,形式上是容许的,但幅度比会出现相对零而言的较大偏差;使用低阶 FIR 滤波器,精心选择相对较小的频率选择性,在幅度比方面可获得"安全系数"。

◢6.9　频谱占用度的估计

无线电频率占用度是无线电频率实际使用程度的客观表征,为提高无线电频率资源利用效率,不同国家的无线电通信服务对无线电频率占用度进行了估计。对于随机选取的时刻,可利用无线电频谱占有度掌握待分析的无线信道、频段或频率资源用于信息传输的概率。政府文件 RD 45.193 – 2001《无线电监测站设备:通用技术要求》和俄罗斯联邦国家标准《无线电监测站设备自动化:技术要求和试验方法》[18]特别明确了频谱占用度估计的必要性。

在理想条件下,占用度估计需要对无线电监测范围内所有频率进行昼夜连续观测。然而,实际上,在大带宽范围内对每个信道的连续监测是很难实现的。取而代之的是,通常利用无线电范围内的全景分析框架来获取占用度估计所需数据。在这种情况下,仅偶尔执行单独的信道状态监测,并且使用公式计算占用度估计

$$\mathrm{SOCR} = \frac{S_{\mathrm{act}}}{(S_{\mathrm{act}} + S_{\mathrm{pass}})} \tag{6.33}$$

式中:S_{act} 为在测量间隔内处于占用状态的登记信道数;S_{pass} 为处于空闲状态的登记信道数。

在状态监测的特殊场合,不能排除监测时刻(控制点)之间的短时持续无线电脉冲,或者相反地,无线电辐射中的小停顿。这些情况在占用度计算中不被记录和考虑。但是,即使没有错过信号或停顿,也不可能准确地确定从占用到空闲的信道状态切换,反之亦然,可作为估计的显著误差源[14]。占用度测量的这种误差如图 6.18 所示,与真实的占用度 SO = 50% 不同的是,根据式(6.33)的估计,第一种情况下占用度 $\mathrm{SOCR}_1 = 7/16 = 43.75\%$,而第二种情况下 $\mathrm{SOCR}_2 = 9/16 = 56.25\%$。

显然,随着控制点数量 $J_m = S_{\mathrm{act}} + S_{\mathrm{pass}}$ 的增长,测量结果的潜在分散性会降

低,即使任意选择初始时刻,占用度估计误差也不再明显。在占用度测量间隔内,信道状态控制点的数目J_m根据测量持续时间T_m和信道状态控制时刻之间的间隔T_{rv}(这又由无线电监测设备性能和开展占用度测量的无线信道数量决定)来确定。然而,不可能任意增加占用度测量间隔的长度T_m,因为这样做将无法监测占用度沿时间轴的可能变化。根据国际规范性文件的要求,间隔T_m必须具有5min 或15min 的固定持续时间[19-20],并且在相似间隔下的占用度测量质量应满足精度和可靠性的明确要求。占用度估计的可靠性P_{SO}是 SOCR 估计与真实值 SO 相差不大于容许的绝对误差Δ_{SO}的概率容许的可靠性取值在90% ~99% ,最常用的值是$P_{SO} =95\%$。

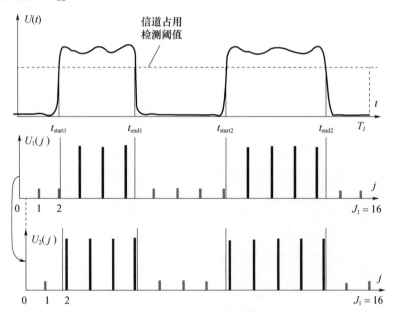

图 6.18　占用度估计的误差来源

$$P_{SO} = P\{ |SOCR - SO| \leqslant \Delta_{SO}\} \tag{6.34}$$

关于占用度测量特性的详细信息可以在文献[21]中找到,利用它们能够在各种相当复杂的条件下优化占用度测量过程。当然,类似的优化还基于被观测信号特性的先验信息(特别涉及持续时间长达几秒钟的信号)和所使用设备操作特性的详细信息。同时,关于占用度估计的可靠性的讨论,文献[22]提供了有用的材料,规定了无线信道占用度对容许估计误差和所需样本量的依赖性,以实现可靠性$P_{SO} =95\%$,如表 6.3 所列。

表 6.3 左边部分是 2012 年之前占用度测量有关国际文件的典型数据,遵守这些文件的负面后果是对容许相对估计误差有下列限制:

表 6.3　置信水平 95%，实现最大相对误差 $\delta_{SO} = 10\%$

或绝对误差 $\Delta_{SO} = 1\%$ 所需样本数

信道占用度/%	要求的相对误差 $\delta_{SO} = 10\%$		要求的绝对误差 $\Delta_{SO} = 1\%$	
	绝对误差幅度/%	所需独立样本数量	相对误差幅度/%	所需独立样本数量
1	0.1	38047	100.0	380
2	0.2	18832	50.0	753
3	0.3	12426	33.3	118
4	0.4	9224	25.0	1476
5	0.5	7302	20.0	1826
10	1.0	3461	10.0	3461
15	1.5	2117	6.7	4900
20	2.0	1535	5.0	6149
30	3.0	849	3.3	8071
40	4.0	573	2.5	9224
50	5.0	381	2.0	9608
60	6.0	253	1.7	9224
70	7.0	162	1.4	8071
80	8.0	96	1.3	6149
90	9.0	43	1.1	3459
注：相对误差 $\delta_{SO} = \Delta_{SO}/SO$				

（1）对几乎未观测到占用状态的无线信道进行监测时，需要获取大量样本。

（2）高占用度信道的占用度估计质量很低（对于这样的信道，容许误差可以达到 $\pm 10\%$）。

在容许绝对估计误差的限制下，表 6.3 右边部分给出了占用度测量过程的要求。其中：

（1）虽然低占用度水平下相对测量误差急剧增加，但是我们可以此为代价，从根本上减少低占用度信道对所需获取数据量的要求。

（2）占用度超过 30% 的无线信道对所需获取数据量的要求变得严格。

因此，若规范性文件开发人员试图使用一种简单易懂的解决方案，会导致花费大量的时间和计算资源，而且得不到很高的估计精度。只有赞成和接受使用占用度估计精度组合要求的建议[22]，才有可能在工程上做出平衡的决策。与此方法相对应的精度要求在表 6.3 中用粗体显示。

2016 年版本的 ITU 报告"频谱占用度测量和评估"[20]采用了文献[22]的建议,允许对占用度测量间隔中的无线信道状态进行 3600 次监测,独立于被分析频带内的信号特性,进行定性估计。对于 15min 的测量间隔,上述要求意味着信道状态的监测不少于 4 次/s。对于一般宽度的频率范围,现代无线电监测系统完全能够胜任。即使是 1/2 的测量强度(测量间隔含 1800 个监测点),也是令人满意的。以满足类似要求为代价,获得的测量精度如表 6.4 所列。

表 6.4   置信水平 95%,利用恰好 3600 个和 1800 个数据样本估计占用度,
所能达到的占用度测量误差

占用度/%	样本数:3600		样本数:1800	
	绝对误差/%	相对误差/%	绝对误差/%	相对误差/%
1	0.33	32.5	0.46	46.0
2	0.46	22.9	0.65	32.3
3	0.56	18.6	0.79	26.3
4	0.64	16.0	0.91	22.6
5	0.71	14.2	1.01	20.1
10	0.98	9.8	1.39	13.9
15	1.17	7.8	1.65	11.0
20	1.31	6.5	1.85	9.2
30	1.50	5.0	2.12	7.1
40	1.60	4.0	2.26	5.7
50	1.63	3.3	2.31	4.6
60	1.60	2.7	2.26	3.8
70	1.50	2.1	2.12	3.0
80	1.31	1.6	1.85	2.3
90	0.98	1.1	1.39	1.5

表 6.4 中的数值表明,控制点 J_m 的数量减少 K 倍,会导致可靠性降低或(对于无线电信道中的脉冲信号)置信区间按照 $\sqrt{K}$ 比例扩展。即表 6.4 右边部分 $J_m = 1800$ 对应的数值,恰好超过了中间部分 $J_m = 3600$ 对应的数值的 $\sqrt{2}$ 倍。

根据下面给出的映射(参考国际推荐 ITU – R SM. 1880 – 1[文献 23 的图 1],最初发表在文献[22]中),可预测具有脉冲信号的信道的占用度测量误差。图 6.19 中的曲线展示了相对测量误差 DSO 与占用度 SO 和处理数据样本量 J_m 的关系;该图左上部分的阴影禁止区域,对应于不推荐估计占用度的情况,因为

少量的测量点可能导致占用度估计出现不可允许的高误差。

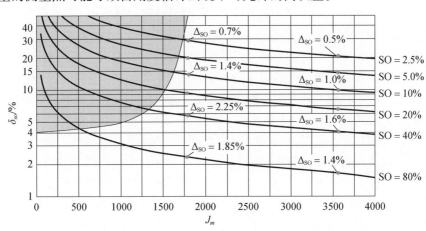

图 6.19　可靠性 95%，占用度估计相对误差与样本量 J_m 的关系

同时，许多现代无线电监测系统具有很高的性能，对无线电环境中不太宽的频率范围进行分析时，能够不必担心测量可靠性。例如，测量接收机 ARGAMAK – IS 对频率范围进行全景观测模式下，提供每秒高达数吉赫的扫描性能。它能稳妥地满足每秒执行不少于 4 次无线信道条件测试的要求。图 6.20 表明，在 200 ~ 600MHz 频率范围内、占用度监测的观测间隔 5min，接收机对无线信道状态的监测超过 21000 次。这超过了前述要求很多倍，说明 ARGAMAK 系列接收机可在大于 1GHz 的频带内执行可靠的占用度监测。

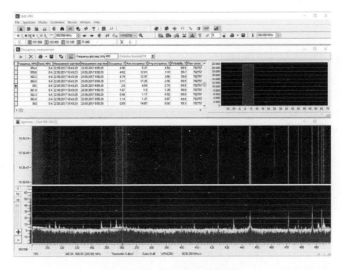

图 6.20　占用度估计举例

◤6.10 本章小结

为了实现无线电调制信号频率参数的高精度测量,有必要考虑所使用的调制类型的特征。本章提出的频率参数测量算法,可用于正弦振荡信号、角度和数字调制信号的中心频率以及占用频率带宽的测量。而且,通过使用这些算法,估计精度可实现逼近 Cramér – Rao 界。

在算法的实际实现中,信噪比低、信号观测时间间隔不够长、监测频带内信号偏差等因素对实现估计精度存在负面影响。因此,实际获得的估计精度略低于理论预期。然而,ARGAMAK – IS 接收机给出的全尺寸测量结果证明,对不同类型的无线电调制信号实现高精度的中心频率和频谱宽度估计是可能的。

本章考虑的实际例子表明,有必要深入分析适用于测量实施的规范性文件和工程解决方案。有时,对"简单、明确、有效"的工程解决方案的期望,事实上会导致模棱两可的后果,难以满足规范和标准要求。不管怎样,所有类似的问题都是可以克服的,这已由原始测量技术发展的经验,特别是全景数字接收机 AR-GAMAK – IS 和 ARGAMAK – M 所清楚证实。

本章考虑的基于相对和绝对估计误差的"组合式"频谱占用度测量要求已被 ITU 采纳,对于给定的占用度测量误差,可获得所需样本数量的可接受的实用建议。

📚参考文献 --

1. Gnezdilov DS, Kozmin VA, Kryzhk o IB, Radchenko DS, Tokarev AB (2016) Estimation of frequency parameters of the modulated signals (in Russian). Spetstehnika i Svyaz (4):37 – 43.

2. Rembosky AM, Ashikhmin AV, Kozmin BA (2015) Radiomonitoring: problems, methods, means (in Russian). In: Rembosky AM (ed), 4th edn. Hot Line – Telecom Publ. , Moscow, 640 p.

3. GOST (Russian State Standard) P 53373 – 2009. Technical requirements and test methods.

4. Recommendation ITU – R SM. 443 (2010) Bandwidth measurement at monitoring stations. ITU – R, Geneva, 9 p.

5. Recommendation SM. 377 – 4 (2007) Accuracy of frequency measurements at stations for international monitoring. ITU – R, Geneva, 2 p.

6. Kayukov IV, Manelis VB (2006) Comparative analysis of different methods of signal frequency estimation (in Russian). Radioelectron Commun Syst 49(7):42 – 56.

7. Gasior M (2006) Improving frequency resolution of discrete spectra. Krakow, pp 40 – 43.

8. Reisenfeld S, Aboutanios E (2003) A new algorithm for the estimation of the frequency of a complex exponential in additive Gaussian noise. IEEE Commun Lett 7(11).

9. Bischl B, Ligges U, Weihs C (2009) Frequency estimation by DFT interpolation: a comparison of method s.

Signal Process Mag.

10. Antipov SA, Gnezdilov DS, Kozmin VA, Stopkin VM (2013) Digital interpolation algorithms of estimation the frequency of the harmonic signal, comparative analysis(in Russian). Radiotekhnika (3):42 – 46.

11. SMO – PA/PAI/PPK panoramic analysis, measuring and direction fi nding software package. http://www. ircos. ru/en/swpa. html. Accessed 28 Nov 2017.

12. IEC 60050 – 161—International electrotechnical vocabulary—Part 161: Electromagnetic compatibility.

13. CISPR 16 – 1 – 1:2006 Specifi cation for radio disturbance and immunity measuring apparatus and methods—Part 1 – 1: Radio disturbance and immunity measuring apparatus—Measuring apparatus.

14. Kozmin VA, Radchenko DS, Tokarev AB (2016) Usage the modern radio monitoring systems for evaluation of intensity of interference and estimation of radio spectrum occupancy(in Russian). Spetstehnika i Svyaz (4):45 – 49.

15. Kozmin VA, Tokarev AB (2012) Recommendations on the verifi cation of the amplitude relationship for radio – disturbance measuring instruments. Meas Tech 55(1):79 – 82.

16. GOST (Russian State Standard) P 51318. 16. 1. 1 – 2007. Electromagnetic compatibility of technical equipment. Specifi cation for radio disturbance and immunity measuring apparatus and methods. Part 1 – 1.

17. Intel signal processing library. Reference manual. 630508 – 012.

18. GOST (Russian State Standard) P 52536 – 2006. Automatic equipment for spectrum monitoring stations. Technical requirements and test methods).

19. Handbook on spectrum monitoring (2011) ITU – R, Geneva, 659 p.

20. Report ITU – R SM. 2256 – 1 (2016) Spectrum occupancy measurements and evaluation. ITU – R, Geneva, 52 p.

21. Spectrum occupancy measurements in radio monitoring systems (2016) In: Tokarev AB(ed) Voronezh State Technical University, 237 pp.

22. Kozmin VA, Pavlyuk AP, Tokarev AB (2014) Requirements to a radio – frequency spectrum occupancy evaluation. Electrosvyaz (6):47 – 50.

23. Recommendation ITU – R SM. 1880 – 1 (08/2015) (2015) Spectrum occupancy measurement and evaluation. ITU – R, Geneva,10 p.

第7章

无线电辐射源定位

▲7.1 引言

如何定位无线电辐射源是一个复杂的问题,这牵涉许多因素,包括多径电波传播、无线电辐射源多数情况下不直接可见、辐射持续时间短等。根据技术基础设施的不同,协同使用固定和机动设备,基于固定式无线电监测网络系统和一个或多个机动式无线电监测点实施测量。一般说来,解决定位问题所用到的无线电工程测量的主要类型包括幅度、测角、到达时间差(TDOA)、频率和时间。

影响方法选择的因素很多,如有源接收位置的数量、使用的天线系统类型、处理信号的持续时间和频谱宽度、信噪比范围、无线电监测设备条件等。

本章将考虑和分析一般情况下的无线电辐射源坐标估计的主要方法,可用于无线电辐射源定位系统的开发。为了利用 TDOA 和幅度方法提高无线电辐射源定位精度,将特别关注 TDOA 方法和数字无线电接收机接收通道校正规程[1-4]。

▲7.2 问题的一般模型和求解

定位问题的一般解决方案如下,首先选择以下形式的测量模型

$$z_i = F_i(P,l) + \xi_i \tag{7.1}$$

式中:F 为描述被测量对某些参数集合的依赖性的函数;P 为无线电辐射源定位系统的坐标;l 为计算 F 所必需的附加未知参数的集合(一般情况下非空的);i 为样本中的测量次数;ξ 为测量误差。

将未知参数 P 和 l 组合成列向量 $x = (P,l)^{\mathrm{T}}$,对于参数集合 x 的估计$\hat{x}$,以如下形式确定每次测量时的残余误差

$$\Delta_i = z_i - F(\hat{x}) \tag{7.2}$$

对于式(7.2),可以根据具体的解法构造泛函,并在精确解处达到最小值或最大值。对于标准的最小二乘法(LSM)应用,该泛函具有以下形式:

$$J(P,l) = \Delta^{\mathrm{T}} \boldsymbol{R}^{-1} \Delta \tag{7.3}$$

式中:$\boldsymbol{R}$ 为测量误差的协方差矩阵,其元素 $\boldsymbol{R}_{ij} = M[\xi_i,\xi_j]$。最小化泛函(7.3)的参数集合就是它的解。假设测量误差 ξ 独立且具有相同的精度,泛函形式实质上简化为

$$J(x) = \sigma_\xi^{-2} \Delta^{\mathrm{T}} \Delta = \sigma_\xi^{-2} \sum_{i=1}^{n} (z_i - F(x))^2 \tag{7.4}$$

考虑到式(7.4)的最小值点不依赖于 σ_ξ,可适当省略乘数,并最小化泛函

$$J(x) = \Delta^{\mathrm{T}} \Delta = \sum_{i=1}^{n} (z_i - F(x))^2 \tag{7.5}$$

由于在一般情况下,泛函(7.5)是具有若干局部极小值的非线性函数,其最小化通常分两个阶段进行:第一阶段,计算有关参数的初始近似值;第二阶段,如有必要,细化这些参数。

由于上述泛函(7.5)的非线性,通常建立允许值的网格,对初始近似值进行盲搜索。所选网格的参数应能提供对所有局部极小值的检测和估计,因此需要确定参数 l。在某些情况下,当未知参数 l 线性地包含在(7.5)中时,可省略盲搜索,代之以在固定坐标 P 下根据显式公式计算这些参数。

求解的细化通过某种非线性问题求解方法实施,如牛顿法。

没有附加参数 l 的情况下,OXY 平面上的每个测量对应于某个可能的位置曲线,其形状由测量类型决定,例如,方位角对应于波束。否则,情况就会变得复杂。在某些情况下,可利用多个测量转换为差分测量,或者画出可能的位置曲线。各种基于栅格法[5]的源于经验或半经验的方法就是基于位置曲线的。这些方法假设在地图上形成覆盖操作区域的网格,根据操作区域大小和所需的精度选择网格步长。网格被认为是一个栅格。然后,对于每个单元,计算通过它的位置曲线的数量,或者计算其他类似的量,从而得到三维曲面。无线电辐射源很可能位于最大值对应的单元的边界内。使用与预设阈值相比较的算法自动确定最大值,结果会找到若干幅度超过阈值的孤立区域,然后可在每个孤立区域的边界内计算最大值对应的坐标,可以揭示两个或多个以相同频率工作的无线电辐射源。这些方法的实现相当简单,但通常它们的性能比根据测量误差分布规律开发的方法差,特别是比最小二乘法的性能差。但是,在某些缺少关于测量误差类型信息的情况下,基于这些方法可确定几个同时工作的无线电辐射源的位置,展示出良好的结果。

在多个测量类型同时可用的情况下,例如,对于移动站而言典型的有方位和

幅度,可实现它们的综合处理。在最小二乘法应用中,可按照式(7.3)的形式描述泛函,也可假设不同类型的测量误差独立、同一类型测量之间独立且精度相同,仿照式(7.4)的形式描述泛函:

$$J(p,l) = \sum_{k=1}^{K} (\sigma_{\xi K}^{-2} \sum_{i=1}^{n} (F(x) - z_i)^2) \tag{7.6}$$

式中:K 为测量类型个数;$\sigma_{\xi K}^2$ 为同一测量类型的离散度。

$\sigma_{\xi K}^2$ 值先验未知,甚至其近似值也未知的情况是相当典型的。这种情况下,在构造初始近似时,可同时执行 $\sigma_{\xi K}^2$ 离散度值的估计。为此,在初始近似阶段,可使用如下的乘积泛函替代公式(7.6)的泛函

$$J(x) = \prod_{k=1}^{K} J_k(x) \tag{7.7}$$

式中:$J_k(P,l)$ 为根据式(7.5)针对每种类型的测量独立计算的泛函值。此时,测量的离散度估计可通过以下公式得到

$$\hat{\sigma}_{\xi K}^2 = \frac{1}{n_K} \sum_{i=1}^{n_K} (F(\hat{x}) - z_i)^2 \tag{7.8}$$

式中:n_K 为第 k 类的测量次数;$\hat{x}$ 为使得式(7.7)达到最小值的参数值。由式(7.8)得到的估计值用于在下一个阶段细化求解。

在应用最小二乘法的情况下,可假设所获得的误差较小,构造对精度的估计。这种情况下,参数 x 的误差协方差矩阵可采取如下形式的初始近似

$$R_x = \left(\left(\frac{\partial F}{\partial x} \right)^T R^{-1} \frac{\partial F}{\partial x} \right)^{-1} \tag{7.9}$$

对于 $R = \sigma_\xi^2 I$ 的情况,该公式表现为如下形式

$$R_x = \sigma_\xi^2 \left(\left(\frac{\partial F}{\partial x} \right)^T \frac{\partial F}{\partial x} \right)^{-1} \tag{7.10}$$

▲7.3 测角测量的应用

辐射源方位测量的应用基于其对无线电监测点和无线电辐射源相对位置的依赖性。原始数据为接收时刻的方位测量值以及测向设备的坐标和方向。平面上的单个测量可用波束或扇形表示。

为了便于说明,图7.1展示了3个测向无线电监测点 R_1、R_2、R_3 和两个无线电辐射源 I_1、I_2 的配置。该图中横轴和纵轴的尺寸单位为米。如图7.1所示,很明显,两个无线电监测点与无线电辐射源共线的情况下,无法根据这些无线电监测点给出的方位确定无线电辐射源的坐标。为了覆盖整个平面,必须有3个测向设备。

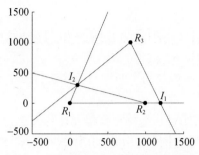

图 7.1　测角测量位置曲线集合举例

令无线电监测点位于坐标 Q，则无线电辐射源坐标为 P，$r = P - Q = (\Delta x, \Delta y)^{\mathrm{T}}$。于是，方位测量可表示为

$$z_B = \arctan \frac{\Delta x}{\Delta y} + \xi \tag{7.11}$$

式中：ξ 为方位测量误差。

假设有 n 个测量值，测量的残余误差具有以下形式：

$$\Delta_i = z_i - \arctan \frac{\Delta x_i}{\Delta y_i}, \boldsymbol{\Delta} = (\Delta_1, \Delta_2, \cdots, \Delta_n)^{\mathrm{T}} \tag{7.12}$$

选择最小二乘法作为求解方法。假设测量误差 ξ 独立且精度相同，具体到本问题，泛函(7.5)可写成

$$J_B(P) = \sum_{i=1}^{n} \left(z_i - \arctan \frac{\Delta x_i}{\Delta y_i} \right)^2 \tag{7.13}$$

泛函值(7.13)随测量次数的增加而线性增加，而平均残余误差(不是总误差)可最小化。残差公式可表示如下：

$$J_B(P) = \sqrt{\frac{1}{n} \sum_{i=1}^{n} \left(z_i - \arctan \frac{\Delta x_i}{\Delta y_i} \right)^2} \tag{7.14}$$

为了说明利用方位确定无线电辐射源坐标的潜在精度特性，在测量均方根误差为 1°的条件下，根据公式(7.14)计算确定了期望误差场，如图 7.2 所示。

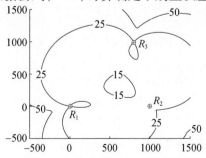

图 7.2　测角测量的期望误差场

▲7.4　测角测量处理的经验方法

ARTIKUL 系列测向设备使用了两种经验算法,传统上称为矩阵算法和聚类算法[6]。

在矩阵算法中,利用栅格法根据矩阵单元计算方位,并对网格单元中的幅度求和。相同频率的多个电台同时工作时,在该测向频率对应的网格单元平面上,可能观察到两个或多个最大值。矩阵方法具有计算简单的优点,因此也可以使用性能较低的计算机。该方法的主要缺点是,与任何仅使用方位测量的其他方法一样,当移动站按行进方案向无线电辐射源移动时,无法计算无线电辐射源坐标。

聚类算法是对矩阵算法的进一步改进。该算法还使用了覆盖地图中操作区域的矩阵网格,但是在网格单元中,采用的是对方位线的交点(这是三角问题的解)进行累加,而不是对方位线本身所在的网格单元进行累加。由此,获得了由方位线的交点构成的三维曲面。该曲面中,网格单元内方位线彼此间交点越多,对应的幅度越大。相比矩阵算法,聚类方法的优点是,能够根据较少的方位线确定无线电辐射源的位置。该方法的主要缺点是计算量大。与矩阵方法一样,在移动站向辐射源移动的情况下,聚类方法也无法计算无线电辐射源的坐标。

▲7.5　幅度测量的应用

辐射源场幅度测量的应用,是基于其对辐射源距离的依赖关系。计算的初始数据为接收时刻的幅度和无线电监测点坐标的瞬时测量值。

令无线电监测点位于坐标 Q,则无线电辐射源坐标为 P。根据误差类型的不同(加性或乘性),信号功率测量模型可相应地表示为以下形式

$$z_P = \frac{D(\varphi)A}{r^p} + \xi \tag{7.15}$$

或

$$z_P = m\log\frac{D(\varphi)A}{r^p} + \xi \tag{7.16}$$

式中:A 为发射点处的信号幅度;$D(\varphi)$ 为接收天线方向图在无线电辐射源方向 φ 上的值;$r = \|Q - P\|$ 为从无线电辐射源到无线电监测点的距离;p 为距离引入的幅度衰减因子;ξ 为测量误差;m 为对数测量转换常数(通常 $m = 10$)。

通过分析模型(7.15)和(7.16),不难发现,除了坐标未知,常数 A 也未知,这也是要确定的对象。

测量模型(7.15)和(7.16)在形式上区别不大,因此,下面考虑加性测量模型(7.15)。

单点测量无法在平面上呈现,而多点信号强度测量时,每对测量给出的无线电辐射源可能位置曲线为圆。下面进行证明。令 $z_1 = \dfrac{D(\varphi_1)A}{r_1} = a\,\dfrac{D(\varphi_2)A}{r_2} = a\,z_2$,假设 $a \geqslant 1$。将坐标系原点置于点 $P_1 = (x_1, y_1)^T$,X 轴指向 P_2。在新坐标系中,$\tilde{P}_1 = (0,0)^T$,$\tilde{P}_2 = (r,0)^T$。其中,$r = \|P_1 - P_2\|$。那么,测量方程可写为 $\left(\dfrac{D(\varphi_1)}{D(\varphi_2)}a\right)^2 (x^2 + y^2) = (r-x)^2 + y^2$。最后一个公式可变换为 $\left(x + \dfrac{D^2(\varphi_2)r}{D^2(\varphi_1)a^2 - D^2(\varphi_2)}\right)^2 + y^2 = \dfrac{D^2(\varphi_1)D^2(\varphi_2)a^2 r^2}{(a^2 D^2(\varphi_1) - D^2(\varphi_2))^2}$。这是以 $\left(\dfrac{-D_2^2 r}{D_1^2 a^2 - D_2^2}, 0\right)^T$ 为圆心,以 $\dfrac{D(\varphi_1)D(\varphi_2)ar}{a^2 D^2(\varphi_1) - D^2(\varphi_2)}$ 为半径的圆周公式。$a = \dfrac{D(\varphi_2)}{D(\varphi_1)}$ 的情况为奇异点,在这种情况下,圆周退化为直线。

幅度测量时,无线电监测点(或移动无线电监测点的测量点)的最小必要数量是 3 个。然而,排除无线电辐射源与 3 个无线电监测点均等距离的退化情况,3 个无线电监测点对应于位置曲线的两个交点。因此,为了能够在整个操作区域中得到无模糊解,4 个无线电监测点是必要的,图 7.3 说明了这一点。

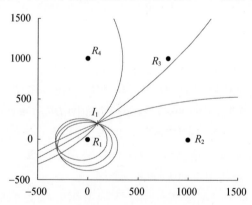

图 7.3 幅度测量的位置曲线集合举例

测量残余误差具有以下形式:

$$\Delta_i = z_i - \frac{D(\varphi_i)A}{r^p}, \quad \boldsymbol{\Delta} = (\Delta_1, \Delta_2, \cdots, \Delta_n)^T \qquad (7.17)$$

选择最小二乘法作为求解方法。假设测量误差 ξ 独立且精度相等,针对任务将泛函(7.5)写成以下形式

$$J_{1P}(A,P) = \boldsymbol{\Delta}^{\mathrm{T}}\boldsymbol{\Delta} = \sum_{i=1}^{n}\left(z_i - \frac{D(\varphi_i)A}{r_i^p}\right)^2 = A^2\sum_{i=1}^{n}\frac{D^2(\varphi_i)}{r_i^{2p}} - 2A\sum_{i=1}^{n}\frac{D(\varphi_i)z_i}{r_i^p} + \sum_{i=1}^{n}z_i^2$$

$$(7.18)$$

由于泛函(7.18)还依赖于参数 A,为了实现矩阵算法,算法构造时假设 P 已知。对于固定的 P,式(7.18)变换为 A 的二次方程,其最小值位于

$$\hat{A} = \left(\sum_{i=1}^{n}\frac{D(\varphi_i)z_i}{r_i^p}\right)\left(\sum_{i=1}^{n}\frac{D^2(\varphi_i)}{r_i^{2p}}\right)^{-1} \qquad (7.19)$$

将该估计代入式(7.18)后,有

$$J_{1P}(A,P) = \left(\sum_{i=1}^{n}\frac{D(\varphi_i)z_i}{r_i^p}\right)^2\left(\sum_{i=1}^{n}\frac{D^2(\varphi_i)}{r_i^{2p}}\right)^{-2}\sum_{i=1}^{n}\frac{D^2(\varphi_i)}{r_i^{2p}}$$

$$- 2\left(\sum_{i=1}^{n}\frac{D(\varphi_i)z_i}{r_i^p}\right)\left(\sum_{i=1}^{n}\frac{D^2(\varphi_i)}{r_i^{2p}}\right)^{-1}\sum_{i=1}^{n}\frac{D(\varphi_i)z_i}{r_i^p} + \sum_{i=1}^{n}z_i^2 \qquad (7.20)$$

化简变换后,得

$$J_{1P}(A,P) = \sum_{i=1}^{n}z_i^2 - \left(\sum_{i=1}^{n}\frac{D(\varphi_i)z_i}{r_i^p}\right)^2\left(\sum_{i=1}^{n}\frac{D^2(\varphi_i)}{r_i^{2p}}\right)^{-1} \qquad (7.21)$$

式(7.21)的函数值随被测量的增加而线性增加。因此,最小化平均残差比最小化总残差更为方便。在这种情况下,泛函的公式采用以下形式:

$$J_P(A,P) = \sqrt{\frac{J_{1P}(A,P)}{n}} = \sqrt{\frac{1}{n}\left(\sum_{i=1}^{n}z_i^2 - \left(\sum_{i=1}^{n}\frac{D(\varphi_i)z_i}{r_i^p}\right)^2\left(\sum_{i=1}^{n}\frac{D^2(\varphi_i)}{r_i^{2p}}\right)^{-1}\right)}$$

$$(7.22)$$

因此,在幅度测量方面,用于确定无线电辐射源坐标的算法,就是对位于操作区域网格节点中的无线电辐射源坐标 P 寻优,使得泛函(7.22)最小化。

应用定向天线或非定向天线(具有单位方向图 $D(\varphi)\equiv1$),是根据所用设备类型、任务类别和其他参数来明确的。一般来说,幅度测量作为主要测量手段的附加实现。例如,在实现测角测量(测向)时,使用全向天线。幅度测量在手动测向仪中的应用,则是使用定向天线的一个例子。

为了说明非定向天线幅度测量用于无线电辐射源坐标确定的潜在精度特性,对于式(7.15)中单位衰减指数的情况,利用式(7.10)计算了期望误差场,如图7.4所示。假设噪声水平对所有坐标为常数。选取发射信号幅度,使得当无线电辐射源位于系统中心(该点坐标为(500,500))时,接收点位置的信噪比约为20dB。

应该指出,那些难以考虑的因素,如地表类型、电波传播路径遮挡、房屋密度等,可能影响幅度测量定位系统工作的有效性。

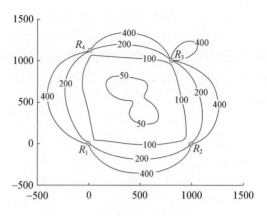

图 7.4 幅度测量时的期望误差场

7.6 到达时差测量的应用

无线电辐射源到系统中不同地理分布的接收点的距离差,导致了从无线电辐射源到不同无线电监测点的信号延迟差。无线电监测点高精度时间同步后,这些无线电监测点记录的信号到达相对延迟可重新计算为距离差。无线电辐射源到各无线电监测点的距离差的类似瞬时值,以及无线电监测点自身的坐标,可用作 TDOA 测量估计无线电辐射源坐标的初始数据。

平面上的单点测量可用双曲线或相邻双曲线(两个双曲线)表示。

无线电监测点最少为 3 个,如图 7.5 所示,但此时位置曲线可能出现两个交点。为了提供在所有操作区域给出最终明确解的可能性,需要 4 个无线电监测点[7]。

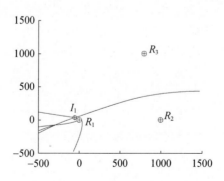

图 7.5 TDOA 测量位置曲线集合举例

设第 m 对无线电监测点的编号为 i 和 j,所在点的坐标分别为 Q_i 和 Q_j,无线

电辐射源位于 P 点。那么,这些坐标与相对延迟测量值之间的关联可表示为

$$z_m = t_{ij} \cdot c = \|Q_i - P\| - \|Q_j - P\| + \xi_m \tag{7.23}$$

式中:c 为电磁波速度;ξ_m 为第 m 对无线电监测点的测量误差。

假设误差 ξ_m 服从正态分布,对测量方程(7.23)运用最小二乘法,无线电辐射源定位问题可归结为函数最小化问题。

$$J(P) = \boldsymbol{w}^{\mathrm{T}} \boldsymbol{R}^{-1} \boldsymbol{w} \tag{7.24}$$

式中:$\boldsymbol{w}$ 为列向量,由元素 $w_m = z_m - \|Q_i - P\| - \|Q_j - P\|$ 构成;$\boldsymbol{R}$ 为测量误差协方差矩阵,其元素 $R_{ij} = \boldsymbol{M}[\xi_i \xi_j]$。

如果测量(7.23)可视为独立且精度相同,那么矩阵 $\boldsymbol{R}$ 具有简化形式 $\boldsymbol{R} = \sigma_\xi^2 \boldsymbol{I}$,其中 $\boldsymbol{I}$ 是单位矩阵(对角线元素等于 1 的对角矩阵),且泛函(7.24)实质上可简化为

$$J(P) = \sigma_\xi^{-2} \boldsymbol{w}^{\mathrm{T}} \boldsymbol{w} = \sigma_\xi^{-2} \sum_k w_k^2 \tag{7.25}$$

一般情况下,泛函(7.25)是非线性的,因此在 P 允许变化的区域内,可能出现多个局部极值,由此分两个阶段解决最小化问题。第一阶段搜索局部极小值的近似值,然后第二阶段利用牛顿迭代法对其进行细化。

假设 TDOA 系统包括 3 个无线电监测点,其中相对延迟的测量误差独立,且服从均值为 0、均方根差为 100ns 的正态分布。无线电辐射源定位的均方根误差场如图 7.6 所示。无线电监测点的位置用圆圈标记。从图 7.6 可以看出,在无线电监测点构成的三角形内部,期望定位误差最小;该三角形各边延长线上的误差显著,且无线电辐射源远离无线电监测点位置时,误差急剧增大。

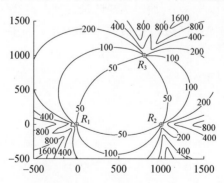

图 7.6　TDOA 测量的期望误差场

影响 TDOA 系统运行质量和有效性的因素很多,可归结如下:

(1) 无线电辐射源与无线电监测点系统天线的相对位置。

(2) 所用无线电接收机的接收通道一致性。

(3) 空间分布的无线电监测点的同步精度。

（4）无线电监测点之间指令和数据交换的性能等。

接收通道不一致的表现形式为，记录的相对延迟依赖于处理信号占用的频带。即便使用单一型号的无线电监测点，具体的接收机在通道校准方面也存在差异，并且其结构中的高选择性滤波器的性能也不同。结果，同一无线电辐射源发射信号频率的简单变化，可能导致无线电监测点记录的相对延迟变化高达几十纳秒。

图 7.7 给出了相对延迟偏离其真实值的一个例子。该图是从带宽为 22MHz 的 ARGAMAK – IC 接收机得到的，它恰好是频率相关的，且对应于被处理信号在接收机带宽中的位置。从给出的数据可以看出，在不进行额外处理的情况下，对于带宽$B_f \ll 1MHz$ 的信号，相对延迟的测量误差可达到 ±50ns。

TDOA 系统中的无线电监测点的本地时间同步，举例来说，可参照授时导航接收机生成的 PPS 信号执行。文献［2］的研究结果表明，利用卡尔曼滤波处理 PPS 信号进行校时，可使无线电监测点的时间同步误差不超过 ±30ns。在没有其他误差源的情况下，在无线电监测点构成的多边形内，类似的同步特性可获得 10m 级的测量误差。这与无线电监测服务（在安全方面）以及其他用户对无线电辐射源定位结果的需求相对应。

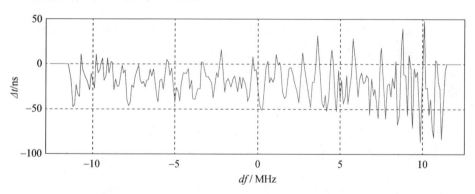

图 7.7　相对接收机带宽中心频率，接收信号频率不同导致信号相对延迟偏差的示例

最后，尽快交换指令和数据的重要性涉及这样一个事实，即在无线电监测点和无线电辐射源的地理多样性条件下，在任何具有高信噪比的无线电监测点，可观测到特定无线电辐射源的信号，但是在其他无线电监测点，几乎不会注意到噪声背景上的信号。在这种情况下，只能由外部指令激活低信噪比无线电监测点的定位数据采集进程。然而，无线电监测点之间的指令交换无法瞬间完成。因此，有必要在每个无线电监测点安排缓冲区，在外部请求到达时，允许从缓冲区中恢复最近观测到的数据样本片段。指令和数据交换速率较低时，数据获取请求到达远程的无线电监测点将明显延迟。为了提高系统效率，需要非常大容量

的缓冲区。因此,为了有效地运行分布式 TDOA 系统,必须使用高速链路进行指令和数据交换。这使移动无线电监测点实际应用 TDOA 测量变得复杂化[8]。

▲7.7 频率测量的应用

接收信号频率的高精度测量对于移动无线电监测点很有帮助。发射机和接收机相对运动时,发射信号和接收信号的频率不一致。设固定无线电监测点所在坐标为 Q,移动无线电辐射源所在坐标为 P,$\boldsymbol{r} = P - Q = (\Delta x, \Delta y)^{\mathrm{T}}$,$\boldsymbol{v} = \dfrac{\mathrm{d}P}{\mathrm{d}t} = (v_x, v_y)^{\mathrm{T}}$ 是无线电监测点的速度。根据下式,可足够精确地计算信号频率。

$$z_f = f_0\left(1 + \frac{\Delta v}{c}\right) + \xi \tag{7.26}$$

式中:f_0 为发射信号的频率;c 为无线电波的传播速度(光速);Δv 为发射机和接收机的相对运动速度;ξ 为误差。

假设无线电辐射源位置固定,那么接收信号频率的测量结果可写成

$$z_f(t) = f_0\left(1 + \frac{\boldsymbol{v}^{\mathrm{T}}\boldsymbol{r}}{c\|\boldsymbol{r}\|}\right) + \xi(t) \tag{7.27}$$

式中:T 为转置符号。

为了便于说明,考虑无线电监测点圆周运动的情况。假设无线电辐射源明显超出圆周运动的直径,频率测量模型可表示为以下形式:

$$z_f(\varphi_i) = f_0\left(1 + \frac{v}{c}\sin(\varphi_i - \psi)\right) + \xi \tag{7.28}$$

式中:ψ 为无线电辐射源的方位角;φ_i 为无线电监测点的运动轨迹点的方位角。假设误差 ξ 独立,可获得使用最小二乘法对 ψ 的估计精度。未知参数对 ψ 和 f_0 的误差协方差矩阵表示为

$$\boldsymbol{R} = \frac{v^2}{c^2}\begin{pmatrix} \sum\limits_{i=1}^{n}\sin^2(\varphi_i - \psi) & \sum\limits_{i=1}^{n}\sin(\varphi_i - \psi)\cos(\varphi_i - \psi) \\ \sum\limits_{i=1}^{n}\sin(\varphi_i - \psi)\cos(\varphi_i - \psi) & f_0^2\sum\limits_{i=1}^{n}\cos^2(\varphi_i - \psi) \end{pmatrix}$$

$$\approx \frac{v^2}{c^2}\begin{pmatrix} \dfrac{\pi}{\Delta\varphi} & 0 \\ 0 & f_0^2\dfrac{\pi}{\Delta\varphi} \end{pmatrix} = \frac{v^2}{c^2}\begin{pmatrix} \dfrac{\pi}{\Delta\varphi} & 0 \\ 0 & f_0^2\dfrac{n}{2} \end{pmatrix} \tag{7.29}$$

因此

$$\sigma_\psi \approx \sqrt{\frac{2}{n}}\frac{c}{v}\frac{\sigma_\xi}{f_0} \tag{7.30}$$

所得结果可解释如下:运动过程中经过了圆周上多个点后,得到了这些点的某种等效方位角,其估计精度可按式(7.30)计算。取值 $v = 20\mathrm{m/s}$,$\sigma_\xi = 2\mathrm{Hz}$,$f_0 = 300\mathrm{MHz}$,$n = 32$,得到 $\sigma_\psi \approx \dfrac{1}{40}\mathrm{rad} \approx 1.5°$。

假设以 $20\mathrm{m/s}$ 速度沿圆周移动的无线电监测点,对标称频率为 $300\mathrm{MHz}$ 的信号执行 8 次频率测量,无线电辐射源定位的均方根误差场如图 7.8 所示。其中,误差是独立的,服从均值为 0、均方根差等于 $1\mathrm{Hz}$ 的正态分布。无线电监测点在测量时刻的位置用红点标记。

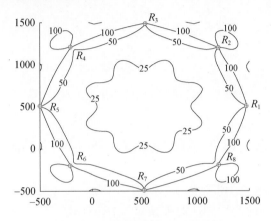

图 7.8　频率测量的定位误差分布

▨ 7.8　时标测量的应用

假设无线电辐射源产生一组发射时刻已知的(可精确预测到某个固定偏差)同步脉冲,且移动无线电监测点有可能确定该脉冲。那么,将同步脉冲接收时刻减去其发射时刻,得到测量

$$z_t(T,P) = T + \frac{\|Q - P\|}{c} + \xi \tag{7.31}$$

式中:T 为无线电辐射源和无线电监测点的时间偏移;c 为电波传播速度;ξ 为误差。

P 固定时,可通过下式得到 T 的估计值

$$\hat{T} = \frac{1}{n} \sum_{i=1}^{n} \left(z_t(T,P) - \frac{\|Q - P\|}{c} \right) \tag{7.32}$$

在误差 ξ 强相关的情况下,可进行以下的差分测量

$$\widetilde{z_t}(T,P) = \frac{\|Q_i - P\|}{c} - \frac{\|Q_{i-1} - P\|}{c} + (\xi_i - \xi_j) \tag{7.33}$$

为了说明使用时标测量确定无线电辐射源坐标的潜在精度特性,图7.9给出了测量误差100ns条件下计算得到的期望误差场。

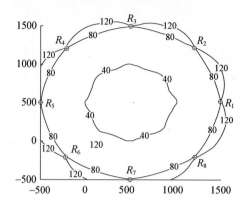

图 7.9 时标测量集合上的定位误差分布场

▧7.9 基于 AGAMAK – IS 的 TDOA 系统

在过去几年中,对于带宽大、持续时间短的无线电发射信号,无线电监测设备制造商越来越多地使用到达时差法定位,即 TDOA[9]。对于无线电接收设备中实现的 TDOA 系统,技术文献[7,10]给出了正向测试。

以基于固定无线电监测点网络完成 TDOA 测量为例,检查了定位系统的性能[4]。为了扩大覆盖区域,应将该系统的无线电监测点部署在地理位置较高的地点或高层建筑的屋顶;然而,由于物理或行政方面的原因,并不总能实现这些建议。因此,在进行 TDOA 定位方法的比较测试时,无线电监测点位置的选择取决于其实现简单性、传输单元受外部干扰最小化以及测试信号发生器产生信号的可用半径。

无线电监测点与空间分布的多个接收点之间的无线电信号到达时间差测量结果,是 TDOA 系统实现无线电监测点位置估计功能的基础[8]。如果被处理信号包含形式精确已知的长时间片段(如前导码),那么,通过将相关接收机调整至给定信号类型,可在每个无线电接收机上独立地完成其时间位置估计。为了估计两个接收机接收的任意形式信号的相对延迟,需要对两者采样数据进行交互处理。为了最小化无线电接收机之间传输的数据量,并且简便地滤除被处理信号中的接收机带内其他辐射信号,在数据处理算法的开发中使用了谱方法,并基于所有频谱采样计算信号相对延迟。在每个用到的无线电接收机处,先采集用于估计相对延迟的数据,然后计算频谱:

$$\dot{S}[n] = \mathrm{fft}\{s[k]\} = \sum_{k=0}^{N-1} s[k] \cdot w[k] \cdot \exp\left\{-j \cdot 2\pi \cdot \frac{n \cdot k}{N}\right\} \quad (7.34)$$

式中:$s[k]$ 为中频滤波输出数据采样序列;$w[k]$ 为加权函数。然后,从该频谱采样中提取被处理信号对应的子集 $n_b \leq n \leq n_e$,并在接收机之间传输。

还应考虑到,从工程角度来看,很难为不同接收机获得的采样数据提供严格同步。因此,除了频谱采样 $\dot{S}[n]$ 之外,还应记录接收机本地时间的高精度定时信息。对于系统各点处计算频谱的采样数据,可计算采样数据的附加时间标记之差 Δt_{sc},以确定相对延迟。

互相关函数的模极大值的坐标,可作为信号相对延迟的粗略估计:

$$k_m = \mathrm{argmax}\{|\dot{R}_{ij}[k]|\} \quad (7.35)$$

其通过对编号为 i 和 j 的接收机的复信号互频谱的逆变换来计算

$$\dot{R}_{ij}[k] = \mathrm{ifft}\{\dot{S}_j[n] \cdot \dot{S}_i^*[n]\} \quad (7.36)$$

式中:$\dot{S}_i[n]$、$\dot{S}_j[n]$ 为不同 TDOA 监测点观测的复信号频谱采样;$\{\cdot\}^*$ 为复共轭量的符号;$\mathrm{ifft}\{\cdot\}$ 为计算离散傅里叶逆变换的运算。

为了校正峰值位置,对互相关函数的顶部使用抛物线近似。适当的校正计算如下

$$dk = \frac{R\_pl - R\_mi}{2 \cdot (R\_pl + R\_mi - 2 \cdot R\_max)} \quad (7.37)$$

式中:$R\_max = |\dot{R}_{ij}[k_m]|$ 为互相关函数极大值的模;R_pl 和 R_mi 为其两个相邻样本的绝对值。当前接收机对的总相对延迟为

$$t_{ij} = \frac{k_m - dk}{F_\pi} + \Delta t_{sc} \quad (7.38)$$

式中:F_π 为中频滤波器输出数据的采样频率;Δt_{sc} 为考虑了利用不同接收机采样数据计算频谱的附加时间标记之差的校正。

假设 TDOA 系统包括 3 台接收机,其相对延迟的测量误差(两两)独立,且服从均值为 0、均方根差等于 100ns 的正态分布,无线电辐射源定位估计的均方根误差场如图 7.10 所示。图中的点表示接收机位置,位于边长为 4.9km、6.1km、7.8km 的三角形顶点,对应于城市位置条件下实现全尺寸实验的接收机位置。"x" 形式的标记表示无线电辐射源位置,并且等高线上的标注对应于位置确定的期望均方根误差(单位:m)。

从图 7.10 可以看出,在接收机所在点构成的三角形内部,期望误差最小;该三角形各边延长线上的误差显著,且无线电辐射源远离接收机所在点时,误差急剧增大。全尺寸实验的结果估计中应考虑这一事实,这将在后面讨论。

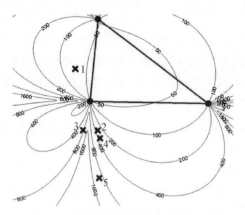

图 7.10　位置估计的均方根误差分布场

　　根据国际电联报告[7]的建议,相比测角测向设备的天线系统安装平台,TDOA 接收天线安装平台的选择要求宽松得多。然而,实践表明,对于带宽$B_f <$ 1MHz 的信号,干扰效应以非常负面的方式影响信号相对延迟的确定精度。若接收天线不能安装在天线杆上,并且距离可能的反射体很远,则由干扰效应引起的信号失真可能导致相对延迟估计偏差几十纳秒,有时数百纳秒,这远远大于接收机通道不一致带来的误差。因此,需要合理选择接收天线位置,远离干扰源。

　　使用 3 台 ARGAMAK – IS 全景数字测量接收机,在 SMO – ARMADA 软件控制下进行操作,完成了全尺寸实验[9]。图 7.11 给出了一个由微波遥感有源天线和 GLONASS/GPS 接收天线组成的天线系统的例子。ARGAMAK – IS 测量接收机的结构和技术特点已在第 2 章详细介绍。

图 7.11　ARGAMAK – IS 的天线系统

256

　　需要指出,由于城镇中可安装接收机的高层建筑数量总是有限的,上述关于天线系统位置的建议在实践中往往不能完全实施。因此,在准备全尺寸系统测试时,无法找到能够完全覆盖无线电辐射源的所有可能位置的接收机工作地点。接收机和无线电辐射源的相对定位方案如图 7.12 所示。

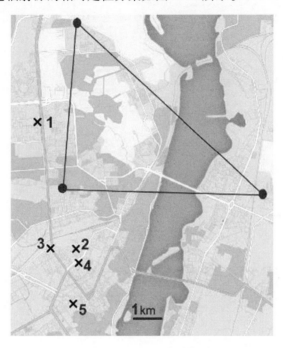

图 7.12　全尺寸实验中接收机与无线电辐射源相对定位方案

　　定位过程开始时,(由操作员)选择相关信号频率和接收带宽,结束时,无线电辐射源坐标估计结果存入 SMO – ARMADA 数据库中。软件中数字电视发射台定位任务窗口和获得的定位结果窗口分别如图 7.13 和图 7.14 所示。

　　图 7.14 所示的结果表明,系统结构中存在 3 台接收机时,在噪声作用条件下进行若干测量,信号接收延迟差对应的双曲线的交点集中在两个不同的区域,无线电辐射源定位可能发生模糊。为了消除该模糊,系统结构中应有不少于 4台接收机,不仅可消除定位模糊,而且可降低定位的均方根误差。测量完成后,最佳(真实)的无线电辐射源位置估计误差大约为100m。

　　窄带信号的互相关函数的顶部比数字电视信号的平坦得多,因此,UHF 无线电台信号相对延迟的测量伴随着较高的误差。在此情况下为提高精度,必须使用多次测量。UHF 无线电台的全尺寸实验中,顺序记录了 8 个数据样本,并计算了无线电辐射源坐标。然而,其定位的均方根误差大体上高于宽带电视信号。表 7.1 给出了已完成测试的结果。

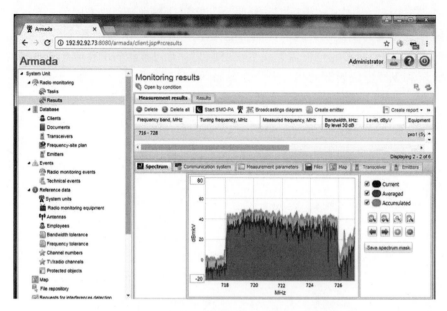

图 7.13　数字电视信号(2 号无线电辐射源)

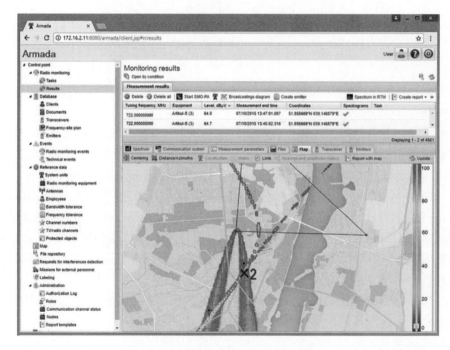

图 7.14　数字电视发射机位置的确定

全尺寸测试结果与图 7.10 中的均方根误差理论曲线吻合较好。特别地,表 7.1 的前两行反映出 1 号无线电辐射源位于比 2 号更容易相对接收机进行定位的区域的事实。因此,对相同的模拟电视采样信号进行处理,前者伴随着明显更小的无线电辐射源定位误差。表 7.1 的最后部分展示了不同 UHF 无线电台信号的无线电辐射源定位精度差异。尽管被处理信号相同,但是由于大量无线电辐射源位于距离接收机三角形较远、误差较大的区域中,不同无线电辐射源的定位精度相差数倍。为了提高类似无线电辐射源的定位精度,必须增加 TDOA 系统中的接收机数量或扩展现有接收机布局,以便无线电辐射源落在接收机构成的多边形内部。

表 7.1　TDOA 系统对连续波信号无线电辐射源的全尺寸实验结果

无线电辐射源位置地点 （图 7.12 中的数字）	信号中心频率/MHz	信号频谱宽度/MHz	均方根误差/m
1	521.3	<6	125.7
2	519.7	<6	167.0
2	722.0	7.8	132.1
2	650.0	7.8	109.9
2	100.3	0.3	411.5
3	103.4	0.3	669.2
4	106.1	0.3	593.3
5	107.2	0.3	1202.4

对于持续时间较短的分组无线电信号,只要存在可行的检测器,TDOA 系统就适合于确定这种信号源的位置。在实施的全尺寸实验中,空中交通的 ADS – B 信号扮演了短时信号的角色。对该类信号的研究价值在于,部分 ADS – B 信号包含的编码信息,涉及使用高精度无线电导航确定的“真实”的无线电辐射源坐标。空中交通控制信号的检测由与 ADS – B 信号前导码匹配的专用滤波器完成。已完成的测试表明,TDOA 系统能够根据目标发射的持续时间约为 $100\mu s$ 的基带或无线电脉冲确定目标坐标。

自然地,随着目标远离接收机多边形,定位精度将会降低。例如,在距离 TDOA 中心 10km 的区域内,飞机定位误差一般不超过 1km。对于距离 TDOA 中心为 30~50km 的目标,位置确定的均方根误差增加到 2~3km。在飞行距离 70~100km 条件下,试图确定飞机位置,观测误差增加到 5~10km。对于空中交通控制,类似的误差太高了。为了得到更好的定位结果,必须让接收机彼此离得更远。另外,"合并"的双曲线的方向实际上表示了飞机信号到达的方向,可当作方位(图 7.15)。

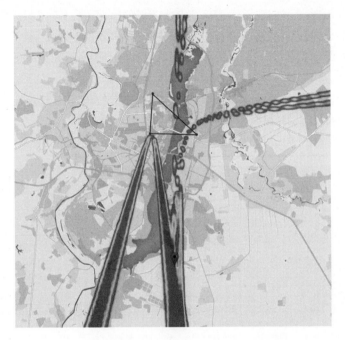

图 7.15　根据 ADS - B 信号定位飞机的示例

🔺7.10　基于 AGAMAK - RS 的定位系统

第二个例子考虑使用小型固定无线电数字接收机 ARGAMAK - RS 构成的网络,实现基于 TDOA 和幅度测量的定位系统[3]。

定位系统由 3 台 ARGAMAK - RS 接收机组成,在 SMO - PPK 软件[11-12] 的控制下工作。无线电数字接收机 ARGAMAK - RS 如图 7.16 所示,固定站位置如图 7.17 所示,用于定位的信号是频谱宽度约为 500kHz 的调频振荡。

后面的图 7.18 ~ 图 7.21 中,除了计算得到的无线电辐射源定位估计之外,还在该地区照片上绘制了栅格矩阵。这些矩阵表征了根据所完成的测量,无线电辐射源定位于空间给定点的可能性。无线电辐射源不太可能定位于点密度较小的区域,而点集中的区域对应的无线电辐射源定位概率最大。个别图中至少有两个栅格矩阵集中区域,这表明定位问题存在两个可能的解。系统结构中无线电监测点较少,导致了前文提到的模糊性。

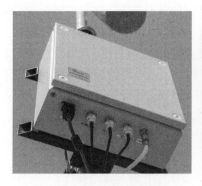

图 7.16　无线电数字接收机
ARGAMAK – RS

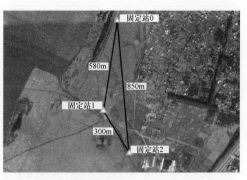

图 7.17　全尺寸测试中,无线电监测点和
无线电辐射源的相对定位方案

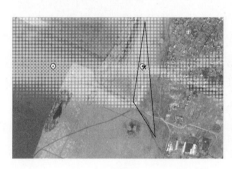

图 7.18　基于 TDOA 测量,在控制点 1 的
无线电辐射源定位结果,
最邻近解的误差为 22m

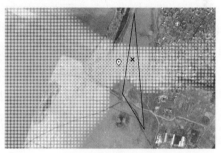

图 7.19　基于幅度测量,在控制点 1 的
无线电辐射源定位结果,
最邻近解的误差为 120m

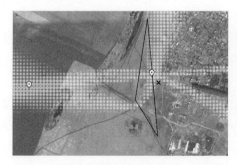

图 7.20　无基于 TDOA 测量,在控制点 2 的
无线电辐射源定位结果,
最邻近解的误差为 58m

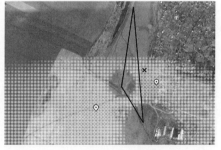

图 7.21　基于幅度测量,在控制点 2 的
无线电辐射源定位结果,
最邻近解的误差为 124m

图 7.18 和图 7.19 中展示的信息,对应于被定位的无线电辐射源位于无线

电监测点构成的三角形内部的情况。对于类似的无线电辐射源,平均定位误差可能最小,这与基于 TDOA 测量的结果吻合。这里的定位估计误差为 22m,而仅使用幅度测量时,相同情况下误差超过 100m。

图 7.20 和图 7.21 所示情况的定位误差要高一些,这是因为被定位的无线电辐射源此时位于无线电监测点构成的三角形之外。这导致使用 TDOA 方法确定无线电辐射源坐标的误差显著增加,但对幅度法的估计精度影响不大。TDOA 系统的定位误差为 58m,而幅度测量的定位误差为 124m。

◤7.11 监测接收机频率 – 时间基准的建立

对于通过接收机网络确定无线电辐射源位置,以及有精度要求的无线电信号参数测量,监测接收机有必要建立高精度的频率 – 时间基准。特别地,文献[13 – 14]指出,对于 DVB – T/H 标准,数字电视单频网(SFN)的载波频偏允许值不大于 1Hz;对于 DVB – T2 标准,频偏允许值不大于 0.5Hz。因此,测量单元的测量误差应不劣于 0.05Hz。对于数字通信网络,以 1GHz 频率为信号载波频率典型值,计算得出测量单元参考振荡器的相对稳定度应优于 5×10^{-11}。

因此,无线电辐射源高精度定位估计和信号参数测量问题,与监测接收机本地高精度频率—时间基准建立问题密不可分[1-2]。

7.11.1 使用全球导航卫星系统(GNSS)建立接收机本地时间基准

接收机参考振荡器(REF)与国际协调世界时(UTC)同步工作,有助于提高监测接收机进行振荡频率测量的精度。GNSS 导航接收机在 UTC 的每秒开始时刻形成"秒脉冲"(PPS),在 PPS 信号处理的基础上可实现与 UTC 的同步。然而,应该考虑到 PPS 信号只是同步单元,但其本身并不构成时间基准。首先,PPS 信号观测的稳定性无法保证,其产生的可能性基本上取决于导航卫星群相对于接收点的位置,而且可用卫星数量不足时,PPS 信号会丢失。其次,无线电波的传播特性和干扰的作用会导致导航信号接收误差,导航接收机输出采样脉冲可能偏离标准时间栅格数十纳秒。因此,接收机的高精度本地时频基准(LTFS)只能基于其内部高稳定的参考振荡器构建,并根据 PPS 信号整体情况进行调整。而且,参考振荡器本身通常不需要进行物理调整。基于 PPS 信号计算确定对采样序列的校正,由振荡器本身形成校正,可获得本地时频基准。

如果能够保证监测接收机参考振荡器理想的频率稳定性,以及导航信号的理想接收,那么导航接收机输出采样脉冲将总是在固定数量的参考振荡周期之后出现。实际中,参考振荡器频率不稳定导致本地时频基准偏离 UTC 基准,因此,按参考振荡周期测量的采样脉冲观测时间间隔 k_i 会随机平滑变化。如果额外考虑到采样脉冲抖动的事实,那么本地时频基准工作的数学模型可以写成

$$\begin{cases} z_i = p_i + \xi_i \\ p_i = p_{i-1} + k \end{cases} \tag{7.39}$$

式中:p_i 为在观测区间第 $i\,s$,真实的本地时频基准相对 UTC 基准的偏移;z_i 为观测到的本地时频基准偏移,其观测失真为抖动引起的随机校正 ξ_i;k 为基准的连续相对偏移系数,由参考振荡器当前频率相对标称值偏移引起。在实际应用中,由于参考振荡器频率的不稳定性,k 系数本身表现出一定的随机漂移。然而,使用高稳定振荡器时,这种漂移的速率足够低,可将 k 视为在数小时持续时间段内的未知常数,并且将漂移引起的误差看成 k 测量不准确和校正值 ξ_i 不确定而导致的结果。实践中,ξ_i 的一系列值可被认为是具有可接受精度的独立随机变量序列。缺少关于 ξ 分布律的可靠信息时,在可能的情况下,假设其服从双指数拉普拉斯分布,但是若该分布导致非常复杂的算法,则使用正态分布。

7.11.2　本地时频基准生成算法

在本地时频基准生成的开始阶段,本地时频基准相对 UTC 基准的偏移值 p,以及参考振荡器当前频率对应的基准偏移系数 k 是未知的。如果截至本地时频基准生成时刻,序列 z_i 值的可用数量足够,那么基于最小二乘法(LSM)就能够得到初始估计 $\tilde{p}$ 和 $\tilde{k}$。

假设观测序列 z_i 包括 n 个顺序测量,末次测量时刻作为计数原点,可得倒数第二次测量对应"-1"s,"最早"的测量对应坐标 $(1-n)$。然后,将测量结果 z_i 集成到向量 $z = (z_{1-n}, z_{2-n}, \cdots, z_{-1}, z_0)^{\mathrm{T}}$ 中,并将本地时频基准的未知参数集成到向量 $x = (p, k)^{\mathrm{T}}$ 中。于是,统一的线性方程组可写为

$$H_n \cdot x = z + \xi \tag{7.40}$$

式中:$\xi = (\xi_{1-n}, \xi_{2-n}, \cdots, \xi_{-1}, \xi_0)^{\mathrm{T}}$ 为相关矩阵为 $R = M\{\xi\xi^{\mathrm{T}}\}$ 的随机校正向量;H_n 矩阵具有形式

$$H_n = \begin{pmatrix} 1 & (1-n) \\ 1 & (2-n) \\ \vdots & \vdots \\ 1 & -1 \\ 2 & 0 \end{pmatrix} \tag{7.41}$$

参数向量 x 的最小二乘估计可根据下式计算

$$\tilde{x} = (H_n^{\mathrm{T}} R^{-1} H_n)^{-1} H_n^{\mathrm{T}} R^{-1} z \tag{7.42}$$

对于精度相同的独立测量,校正 $\boldsymbol{\xi}$ 的相关矩阵可写成形式 $\boldsymbol{R} = \sigma_{\xi}^2 \boldsymbol{I}$。$\boldsymbol{H}_n^{\mathrm{T}} \boldsymbol{R}^{-1} \boldsymbol{H}_n$ 的值不依赖于特定样本,其初步计算结果可表示为

$$\boldsymbol{H}_n^{\mathrm{T}} \boldsymbol{R}^{-1} \boldsymbol{H}_n = \frac{1}{\sigma_{\xi}^2} \begin{pmatrix} n & \sum_i (i-n) \\ \sum_i (i-n) & \sum_i (i-n)^2 \end{pmatrix}$$

$$= \frac{1}{\sigma_{\xi}^2} \begin{pmatrix} n & -n(n-1)/2 \\ -n(n-1)/2 & (2n^3 + 3n^2 + n)/6 \end{pmatrix} \tag{7.43}$$

由此

$$(\boldsymbol{H}_n^{\mathrm{T}} \boldsymbol{R}^{-1} \boldsymbol{H}_n)^{-1} = \sigma_{\xi}^2 \begin{pmatrix} n(2n^3 + 3n^2 + n)/6 & n(n-1)/2 \\ n(n-1)/2 & n \end{pmatrix} / ((n^4 + 12n^3 - n^2)/12) \tag{7.44}$$

对于 $n \gg 1$,式(7.44)的一级近似可写为

$$(\boldsymbol{H}_n^{\mathrm{T}} \boldsymbol{R}^{-1} \boldsymbol{H}_n)^{-1}|_{n \gg 1} \approx \sigma_{\xi}^2 \begin{pmatrix} 4/n & 6/n^2 \\ 6/n^2 & 12/n^3 \end{pmatrix} \tag{7.45}$$

回到本地时频基准的构建,为了在实际中获得测量序列 z_i,必须考虑安排获取适当的数据。该数据需要相当大的时间间隔,因为与前一个测量相比,每个新的测量只能在 1s 之后获得。因此,较为合理的做法是,将 $\tilde{k}_0 = 0$ 作为偏移系数的初始估计,将仅根据导航接收机第一个采样脉冲获得的 $\tilde{p}_0$ 值作为偏移的初始估计,之后在跟踪模式中校正这些值,不进行长时间的初始数据积累。

7.11.3 跟踪模式和本地时频基准调整

对于估计 $\tilde{p}$ 和 $\tilde{k}$ 的校正,使用卡尔曼滤波器来形成估计

$$\tilde{\boldsymbol{x}}_i^+ = \tilde{\boldsymbol{x}}_i^- + \boldsymbol{P}_i^- \boldsymbol{h}^{\mathrm{T}} (\boldsymbol{h} \boldsymbol{P}_i^- \boldsymbol{h}^{\mathrm{T}} + \boldsymbol{R}_i)^{-1} (z_i - \boldsymbol{F}(\tilde{\boldsymbol{x}}_i^-)) \tag{7.46}$$

式中:$\tilde{\boldsymbol{x}}_i = (\tilde{p}_i, \tilde{k}_i)^{\mathrm{T}}$ 为第 i 步估计对应的估计向量;z_i 为在该步观测到的本地时频基准相对 UTC 基准的偏移,其由导航接收机采样脉冲观测时刻确定;$\boldsymbol{F}(\tilde{\boldsymbol{x}}_i)$ 为偏移的预测值;$\boldsymbol{h} = (1 \quad 0)$ 为测量参数的偏导数矩阵(矩阵 $\boldsymbol{H}_n$ 退化为唯一的末次测量);$\boldsymbol{P}_i = (\boldsymbol{H}^{\mathrm{T}} \boldsymbol{R}^{-1} \boldsymbol{H})^{-1}$ 是求解误差的协方差矩阵,根据以下公式在每个第 i 步进行估计。

$$\boldsymbol{P}_i^+ = \boldsymbol{P}_i^- - \boldsymbol{P}_i^- \boldsymbol{h}^{\mathrm{T}} (\boldsymbol{h} \boldsymbol{P}_i^- \boldsymbol{h}^{\mathrm{T}} + \boldsymbol{R}_i)^{-1} \boldsymbol{h} \boldsymbol{P}_i^- \tag{7.47}$$

式中:$\boldsymbol{R}_i$ 为随机校正的相关矩阵,对于单次测量的情况,其可转化为常数 σ_{ξ}^2。假设前期完成的测量次数 $n \gg 1$,可考虑使用近似式(7.45)替代迭代式(7.47),估计矩阵 $\boldsymbol{P}_i$,于是有

$$\boldsymbol{P}_i^- \boldsymbol{h}^{\mathrm{T}} \approx \sigma_\xi^2 \begin{pmatrix} 4/n & 6/n^2 \\ 6/n^2 & 12/n^3 \end{pmatrix} \cdot \begin{pmatrix} 1 \\ 0 \end{pmatrix} = \sigma_\xi^2 \begin{pmatrix} 4/n \\ 6/n^2 \end{pmatrix} \text{和} \boldsymbol{h} \boldsymbol{P}_i^- \boldsymbol{h}^{\mathrm{T}} \approx \begin{pmatrix} 1 & 0 \end{pmatrix} \cdot \sigma_\xi^2 \begin{pmatrix} 4/n \\ 6/n^2 \end{pmatrix} = \frac{4\sigma_\xi^2}{n}$$

$$\tag{7.48}$$

当 $n \gg 1$ 时,式(7.46)中的 $\boldsymbol{h} \boldsymbol{P}_i^- \boldsymbol{h}^{\mathrm{T}}$ 分量将明显小于 $\boldsymbol{R}_i = \sigma_\xi^2$,这允许以更紧凑的形式重写式(7.46),即

$$\tilde{\boldsymbol{x}}_i^+ = \tilde{\boldsymbol{x}}_i^- + \begin{pmatrix} 4/n \\ 6/n^2 \end{pmatrix} (z_i - (\tilde{p}_i + \tilde{k}_i)) \tag{7.49}$$

如果考虑到本地时频基准偏移系数 k 不是常数,而是因参考振荡频率不稳定导致随机漂移,那么就无法基于无限长序列进行估计,并且必须使用现代化的本地时频基准参数估计方法。对此,使用组合滤波器就足够了。在处理完 n_F 次测量之前,其作为卡尔曼滤波器。之后,其作为常系数滤波器

$$\begin{pmatrix} \tilde{p} \\ \tilde{k} \end{pmatrix}^+ = \begin{pmatrix} \tilde{p} \\ \tilde{k} \end{pmatrix}^- + \begin{pmatrix} 4/n \\ 6/n^2 \end{pmatrix} (z_i - (\tilde{p}_i + \tilde{k}_i)) \tag{7.50}$$

其中,$n = \min(\max(10, i), n_F)$。

这里,n_F 是根据产品资料或通过实验确定的参考振荡器参数变化的特征时间(单位:s)。该参数定义了收敛速度(瞬态过程长度通常为 $2 \sim 4 n_F$),并且还影响滤波处理精度。实际系统与线性模型(无抛物线及其他高阶分量)吻合良好的条件下,n_F 越大,滤波精度越高;反之,过度增加 n_F 将导致精度损失。

7.11.4　改进的跟踪算法

在误差服从正态分布假设下开发的算法是,对于违反该假设及异常超调的情况是不稳定的。而基于误差服从拉普拉斯分布假设开发的算法更稳定,尽管这些算法通常实现起来更复杂、收敛更慢。然而,根据文献[15],对于误差服从拉普拉斯分布的情况,可构造足够简单的准最优滤波器。

让我们假设某常数 max_err,观测到的 z_i 的误差绝对值极少(统计上不太可能)超过该常数。该常数通常取为测量误差先验估计的 2 倍或 3 倍。

算法(7.49)的改进包括根据下式修正 z_i:

$$\tilde{z}_i = z_i \frac{\mathrm{max\_err}}{\max(|z_i|, \mathrm{max\_err})} \tag{7.51}$$

式(7.51)的物理意义在于,如果 $|z_i| > \mathrm{max\_err}$,则以保留残余误差符号的方式对测量值进行归一化,并将绝对值压缩到 max_err。

7.11.5　全尺寸测试结果

为了检验上述算法提供的同步精度,开展了全尺寸实验。实验中,安捷伦

E4438c 信号发生器输出的宽带信号,通过分路器同时送至 2 台 ARGAMAK – IS 无线电接收机的输入端。每台接收机根据自身的本地时频基准记录信号到达时间,然后比较两者记录的信号观测时刻。比较结果如图 7. 22 所示。其中,横轴表示从实验开始时刻经过的秒数,而纵轴展示了记录的信号到达时刻的差异,其表征了根据式(7. 49)~ 式(7. 51)生成的两个本地时频基准的不一致性。从图 7. 22 可以看出,在足够长的时间段内,两个基准的实际偏差不超过 10ns,即每个基准附加的均方根误差为纳秒级。

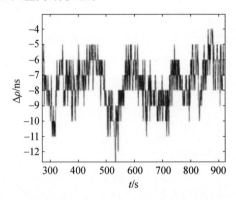

图 7. 22   两台监测接收机本地时频基准定时误差随时间变化规律

上述本地时频基准相对 UTC 基准的偏移是由实际参考振荡频率 f 相对标称频率 f_p 偏移而产生的,该偏移值根据相对频率失谐 k 确定

$$k = -\frac{\Delta f}{f_p} \tag{7.52}$$

其中,绝对频率失谐 $\Delta f = f - f_p$。

以应用调谐算法式(7. 50)和式(7. 51)为代价,可获得时间基准的相对偏移估计 $\tilde{k}$。这使得根据下式(在 f_p 基础上)计算实际参考振荡频率成为可能。

$$\tilde{f} = f_p + \Delta \tilde{f} = f_p(1 - \tilde{k}) \tag{7.53}$$

经过类似的校正,参考振荡器不稳定引起的外部信号频率估计误差值确定如下:

$$\frac{\Delta \tilde{f} - \Delta f}{f_p} = k - \tilde{k} \tag{7.54}$$

为实际验证信号频率估计精度,接收机使用了同步源 VCH – 311,(根据其产品资料)其稳定度为 1×10^{-13} 量级。以 VCH – 311 生成的参考信号为时钟,振荡器输出频率精确已知的正弦信号,作为 ARGAMAK – IS 接收机的输入。接收机进行周期性的频率测量。在测量的同时,其根据式(7. 50)和式(7. 51)生成本地时频基准,并利用获得的估计值$\hat{k}$,按式(7.53)给出具体的参考振荡频率。上述本地时频基准对 UTC 的影响如图 7.23 所示。曲线 1 显示了在不使用校正的情况下,监测接收机对外部信号频率的测量结果。曲线 2 表示校正后的频率估计相对误差。从图中可以看出,经过 5~10min 的调整,频率估计误差已减少为原来的 1/4~1/3。

▲7.12 TDOA 系统中无线接收通道不一致的校正

TDOA 系统用于无线电辐射源位置估计,其结构中有一组地理分布的接收机。从无线电辐射源发出的无线电信号,其到达系统结构中各个接收机的时刻之间存在相对时间延迟,TDOA 系统正常工作有赖于对这些延迟的测量。信号相对延迟的测量精度应高达几纳秒,这就使得对接收设备的要求相当严格。

本节的目标是介绍接收机校正方法,以便按精度要求测量相对延迟值[2]。

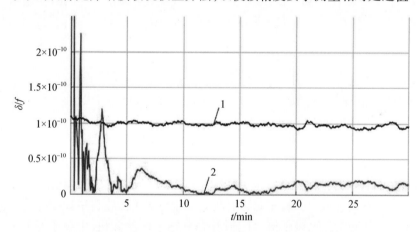

图 7.23　本地时频基准校正对监测接收机测量正弦振荡
频率相对误差的影响(1—无校正,2—有校正)

7.12.1　接收通道不一致分析

无线电接收机记录、TDOA 系统处理得到的信号延迟,不仅取决于无线电辐射源和接收机之间的距离,而且取决于经过不同接收通道变换后的信号延迟。提取和处理特定的窄带信号,尤其需要频域滤波。通常,窄带滤波带来显著的滤波器输入、输出信号响应时间延迟。无线电辐射源位置估计是基于不同接收机信号到达时间差的测量结果进行的,因此,若接收机类型相同且不同接收机的延迟一致,则信号处理伴随的绝对延迟值起不到根本作用。然而,对于无线电辐射源的高精度定位估计,即使使用相同型号的接收机,也不能保证固有延迟在所需精度等级上相等。因此,需要提供专门的设备校准。

例如,可通过以下实验确定接收通道校准的必要性。考虑采用图 7.24 所示结构框图的装置,在处理通道相同、连接电缆长度相同和接收机理想同步的情况下,分路器后接的两台接收机应该观测不到信号相对延迟。然而基于 GLONASS/GPS 接收机 PPS 信号进行接收机本地时间基准调谐存在误差[2],因此相对延迟可能非零。但是,在接收通道特性一致的情况下,对于被处理频段内的所有信号,相对延迟应为常数,且数值可忽略。不幸的是,这一假设没有得到证实。

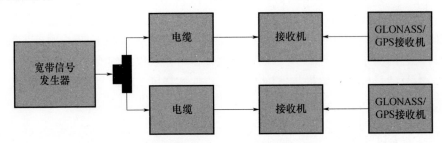

图 7.24　接收机模拟通道一致性测试装置的结构框图

为了研究不同接收通道延迟对测量精度的影响,进行了以下实验。数字电视宽带信号被送至 ARGAMAK - IS 接收机,并分成若干 100 ~ 500kHz 带宽的频段,分别估计信号相对延迟。观测到的相对延迟变化图是频率相关的,与被处理信号频段相对接收机调谐频率的偏差相关。接收机调谐频率变化时,相对延迟变化"包络"随着调谐频率而移动,相对被处理信号与接收机中频通道中心频率的偏移保持不变。这意味着相对延迟测量误差与所用接收机中频滤波器的不一致性相关。从图 7.7 可以看出,对于 ARGAMAK - IS 接收机,中频通道不一致引起的相对延迟测量误差可达到 ±50ns。

对于输入到分路器的不同无线电信号载波频率,在不同天内重复进行实验,观测到的相对延迟变化显示的"包络"保持不变。

7.12.2　接收机通道的校正方法

根据观测到的相对延迟的包络恒定性,可使用以下规程进行接收通道相对校正。

(1) 安装图 7.24 所示方案的装置,以检验待校正无线电接收机的相对延迟包络。而且,两台接收机的时钟发生器以主从方式"严格"同步。

(2) 当接收机时间基准的调谐过程完成后,按照包络采样步长 df_{clb} = 0.1 ~

0.2MHz,测量相对延迟包络 $\mathrm{dTau}[m]$（$0 \leq m < M$）。这里，$m = 0$ 的采样对应于最低频段,其中心频率（即频段的中间）位于

$$f_{0\mathrm{clb}} = -0.5 \cdot (F_s - df_{\mathrm{clb}}) \tag{7.55}$$

式中：F_s 为中频滤波器输出数据的采样频率。

（3）根据实测包络计算校准数据序列的样本,用于进一步计算 N 点 FFT

$$\mathrm{corr}[n] = \exp\left\{ -j \cdot 2\pi \cdot df \cdot \sum_{i=0}^{n} \Delta_\tau[i] \right\} \tag{7.56}$$

其中,$n = 0$ 的采样对应于中频滤波器带宽的左边界

$$f_0 = -0.5 \cdot (F_s - df) \tag{7.57}$$

FFT 采样之间的频率间隔等于

$$df = \frac{F_s}{N} \tag{7.58}$$

频率 $f_i = f_0 + i \cdot df$ 对应的校正 $\Delta_\tau[i]$ 由以下公式确定

$$\Delta_\tau[i] = \frac{df}{df_{\mathrm{clb}}} \cdot \left\{ \mathrm{dTau}\left[1 + \mathrm{floor}\left(\frac{f_i}{df_{\mathrm{clb}}} \right) \right] - \mathrm{dTau}\left[\mathrm{floor}\left(\frac{f_i}{df_{\mathrm{clb}}} \right) \right] \right\} \tag{7.59}$$

式中：$\mathrm{floor}(\cdot)$ 为向下取整运算。式（7.56）确定的全部样本 $\mathrm{corr}[n]$ 足以执行校正规程。

为了计算校正序列 $\mathrm{corr}[n]$,根据 7.9 节验证的互相关函数计算方法,在频域估计信号相对延迟。

校正规程的应用结果如图 7.25 所示。校正结果对应的曲线 2 表明,校正后延迟色散减小到 ±10ns。

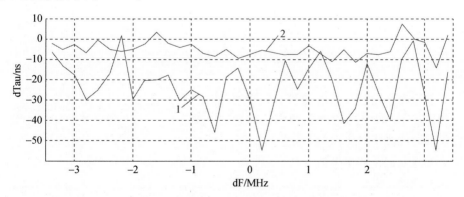

图 7.25　信号相对延迟估计校正的示例

考虑到本地时间基准不一致通常大于 ±10ns[2],而且接收天线位置无效引起的干扰失真可能量级更大,因此,在大多数情况下,上述规程提供的接收通道校正满足实际要求。

所述方法的缺点是其不能"远程"实现。为了测量相对延迟包络 dTau[m]，TDOA 系统中的所有接收机都需要聚集在一起，按照图 7.24 所示的安装结构成对连接并进行校准。

7.12.3　实测结果

应该考虑到，图 7.25 仅表明，延迟测量结果校正可减少接收机中频滤波器不一致引起的误差。在校准的实际应用中，由于进入中频通道前的接收通道不一致，以及接收机本地时间基准的相对漂移，观测到的测量误差将更大。例如，让我们检查图 7.26 所示的全尺寸测试结果。测试期间，利用校准过的接收机对，以 10~15min 的间隔，对不同接收机中心频率的数字电视信号的相对延迟进行测量。可以看出，实践中，观测到的校正后的相对延迟（曲线 2）色散增加到 ±20ns。然而，与先前一样，仍然是未校正（曲线 1）的 1/4~1/2。

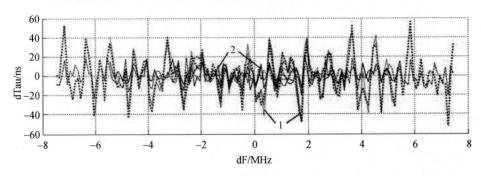

图 7.26　校正后的相对延迟色散

📐7.13　本章小结

基于幅度、测角（角度）、TDOA、频率和时间等主要的无线电工程测量类型，本章描述了解决无线电辐射源定位问题的一般方法。无论测量类型如何，解决定位问题的步骤顺序保持不变：

- 建立测量数学模型；
- 选择泛函；
- 最小化泛函；
- 建立初始近似；
- 线性化初始任务—简化为"小"问题；
- 解决"小"问题并得到求解精度估计。

具体的无线电辐射源定位方案的选择，取决于待定位辐射源的无线信号类型和参数,以及无线电监测服务的技术装备。无线电数字接收机和无线电测向设备的算法支持,最大限度地充分考虑了无线电辐射源的特性和现有无线电监测点的条件,使得定位方案的实现成为可能。

本章展示的结果也可用于无线电监测网络的规划。考虑到固定部署无线电监测点的可能性、不同类型无线电辐射源定位的精度和性能特性要求,以及展示的定位方法的精度特性,合理选择测量设备结构是可能的。

书中提到的基于无线电数字接收机 ARGAMAK – IC 和 ARGAMAK – RS 的无线电辐射源定位系统的例子,证明了所提供方法在 TDOA 和幅度测量方面的效能。定位估计系统的特性,取决于 TDOA 系统结构中的无线电接收机数量、接收机与待定位无线电辐射源的相对位置,以及接收天线安装平台引入的干扰失真。较便宜的型号(如 ARGAMAK – MN 或 ARC – CPS3)如果配备了高精度同步系统,那么可代替测量接收机 ARGAMAK – IC 和 ARGAMAK – RS。

书中提供的无线电监测接收机高精度频率—时间基准生成算法,具有简单、可靠和与 UTC 基准同步程度足够高的特点。实践中,导航卫星群的当前配置往往可保证导航信号的稳定接收,频率—时间基准通常在调整 $5 \sim 10 \mathrm{min}$ 之后达到的足够精度。瞬态结束后,定时的均方根误差为纳秒量级,并保证频率稳定度优于 5×10^{-11}。

针对接收机通道不一致而开发的相对延迟校正方法(用于 TDOA 系统),使得估计的系统误差减少为原来的几分之一。实际应用所提供的校正规程,对少量无线电监测点构成的 TDOA 系统的重要性最高。使用大量接收机进行测量时,其重要性略有降低。此时,接收通道不一致带来的负面影响,因获取和处理的数据量大增而得到补偿。

参考文献

1. Gnezdilov DS, Kozmin VA, Kryzhko IB, Tokarev AB, Fateev AA (2016, in Russian) Theformation of local high – precision frequency – time scale for radio monitoring receivers. Spectehnika i Svyaz (4):85 – 89.

2. Kalinin YE, Kozmin VA, Kryzhko IB, Poliakov AV, Salikov AA, Tokarev AB (2014, in Russian) Synchronization subsystems of TDOA direction – finding system points. Radiotekhnika (3):51 – 54.

3. Kozmin VA, Kryzhko IB, Tokarev AB, Fateev AA (2016, in Russian) Locating of radiationsources. Spectehnika i Svyaz (4):60 – 68.

4. Kozmin VA, Kryzhko IB, Provotorov AS, Salikov AA, Tokarev AB (2016, in Russian) Assessment of accuracy of radio emission sources location made by TDOA system. Electrosvyaz (1):35 – 40.

5. Rogers D, Adams A (1976) Mathematical elements for computer graphics, 2nd edn. McRaw – Hill Publishing Company.

6. Rembosky AM, Ashikhmin AV, Kozmin BA (2015, in Russian) Radio monitoring: problems, methods,

means. In: Rembosky AM (ed), 4th edn. Hot Line – Telecom Publ. , Moscow, 640 p.

7. Report ITU – R SM. 2211 – 1(06/2014) (2015) Comparison of time – difference – of – arrival andangle – of – arrival methods of signal geolocation. SM Series. Spectrum management, 32 p.

8. Kozmin VA, Pavlyuk AP, Tokarev AB (2014, in Russian) Comparison of spectrummonitoring coverage features of AOA and TDOA geolocation methods. Electrosvyaz (2): 37 – 40.

9. SMO – ARMADA software package of automated spectrum monitoring systems. http://www. ircos. ru/en/sw_armada. html. Accessed 28 Nov 2017.

10. Agilent (2014) N6841A RF sensor for signal monitoring network. Data Sheet. AgilentTechnologies, Inc. 2012 – 2014. Published in USA, April 24, 2014. 5990 – 3839EN.

11. The catalogue 2017 of IRCOS JSC. http://www. ircos. ru/zip/cat2017en. pdf. Accessed 28 Nov 2017.

12. SMO – PA/PAI/PPK Panoramic analysis, measuring and direction finding software package. http://www. ircos. ru/en/sw_pa. html. Accessed 28 Nov 2017.

13. GOST (Russian State Standard) P 55696 – 2013 Digital video broadcasting. Transmission equipment for digital terrestrial television broadcasting DVB – T/T2. Technical requirements. General parameters. Measurement methods (in Russian).

14. Norm of State Committee on Raduo Frequencies 17 – 13 (2015, in Russian) "RadioTransmitters of all categories of civil application. Requirements on the permissible frequency deviations" with modifications dated July 2015.

15. Mudrov VI, Kushko VL (1983, in Russian) Methods of measurement processing: quasi – likelyestimations, 2nd edn. Radio I Svyaz Publishing, Moscow, 304 p.

第 8 章

电视和广播监测

▲8.1 引言

电视(TV)和无线电广播(RB)作为大众传媒信息传播的电子设备,能够将信息近实时地传递给极为广泛的社会阶层,对现代社会影响巨大。政府机关有责任检查广播电视公司是否符合法律规定要求,对广播节目的内容和技术质量进行监测,发现违规行为及时采取纠正措施。

在电视频道数量不断增加、地域覆盖不断扩大的情况下,采用基于统一中心控制、地域分散的自动化监测系统,有利于提高无线电监测效能。本章主要讨论用于电视和广播监测的 DVB – T2 分析仪和多通道无线电综合监测系统 ARC – TVRV,上述设备可用于 ARMADA 自动化无线电监测系统或其他监测系统[1-2]。

▲8.2 DVB – T2 无线电信号分析

在过去的 10 年里,无线数字电视技术得到了广泛应用。数字电视技术与模拟广播相比具有一系列优势:一个频道可传输更多的电视节目,信号多径传输的鲁棒性,更高的抗噪性,电视信号参数变化的灵活性,增加新服务的可能性等。目前,更有效的面向固定和移动应用的 DVB – T2 系统,取代了最初的 DVB – T/H 系统。

为了开展电视和无线电广播系统的规划和开发、发射机参数合规性检查以及覆盖区域估计,有必要定期对无线电信号参数进行分析。此类分析设备由罗德与施瓦茨、是德科技等知名的无线电监测设备制造商制造。

文献[3-4]描述了基于 ARGAMAK 系列全景数字接收机设计的 DVB – T/H 数字电视信号分析仪。本章将介绍在同系列无线电数字接收机上实现的 DVB – T2 信号分析仪。

△8.3　DVB - T2 技术特点

　　DVB - T2 系统采用许多机制来提高抗噪性,并减少非信息部分占用的频率—时间资源。这使得该系统的容量比第一代数字电视系统高出 30% ~ 50%。DVB - T2 系统可传输若干独立数据流,而且这些数据流在调制、编码、覆盖区域和其他参数上可能有所不同,从而可以灵活地面向各类用户提供不同服务。例如,其中一个数据流可能用于固定用户,而另一个数据流用于移动用户。目前,该系统正在俄罗斯许多地区广泛部署。

　　正交频分多址(OFDM)传输是数字电视技术的基础[5,6]。该传输方式下,数据流被分成若干低速流,并在不同的正交子载波上传输。OFDM 系统允许使用较宽的信号带宽,因此,在不减少符号持续时间,且符号间干扰保持在可接受的较低水平的情况下,数据传输速率较高。与传统的单频系统相比,OFDM 系统还有无线电信号多径传播的鲁棒性、数字实现的简单性等其他优点。

　　使用子载波时,对每个包含 N 个调制符号的传输块进行快速傅里叶逆变换(IFFT)。因此,在时域中形成了 N 维样本向量。为了抑制符号间干扰,在所得向量的开头添加了一个保护间隔(前缀),其表示为该向量的最后 N_{CP} 个样本。选择的保护间隔长度比多径延迟扩展值大。由于信号由许多调制子载波组成,每个 OFDM 符号可被视为信元的总和,每个信元对应于单个符号周期的调制子载波。以该方式形成的 OFDM 符号被传送到信道中。在接收端,对每个 OFDM 符号,抑制保护间隔样本,对剩下的样本进行 N 点快速傅里叶变换(FFT)。这样就形成了频域—时域信号,并进行了进一步处理。

　　DVB - T2 标准[7]支持使用大量模式和传输参数。允许的信号带宽值包括 10MHz、8MHz、7MHz、6MHz、5MHz 和 1.7MHz。可使用 6 种长度的 FFT: $N = 32768(32K)$, $N = 16384(16K)$, $N = 8192(8K)$, $N = 4096(4K)$, $N = 2048(2K)$ 和 $N = 1024(1K)$。并非所有的 N 个子载波都用于传输;子载波的一部分(在信号频谱的边缘)形成保护频带。为了提高大点数 FFT(8K,16K,32K)的容量,可采用增加所用子载波数量的方式。一般情况下,前缀长度预计可取 7 个相对值: $N_{CP}/N = 1/4,19/128,1/8,19/256,1/16,1/32,1/128$。为提高 DVB - T2 信号的抗噪性,使用 LDPC 和 BCH 级联纠错码。可能的编码效率包括 1/4、1/2、3/5、2/3、3/4、4/5 和 5/6。

　　DVB - T2 信号包含了数据流和接收所需的信令。信令有 P1 前导码信令、L1 前信令和 L1 后信令三种类型。L1 前信令通常使用 BPSK 调制;L1 后信令可用的调制类型包括 BPSK、QPSK、16 - QAM 和 64 - QAM;对于信息流,使用

QPSK、16 – QAM、64 – QAM 和 256 – QAM。对于信息流,可使用旋转符号星座,其实部和虚部在不同的信元中传输。在某些情况下,这使得接收抗噪性有可能增加。

为了克服深度衰落,除了传统的单天线发射,DVB – T2 标准还利用空频编码技术,通过两个间隔排列的天线同时发射信号[8]。

为了降低模拟设备部分的成本,标准中设计了减小 OFDM 传输信号的峰值因数的具体机制。

根据信号传播条件,运营商可从 8 种可能的离散导频模式中选择一种。这些模式的区别在于导频信元密度不同。利用导频信元,接收端对信号解调所必需的信道频率响应进行估计。大量导频模式变体的存在,在确保所需信道估计精度的同时,使得非信息部分占用资源最小化成为可能。

为了提高衰落条件下的译码质量,采用了比特和符号交织、时域和频域交织等多种交织方式。

网络运营商根据所需覆盖区域、区域特征、传播条件、所需容量等选择 DVB – T2 信号参数。

DVB – T2 参数集可分为基本版(BASE)和精简版(LITE)两个协议。后者对接收设备提出了较低的基本要求,这对小型移动接收机尤为重要。

◢8.4　DVB – T2 信号结构

本节将详细分析一下 DVB – T2 的信号结构。DVB – T2 信号生成框图如图 8.1所示。

图 8.1　DVB – T2 数字信号生成框图

DVB – T2 信号生成的初始数据是一个或多个逻辑传输流(TS)[9]和/或一个或多个逻辑广义流,采用通用封装流(GSE)、通用连续流(GCS)、通用固定长度封装流(GFPS)[10]等格式之一。一般情况下,逻辑流包含多个服务(电视广播节目等),以及详细说明了流内容的控制数据。每个流都在其自身的物理层管道(PLP)中传输,该管道以调制类型和编码参数为特征。单个类型的逻辑流可以合成组。公共流可添加到具有相同控制数据的相同逻辑传输流构成的组中,其由公共物理层管道传输,并由组中逻辑流的相同数据包生成。这些数据包只在公共流中传输,从而减少控制数据总量。

每个物理层管道被构造成一个逻辑基带(BB)帧序列,一般情况下,该序列的形成包括提取流的所需位数、添加校验位和基带帧头以及加扰。基带帧的形成有正常和高效两种模式,高效模式减少了控制数据量。

物理层管道的逻辑基带帧传送给编码、交织和调制单元,其结构如图8.2所示。

图8.2 单个物理层管道的编码、交织和调制框图

首先,对基带帧使用参数为(N_{bch},K_{bch})的 BCH 编码。经 BCH 校验位扩展后,长度为$N_{bch}=K_{ldpc}$的基带帧,传送至参数为(N_{ldpc},K_{ldpc})的 LDPC 编码器。最终,形成了长度为N_{ldpc}的码块。该过程框图如图8.3所示。

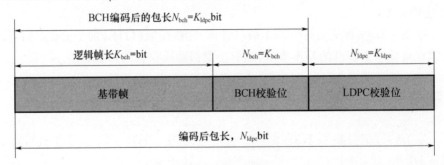

图8.3 码块的结构

标准支持$N_{ldpc}=64800$和$N_{ldpc}=16200$两种码长,其他参数根据N_{ldpc}的值和选择的编码效率(1/2,3/5,2/3,3/4,4/5,5/6)确定。

每个码块进行比特交织。比特交织的参数取决于码长和所用的调制方式。

交织后,码块的比特按η_{mod}位组成字。对于 QPSK,$\eta_{mod}=2$;对于 16-QAM,$\eta_{mod}=4$;对于 64-QAM,$\eta_{mod}=6$;对于 256-QAM,$\eta_{mod}=8$。而且,每个字中的比特(对于 QPSK、256-QAM,$N_{ldpc}=16200$)或每对字(对于 16-QAM、64-QAM、256-QAM,$N_{ldpc}=64800$)混合在一起。

然后,将码块的字映射到调制星座的适当符号。应用旋转星座的情况下,获得的复符号乘以相位因子 $\exp(j2\pi\Phi/360)$。对于 QPSK,$\Phi=29°$;对于 16-QAM,$\Phi=16.8°$;对于 64-QAM,$\Phi=8.6°$;对于 256-QAM,$\Phi=\arctan(1/16)$。此外,在每个码块的限制范围内,对符号虚部进行交织,实现循环移位一个符号。

结果,符号的虚部进入相邻的符号,最后一个符号的虚部进入第一个符号。

图 8.4 给出了 16 – QAM 的正常和旋转调制星座以及格雷比特映射的示例。

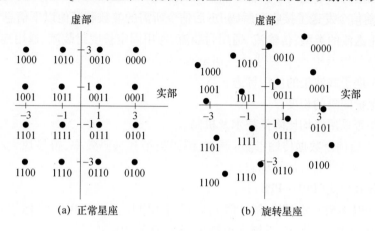

(a)　正常星座　　　　　　(b)　旋转星座

图 8.4　16 – QAM 星座和比特映射

对获得的调制符号进行符号交织。符号交织是在码块的范围内,根据块号和块中信号的数目,按照规则进行的。

然后,为了提高移动用户接收信号的抗噪性,在时间交织块中进行时域符号交织,若干交织块组合为时间交织帧。交织帧中码块的数量可能从 1 到 1023 不等。

物理层管道流的交织帧进一步映射到 OFDM 符号上,构成 T2 帧结构。可以区分三种类型的物理层管道,即公共、1 型和 2 型物理层管道。公共和 1 型物理层管道在 T2 帧中有 1 个片段,2 型物理层管道有 2 ~ 6480 个片段。若干 T2 帧合并成超帧。每个 T2 帧由一个特殊的 P1 前导码符号、若干 OFDM P2 符号和 OFDM 数据符号组成。为了确保在每个 T2 帧中接收到物理层管道流,需要发送信令。信令由如图 8.5 所示的三部分组成,即 P1 前导码信令、以 P2 符号传输的 L1 前信令和 L1 后信令。

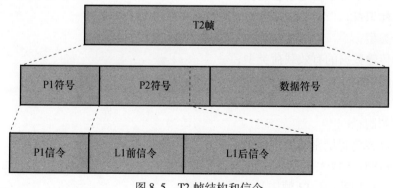

图 8.5　T2 帧结构和信令

P1 信令包括 L1 前信令和 L1 后信令格式(传输协议为基本版或精简版,发射天线数量为一个或两个)、FFT 点数(1K、2K、4K、8K、16K、32K)。

L1 前信令发送了接收和解码 L1 后信令所需的参数和其他以下信息:

- 传送流的类型:传输流、通用封装流、通用固定长度封装流、通用连续流及其组合;

- 扩展子载波集的使用标志;

- 保护间隔的长度;

- 是否采用峰均比降低技术及机制;

- L1 后信令数据传输参数:调制,编码类型和编码效率,符号块大小,信息块大小,扩展域标志,加扰标志;

- 导频模式(PP1 ~ PP8);

- 标识参数(可不传输):信元标识符 CELL_ID,DVB 网络标识符 NETWORK_ID,DVB 网络 T2 系统标识符 T2_SYSTEM_ID;

- 超帧中的 T2 帧数;

- T2 帧中 OFDM 数据符号数;

- T2 系统中的载波频率数;

- 当前载频数;

- T2 系统的版本。

L1 后信令包含接收 T2 帧的物理层管道流所需的参数,由两部分组成:静态参数,在超帧周期内参数是恒定的;动态参数,在每个 T2 帧中参数可能改变。L1 后信令的静态参数如下:

(1) 一个 T2 帧中所有物理层管道的片段数。

(2) 当前超帧中的物理层管道流的数量。

(3) T2 系统载波的索引和中心频率。

(4) 对于每个物理层管道流:

①标识符;

②类型;

③传输数据的有效载荷类型;

④超帧中的初始 T2 帧;

⑤编码效率;

⑥调制;

⑦旋转调制星座的使用标志;

⑧LDPC 码块大小;

⑨片段周期(在 T2 帧中);

⑩时间交织的类型和参数；

⑪基带帧的形成模式。

L1 后信令的动态参数如下：

（1）超帧中 T2 帧的数目。

（2）一个物理层管道的片段之间的距离。

（3）2 型物理层管道的第一个片段的开头。

（4）对于每个物理层管道流：

①标识符；

②帧中的初始符号；

③交织块中的码块数。

对长度为 200bit 的 L1 前信令进行编码和调制。信令扩展后，进行参数为 （3240,3072）的 BCH 编码，然后执行参数为（16200,3240）的 LDPC 编码；对 LP-DC 校验位进行抽取（丢弃 11488 位）；扩展位也被丢弃。这样就形成了长度为 1840bit 的 L1 前信令的码块。这些比特映射到适当的 BPSK 调制符号，然后根据 既定规则映射到 P2 符号的逻辑信元。

L1 后信号可有不同的长度，也要进行编码、交织和调制。如果 L1 后信令的 长度超过 7032bit，则将其分为长度小于 7032bit 的若干段；对每段进行扩展后， 进行参数为（7200,7032）的 BCH 编码，然后执行参数为（16200,7200）的 LDPC 编码；对 LPDC 校验位进行抽取；扩展位也被丢弃。这样就形成了一个或多个长 度相同的码块。每个码块进行比特交织，交织参数取决于调制类型。当使用 BPSK 或 QPSK 调制时，不使用比特交织。交织后，码块的比特按 η_{mod} 位组成字。 此外，当使用 16 – QAM 和 64 – QAM 时，码块的每对字的比特会额外进行混合。 然后，将码块的字映射到所用调制星座的适当符号。形成的 L1 后信令调制符号 映射到 OFDM P2 符号。

数据和信令形成的调制符号，按以下顺序映射到 T2 帧逻辑信元：首先，将 L1 前信令的符号映射到 P2 符号信元，然后映射 L1 后信令符号。剩下的 P2 符 号信元和所有的 OFDM 数据符号，由公共物理层管道的调制符号填充，然后是 1 型物理层管道，再后是 2 型物理层管道。T2 帧的信号频率—时间结构如图 8.6 所示。

T2 帧的每个 OFDM 符号的子载波调制符号都要进行频率交织，其规则取决 于 FFT 点数。然后将其送至如图 8.7 所示的 OFDM 信号形成单元。

双天线传输应用中，对发射的符号块进行了空频编码。每个块由两个符号 组成，两个符号同时通过两个不同的天线在相邻子载波上发射。两个发射天线 0 和 1 的编码方案如图 8.8 所示。两个天线后续进行的信号处理方式相同。

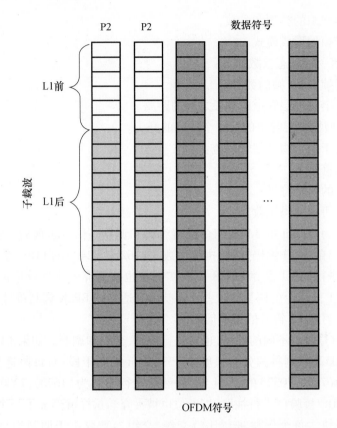

图 8.6   T2 帧的频率—时间结构

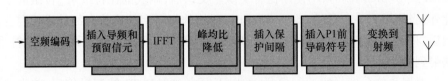

图 8.7   OFDM 信号形成框图

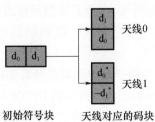

图 8.8   空频编码方案

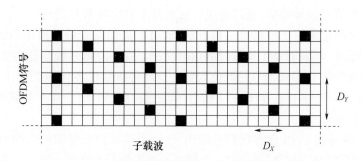

图 8.9　PP1 结构下,离散导频信元位置的片段

每个 OFDM 符号使用 $(K_{\max}+1)$ 个子载波。$K_{\max}$ 值取决于 FFT 点数和子载波使用模式(扩展或正常)。

一般情况下,OFDM 信号除了包含信息数据信元外,还包含离散导频信元、连续导频子载波和(使用峰均比降低模式传输信号时)预留子载波。

每个 OFDM 符号中的导频信元由已知的伪随机数据进行调制。共有 8 种可能的导频模式。不同模式下,导频信元在频域 D_X 和时域 D_Y 的出现周期不同。图 8.9 展示了 PP1 结构($D_X=3$,$D_Y=4$)下,离散导频信元位置的示例。

OFDM 符号由持续时间 $T_U = NT$ 的有用部分和持续时间 $\Delta = N_{CP}T$ 的保护间隔两部分组成。保护间隔插在有用部分前面,并循环延续。根据带宽确定的基本周期 T 是 OFDM 信号的主要基本参数。例如,对于 8MHz 带宽,$T = 7/64\mu s$。

DVB – T2 无线电信号可写为

$$s(t) = \mathrm{Re}\Big\{\exp(\mathrm{j}2\pi f_c t) \sum_{m=0}\big[p_1(t - m\,T_F) + \sum_{l=0}^{L_F-1} \sum_{k=0}^{K_{\max}} c_{m,l,k}\,\psi_{m,l,k}(t)\big]\Big\}$$

$$(8.1)$$

式中:

$$\psi_{m,l,k}(t) = \begin{cases} \exp\Big[\mathrm{j}2\pi \dfrac{k'}{T_U}(t - \Delta - T_{P1} - 1T_S - mT_F)\Big], & t \in [mT_F + T_{P1} + 1T_S, mT_F + T_{P1} + (l+1)T_S] \\[2mm] 0, & t \notin [mT_F + T_{P1} + 1T_S, mT_F + T_{P1} + (l+1)T_S] \end{cases}$$

$$(8.2)$$

k 为子载波编号;l 为 T2 帧中 OFDM 符号编号(不含 P1 符号);m 为 T2 帧的编号;$T_S = T_U + \Delta$ 为 OFDM 符号的持续时间;$k' = k - K_{\max}/2$ 为子载波相对中心子载波的索引;$c_{m,l,k}$ 为归一化调制符号;f_c 为无线电信号中心频率;L_F 为 T2 帧中的 OFDM 符号数;$T_{P1} = 2048T$ 为 P1 符号的持续时间;$T_F = L_F T_S + T_{P1}$ 为 T2 帧的持续时间;$p_1(t)$ 为 P1 符号的时域信号。

为了降低 OFDM 信号的峰值因数,提出了两种机制。第一种是预留部分子载波用于非信息信号传输,通过迭代算法对每个 OFDM 符号进行计算,使得信号功率不超过给定阈值。根据第二种方法,通过扩展信息子载波所用调制星座的信号向量端点,可限制 OFDM 符号的信号功率。在不降低系统容量的条件下,该方法可降低发送 OFDM 信号的峰值因数。这两种机制可各自独立使用。

P1 前导码符号用于 DVB – T2 信号的快速检测、P1 信令基本参数的接收和初始频率时间同步。

图 8.10 给出了 P1 前导码符号结构,展示了具有两个保护间隔的 1K OFDM 符号。有用部分符号"A"由 1024 个样本(基本符号)构成。第一个保护间隔"C"位于前方,表示有用部分前 M_C = 542 个样本频移了 f_{SH} = 1/1024T(等于 P1 符号相邻子载波的频差)。第二个保护间隔"B"位于后方,表示信号有用部分最后 M_B = 482 个样本也频移了 FSH。在符号有用部分的形成过程中,仅对 384 个子载波进行调制。子载波采用 DBPSK 调制,并使用伪随机方法分布在信号频谱中。上述信息子载波的位置分布,使得频率偏移估计可高达 500kHz(8MHz 信号带宽)。信息子载波传输两个调制字段序列 S1 和 S2,其中 P1 信令已编码。

最终,形成的 OFDM 信号转换到射频,经放大后发射到空中。

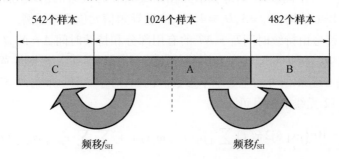

图 8.10   P1 前导码符号结构

◣8.5   分析仪的功能

DVB – T2 信号分析仪按照 DVB 信号测量标准实施要求[11-12]制造。分析仪可在给定的频谱范围内,获取数字电视信号,接收控制数据,获取(物理层管道)信息流,提取不同节目的子流,并执行大量物理层和传输层的测量。

分析仪由硬件部分(ARGAMAK 系列全景数字测量接收机[4,13])和软件部分(系统数学支持程序)组成。后者可与其他软件一起安装在个人计算机上,对 DVB – T/H 信号和不同蜂窝通信系统基站信号进行分析。

分析仪实现以下功能:

- 在给定频率下检测给定带宽的 DVB – T2 信号。
- 接收控制数据,包括 P1 信令、L1 前信令和 L1 后信令。
- 接收物理层管道流。
- 接收传输流的服务信息表 PSI/SI。
- 提取单独的节目流。
- 传输流的比特率、每个节目的比特率和每种数据包(端口号)的比特率的测量。
  - 频谱测量:
    - 频移的高精度估计;
    - DVB – T2 信号频谱的可视化;
    - 检测信号带宽中的窄带干扰。
  - 功率测量:
    - 估计信号平均功率;
    - 瞬时信号功率分布函数的形成;
    - 瞬时信号功率互补累积分布函数的形成;
    - 信号功率峰值因数和幅度峰值因数的计算。
  - 调制质量可视化:
    - P1 信令的比特字段序列 S1 和 S2 可能存在的概率测量可视化;
    - L1 前信令调制符号估计的可视化;
    - L1 后信令调制符号估计的可视化;
    - 物理层管道传输调制符号估计的可视化。
  - 测量 L1 前信令、L1 后信令和各种物理层管道的调制质量,包括:
    - 调制误差比(MER)和误差向量幅度(EVM)估计;
    - 系统目标误差(STE)估计;
    - 幅度不平衡(AI)估计;
    - 相位正交误差(QE)估计;
    - 相位抖动(PJ)估计。
  - 通道测量:
    - 信噪比估计;
    - LDPC 译码前的误比特率估计;
    - BCH 译码前的误比特率估计;
    - 基带帧的误帧率估计;
    - 传输物理层管道(仅适用于正常模式、通用固定长度封装流或传输流)的用户数据包(UP)的误包率估计;

– 信道频率响应(幅度、相位和延迟)估计——信道脉冲响应估计;

– 功率(多径)延迟分布和均方根延迟扩展(有效信道长度)估计。

- 传输流分析,包括第一、第二和第三优先级的测量等。
- 根据执行的测量,分析仪可以:

 – 在考虑区域数字地图数据的情况下,实测 DVB – T2 网络的覆盖区域;

 – 确定检测到的发射台位置。

- 形成 XML、MS Word 和 Excel 等不同格式的分析报告,灵活选择输出信息及表现形式。

◢8.6 DVB – T2 信号的接收

分析仪输入的无线电信号首先被放大,然后下变频到基带,接着滤波以抑制高次谐波,并将初始信号频带转换为 DVB – T2 信号频带,最后进行模数转换和过采样,从而形成了采样频率为 $1/T$(每个基本间隔对应一个采样)的离散基带信号 $x_i, i = 0, 1, 2, \cdots, n$。获得的 DVB – T2 信号的处理流程如图 8.11 所示。

8.6.1 DVB – T2 信号的检测和信令数据的接收

根据每个 T2 帧开始处的 P1 符号,实现 DVB – T2 信号检测和初始频率时间同步。为此,对应于前导码的"C"和"B"部分,使用两个相关器形成了输出离散信号

$$Q_n^{(C)} = \sum_{i=0}^{M_C-1} x_{n+i}\, x_{n+i-M_C}^* \exp\left[j2\pi(i+n-M_C)Tf_{SH}\right] \tag{8.3}$$

$$Q_n^{(B)} = \sum_{i=0}^{M_B-1} x_{n+i}\, x_{n+i-M_B}^* \exp\left[-j2\pi(i+n)Tf_{SH}\right] \tag{8.4}$$

且用于前导码搜索的判决函数为

$$R_n = \left|Q_n^{(C)}\right|^2 + \left|Q_{n+M_C+M_B}^{(B)}\right|^2 \tag{8.5}$$

然后,确定式(8.4)的最大值 $R_{max} = \max R_n$,该最大值对应的位置 $n_{max} = \arg\max R_n$,以及待分析区间内的平均值 $\overline{R} = \langle R_n \rangle$。在不等式 $R_{max} > h\,\overline{R}$ 成立的情况下,初步判定在观测实例中存在 DVB – T2 信号,n_{max} 被视为 P1 符号有用部分的第一个样本,h 为判决阈值。否则,超过给定的失败次数后,判定被分析的频道中没有 DVB – T2 信号。

对于 DVB – T2 信号检测的情况,进行初始频率同步。频率偏移可用 $F = F_1 + F_2$ 的形式表示,其中,$F_2 = m_F f_{SH}$ 是 f_{SH} 的倍数,且 $|F_1| < f_{SH}$。考虑到 P1 符号的时间结构,根据相位差法[14]求出第一个频率偏移量 F_1 的估计。

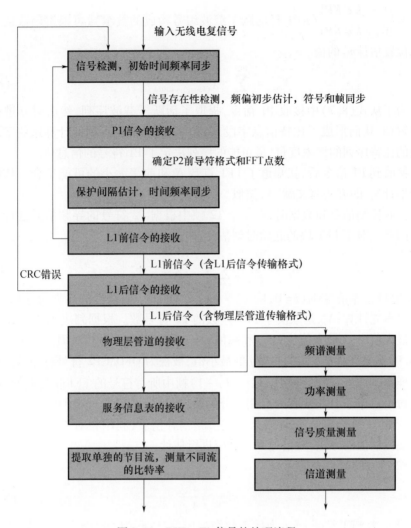

图 8.11 DVB – T2 信号的处理流程

$$F_1 = \frac{1}{2\pi(M_C + M_B)T}\arg\{Q_{n_{\max}}^{(C)} Q_{n_{\max}+M_C+M_B}^{(B)}\} \tag{8.6}$$

根据估计式(8.6),对基带信号样本进行相位校正。频率偏移量m_F的估计需要在频域中分析 P1 符号。为此,从第$n_{\max}$个样本开始,对样本块进行长度为 1024 的 FFT。

$$X_k = \sum_{i=0}^{1023} x_{n_{\max}+i}\exp\left[\frac{-j2\pi i(k-426)}{1024}\right] \tag{8.7}$$

式中:$k = 0,1,\cdots,1023$ 为子载波编号。考虑到 P1 符号的活跃子载波的已知位

285

置 $\gamma_k = \begin{cases} 1, & k \in KP1 \\ 0, & k \notin KP1 \end{cases}$（$KP1$ 是活跃子载波编号构成的数组），可根据函数最大值对应位置估计 m_F 的值

$$Y_{m_F} = \sum_{k=0}^{1023} \left| X_{(k+m_F) \bmod 1024} \right|^2 \gamma_k \qquad (8.8)$$

为了从式(8.7)中接收 P1 信令，提取了活跃子载波序列，然后对其进行去扰和解调，从而形成了比特信息字段 S1 和 S2 的软信息。据此计算这些字段的可能的比特序列的概率度量，最可能的序列决定了 P1 符号的信息位。

接收到 P1 信令后，就知道了 FFT 点数 N 和前缀大小的可能集合。从该集合中估计 N_{CP} 的方法与文献[3]类似。

接收控制信令和数据时，在每个 T2 帧中根据 P2 符号的导频信元进行一次定时同步。对于 FFT 块的起始时刻估计，构造函数

$$G_j = \sum_{m=0}^{N_{P2}-1} \left| \sum_{i=0}^{N-1} x_{j+i+m(N+N_{CP})} s1_i^* \right|^2 \qquad (8.9)$$

其中，时域参考信号 $s1_i$ ($i = 0,1,\cdots,N-1$) 与 OFDM P2 符号的导频信号相匹配，且可以事先计算；N_{P2} 是取决于 FFT 点数的 P2 符号数。根据判决函数(8.9)，可确定最大值 $G_{j_{max}}$、最大值位置 j_{max} 和阈值 $h_s = v G_{j_{max}}$，其中 v 为相对阈值。使判决函数(8.9)满足条件 $G_j > h_s$ 的参数 j 的最小值，被视为 OFDM P2 符号有用部分的第一个样本，可确定 $j_m^{(FFT)}$ ($m = 0,1,\cdots,L_F-1$) 帧中所有符号的 FFT 块的起始时刻。

每个对应于 OFDM 符号有用部分的块，都执行了 FFT。利用相位差法，根据 P2 符号的导频子载波，估计残余频偏。频偏补偿后，利用相对参考导频子载波进行线性插值的方法，对信道频率响应进行估计。

P2 符号的软判决信元为

$$Z_{m,k} = \frac{X_{m,k}}{A_{m,k}} \qquad (8.10)$$

式中：$X_{m,k}$ 为 FFT 结果；$A_{m,k}$ 为信道频率响应估计；m 为 OFDM 符号编号；k 为子载波编号。通过剔除导频子载波、预留子载波和两对边缘子载波，可从式(8.10)中提取 OFDM P2 符号的软判决信元序列。

随后，对每个 OFDM P2 符号，根据已知规则和 FFT 点数，进行软判决信元符号的频率解交织，并进行信道估计。

8.6.2 L1 前信令的接收

为了从频率解交织获得的序列中接收 L1 前信令，可以提取 L1 前信令的向量 $Z_i^{(pre)}$ ($i = 0,1,\cdots,1839$)。类似地，可形成信元功率向量 $P_i^{(pre)}$ ($i = 0,1,\cdots,1839$)。为此，可形成 L1 前消息比特的软判决

$$\mu_i = P_i^{(\mathrm{pre})}\,\mathrm{Re}\,Z_i^{(\mathrm{pre})}, i = 0,1,\cdots,1839 \tag{8.11}$$

软判决向量(8.11)由三部分组成:前200个元素对应于消息的信息位,接下来的168个元素用于BCH校验位,最后的1472个元素用于LDPC校验位。为了补齐发射机中LDPC编码后被抛弃的比特,软判决向量(8.11)以特定方式扩展到码长$N_{\mathrm{ldpc}}=16200$。获得的数据块先送到LDPC译码器,然后再送到BCH译码器。译码后,提取前200bit,表示L1前信令的信息块。根据这些比特,可按照CRC计算校验位。比较计算和接收的校验位,如果所有被比较的比特都一致,就判定L1前信令接收正确,从中可提取必要的参数;否则,重新执行检测过程及进一步操作。如果L1前信令接收错误的情况超过一定次数,则该频道上的操作将由于接收条件恶劣而被中断。

8.6.3　L1后信令的接收

L1前信令传输了一系列用于接收L1后信令的参数,包括信令中逻辑信元的数量$N_{\mathrm{MOD\_total}}$、调制类型、信令中信息比特的数量以及加扰标志等。

为了从P2符号软判决信息进行频率解交织后获得的序列中接收L1后信令,提取了L1后信令向量$\{Z_i^{(\mathrm{post})}\}$和合适的信元功率向量$\{P_i^{(\mathrm{post})}\}$,其中$i=0$,$1,\cdots,N_{\mathrm{MOD\_total}}-1$。利用上述向量的元素,按照所用调制方式形成L1后信令比特的软判决。例如,对于QPSK,L1后信令的第i个信元的编码比特的软判决为

$$\mu_{i,0} = P_i^{(\mathrm{post})}\,\mathrm{Re}\,Z_i^{(\mathrm{post})}, \mu_{i,1} = P_i^{(\mathrm{post})}\,\mathrm{Im}\,Z_i^{(\mathrm{post})} \tag{8.12}$$

然后,根据调制类型的不同,按规则进行比特软判决的复用。这样就形成了L1后信令的比特软判决向量,并按计算出的信令码块数进行分块。

使用16-QAM或64-QAM调制时,码块采用了比特交织。为此,将每个码块的元素按行顺序记录到矩阵中,输出向量通过按列读取矩阵元素而形成。矩阵参数取决于码长和使用的调制方式。对于BPSK和QPSK调制,不进行比特交织。

为了补齐发射机中LDPC编码后被抛弃的比特,解交织后得到的向量以特定方式扩展到码长$N_{\mathrm{ldpc}}=16200$。扩展块先送到LDPC译码器,然后再送到BCH译码器。从译码后获得的数据块中,提取L1后信令的比特,并进行去扰。然后,合并所有码块去扰后的比特,形成L1后信令的比特向量。根据这些比特,可按照CRC计算校验位。比较计算和接收的校验位,如果所有被比较的比特都一致,就判定L1后信令接收正确,从字段中可提取必要的参数;否则,对下一帧执行L1后信令的接收过程。如果在给定帧数期间L1后信令始终接收失败,则该频道上的操作将由于接收条件恶劣而被中断。

8.6.4　物理层管道的接收

物理层管道接收的操作流程如图 8.12 所示。

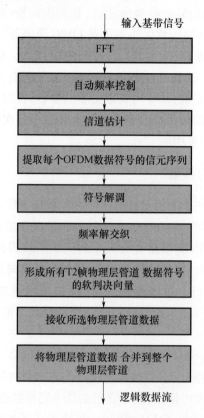

图 8.12　物理层管道接收的操作流程

利用连续导频子载波，每帧执行一次频率同步。根据 FFT 点数和导频模式
PP1 ~ PP8，可知连续导频子载波集合 Ω_{CP} 的编号和位置。频率偏移的估计可通
过相位差分法来实现：

$$F_2 = \frac{1}{2\pi(N + N_{CP})\,T}\text{arg}\left\{ \sum_{k \in \Omega_{CP}} \sum_{q = N_{P2}}^{L_F-2} X_{q+1,k}\, c_{q+1,k}\, X_{q,k}^*\, c_{q,k} \right\} \qquad (8.13)$$

式中：$X_{q,k}$ 为 FFT 结果；$c_{q,k}$ 为第 k 个子载波的第 q 个 OFDM 符号的导频信元中传
输的实符号。

对于信道估计，首先，将 FFT 结果与被传输的信元符号之比，作为帧中离散
导频信元的参考信道系数。帧中 OFDM 数据符号分为若干个长度为 D_Y 个符号
的块。对于单天线传输，通过对符号块的参考信道系数进行线性插值的方法，确

定信道频率响应的估计。对于双天线传输,根据符号块的相邻导频信元的信道系数及空频码,确定第一和第二天线的信道估计。

对于每个 OFDM 数据符号,通过从子载波全集 $k \in [0, K_{\max}]$ 中剔除连续/离散导频子载波、边缘子载波和预留子载波,可形成信元(子载波)的 FFT 结果和信道估计的序列。携带信息的子载波数量 N_{data} 取决于 FFT 点数、导频模式方案以及是否有子载波预留模式。

对于单天线传输,数据符号的软判决信元与式(8.10)相似。对于使用空频码的双天线传输,得到

$$Z_{m,p} = \frac{A_{m,p}^{(1)*} X_{m,p} + A_{m,p+1}^{(2)} X_{m,p+1}^*}{|A_{m,p}^{(1)}|^2 + |A_{m,p+1}^{(2)}|^2} \tag{8.14}$$

$$Z_{m,p+1} = \frac{A_{m,p+1}^{(1)*} X_{m,p+1} - A_{m,p}^{(2)} X_{m,p}^*}{|A_{m,p}^{(1)}|^2 + |A_{m,p+1}^{(2)}|^2} \tag{8.15}$$

式中:$p = 0, 2, 4, \cdots, N_{\text{data}} - 2$,$A_{m,p}^{(1)}$ 和 $A_{m,p}^{(2)}$ 分别为第一和第二天线的信道估计。此外,形成了信元功率估计序列 $\{P_{m,p}\}$($p = 0, 1, \cdots, N_{\text{data}} - 1$),用于译码过程。

对每个 OFDM 符号,进行了软判决信元符号的频率解交织和合理的功率估计。解交织规则取决于帧中的 FFT 点数和 OFDM 符号数量。

此时,从 P2 符号和帧数据符号的软判决序列中,可提取出传输信号所有物理层管道中信息符号的软判决向量。

8.6.5　所选物理层管道的数据接收

对于所选物理层管道的数据接收,可使用 L1 信令的参数:流的类型、流的开始位置、交织帧中码块和 T2 帧的数目、调制、码长和编码效率、2 型物理层管道帧中的片段数量和周期、超帧中的帧数、所用的 T2 帧周期等。

从所选物理层管道获取逻辑数据流的操作流程如图 8.13 所示。

根据 L1 信令的参数,确定所选物理层管道中传输的超帧中的帧数,并提取该流帧中信息符号的软判决。然后确定超帧中交织帧的数量,并对每个交织帧形成了信息符号的软判决序列。交织帧中可有多个交织块。这种情况下,将提取符号的软判决。对于每个交织块,符号软判决的时间解交织是通过将其元素按行记录到矩阵中并按列读取来实现的。行和列的数量由调制类型和码长决定。时间解交织后得到的每个交织块可划分为若干码块。然后,对于每个码块,根据交织块中码块的数量及长度,按照已知规则进行符号解交织。

当使用一般的调制星座时,为了获得码块比特的软判决,首先计算以下辅助量

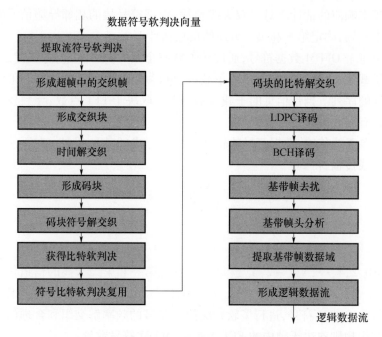

图 8.13　从所选物理层管道获取逻辑数据流的操作流程

$$\Omega_q^x(i) = \left[\mathrm{Re}G_i - \frac{(\mathrm{Re}z)_q}{\gamma} \right]^2, q = 0, 1, \cdots, v_{\mathrm{mod}} - 1 \qquad (8.16)$$

$$\Omega_q^y(i) = \left[\mathrm{Im}G_i - \frac{(\mathrm{Im}z)_q}{\gamma} \right]^2, q = 0, 1, \cdots, v_{\mathrm{mod}} - 1 \qquad (8.17)$$

式中：G_i 为码块第 i 个符号的软判决；$(\mathrm{Re}z)_q$ 为沿 x 轴从左到右的调制星座点的值；$(\mathrm{Im}z)_q$ 为沿 y 轴从下到上的调制星座点的值；$v_{\mathrm{mod}} = 2^{\eta_{\mathrm{mod}}/2}$，$\gamma$ 是调制星座的归一化因子。

当使用旋转调制星座时，首先消除码块符号虚部的循环移位。然后，按角度 Φ 进行符号软判决的相位旋转。因此，辅助量为以下形式

$$\Omega_q^x(i) = \left[\mathrm{Re}\left(G_i' \exp\left(-\mathrm{j}\frac{2\pi\Phi}{360} \right) \right) - \frac{(\mathrm{Re}z)_q}{\gamma} \right]^2, q = 0, 1, \cdots, v_{\mathrm{mod}} - 1 \quad (8.18)$$

$$\Omega_q^y(i) = \left[\mathrm{Im}\left(G_i' \exp\left(-\mathrm{j}\frac{2\pi\Phi}{360} \right) \right) - \frac{(\mathrm{Im}z)_q}{\gamma} \right]^2, q = 0, 1, \cdots, v_{\mathrm{mod}} - 1 \quad (8.19)$$

式中：G_i' 为消除循环移位后的码块的第 i 个符号的软判决。

利用辅助量式(8.16)、式(8.17)或式(8.18)、式(8.19)可求出传输数据符号编码比特的软判决。例如，对于 16 – QAM 调制，有

$$\mu_{i,0} = P_i\left[\min(\Omega_0^x(i), \Omega_1^x(i)) - \min(\Omega_2^x(i), \Omega_3^x(i)) \right] \qquad (8.20)$$

$$\mu_{i,1} = P_i\left[\min(\Omega_0^y(i), \Omega_1^y(i)) - \min(\Omega_2^y(i), \Omega_3^y(i)) \right] \qquad (8.21)$$

$$\mu_{i,2} = P_i \big[\min(\Omega_1^x(i), \Omega_2^x(i)) - \min(\Omega_0^x(i), \Omega_3^x(i)) \big] \qquad (8.22)$$

$$\mu_{i,3} = P_i \big[\min(\Omega_1^y(i), \Omega_2^y(i)) - \min(\Omega_0^y(i), \Omega_3^y(i)) \big] \qquad (8.23)$$

码块的每个符号比特或码块的符号对(取决于使用的调制和码长)的软判决是交织的。然后根据已知的规则,将码块的比特软判决复用到一个向量中。

接下来,执行码块的比特解交织。一般情况下,这是由两个解交织器依次实现的。解交织开始时,将输入向量元素按行写入矩阵,矩阵参数由调制类型和码长决定。通过按列移位读取矩阵,得到第一个解交织器的输出向量元素。第二个解交织器根据已知规则对码块的 LDPC 校验位进行交织,其参数取决于编码效率。所获得的比特软判决块先送至 LDPC 译码器,然后再送至 BCH 译码器。译码参数由 L1 信令确定。

经过译码,得到了比特块——基带帧。然后对基带帧进行去扰。对基带帧头进行分析,确定基带帧形成模式(正常或高效)、物理层管道中的流类型、基带帧数据域的比特长度、基带帧中第一个用到的用户数据包的起始位置、流同步是否存在以及空包丢弃字段。根据基带帧头参数,提取每个基带帧的数据域比特。一般情况下,通过对连续基带帧片段进行适配、复用,形成逻辑数据物理层管道流。适配取决于流类型和基带帧形成模式的组合。特别是对于传输流和正常模式,扩展的用户数据包的比特流是由基带帧的数据域流形成的。然后,丢弃每个用户数据包的校验位,并根据需要丢弃输入流同步(ISSY)系统和空包计数器。接着,如果在传输时同步字节和空包被丢弃,则插入同步字节和空包。

存在公共物理层管道的情况下,与物理层管道数据进行复用。这对于复制物理层管道中包含的节目数据是必要的。复用流的形成是通过将物理层管道的空包替换为公共物理层管道的相应非空包来实现的。如果替换不满足条件,则保留物理层管道数据包。

▲ 8.7 DVB－T2 信号分析仪运行示例

在 ARGAMAK－IS 全景数字测量接收机硬件基础上,实现了 DVB－T2 分析仪,如图 8.14 所示。ARGAMAK 系列的其他数字接收机,例如 ARGAMAK－M、ARC－D11[13] 也可用作硬件基础。下面,讨论分析仪的运行结果。

ARGAMAK－IS 测量接收机具备与全球导航卫星系统 GPS 和 GLONASS 信号同步的功能,使参考振荡器的频率稳定度从 10^{-10} 改善到 2×10^{-12},实现对接收信号频率的高精度测量。

图 8.14　配备宽带接收天线 ARC – A7A – 3(右)和
GNSS 导航天线(左)的无线电接收机 ARGAMAK – IS(下)

数字电视信号的频率测量算法基于相位差法,使用自动频率控制接收 DVB – T2 信号,与具体工作模式无关。基于 GNSS 同步的单频广播网信号载波测量误差不超过 $\pm 5 \times 10^{-11}$。而且电平测量误差不超过 ± 1dB,校验频带误差 $\pm 0.1\%$。测量误差的大小满足俄罗斯标准 55696 – 2013、5939 – 2014 以及俄罗斯通用无线电频率中心规范[15]的要求。

图 8.15 展示了分析仪主窗口界面截图。窗口左边部分展示了从频率为 722MHz 的电视信号传输流中接收到的节目的树状结构。窗口右边部分给出了代表调制类型和接收信号质量的信号星座图、反映延迟及扩展(有效信道长度)的功率(多径)延迟分布、2 型物理层管道传输流的符号估计以及信号频谱。窗口界面可灵活地调整显示要素、图、表及内容。

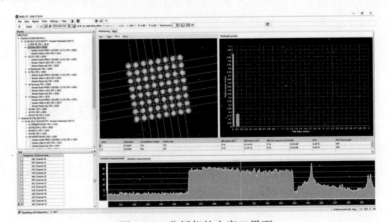

图 8.15　分析仪的主窗口界面

分析仪运行结果报告的可能版本如表 8.1 所列。

表 8.1　DVB－T2 分析仪运行结果

	电视信号参数
日期	08.07.2016
时间	19:15:36
信号类型	DVB-T2
频道	Kahaπ52
发射台标识	13604
网络标识	13583
原始网络标识	8835
网络名称	俄罗斯联邦数字地面电视
频率/MHz	722
频偏/Hz	0.03
测频/MHz	722.00000003
带宽/MHz	7.61875
电平/dBμw	62.3
信干噪比/dB	46
校正因子/dB	18.2
场强/（dBμV/m)	80.5
子载波数量及模式	32k
保护间隔	1/16
L1后信令调制类型	Qpsk
导频模式	PP4
发射天线个数	1
传输流个数	3
--------传输流1-------	
传输流标识	1
调制类型	64-QAM
星座旋转	是
编码效率	4/5
前向纠错码帧长	64k
LDPC译码前误比特率	0.313%
BCH译码前误比特率	0%
误帧率	0%
调制误差比	20.08dB
误差向量幅度	9.98%
传输流2	
传输流标识	2
调制类型	64-QAM
星座旋转	是
编码效率	4/5
前向纠错码帧长	64k

星座旋转	是
编码效率	4/5
前向纠错码帧长	64k
LDPC译码前误误特率	0.284%
BCH译码前误比特率	0%
误帧率	0%
调制误差比	21.59dB
误差向量幅度	5.47%

传输流数据

节目端口号	俄罗斯节目	流	流端口号
1010	01　FIRST CHANNEL	视频 H.264	1011
		音频　MPEG-1 ISO/IEC-11172	1012
		字幕	1014
		保留	1015
1020	02 RUSSIA-1	视频 H.264	1021
		音频　MPEG-1 ISO/IEC-11172	1022
		音频　MPEG-1 ISO/IEC-11172	1023
		字幕	1024
		保留	1025
1030	03 MATCH!	视频 H.264	1031
		音频　MPEG-1 ISO/IEC-11172	1032
		字幕	1034
		保留	1035
1040	04 NTV	视频 H.264	1041
		音频　MPEG-1 ISO/IEC-11172	1042
		字幕	1044
		保留	1045
1050	05　FIFTH CHANNEL	视频 H.264	1051
		音频　MPEG-1 ISO/IEC-11172	1052
		保留	1055
1060	06 RUSSIA-K	视频 H.264	1061
		音频　MPEG-1 ISO/IEC-11172	1062
		字幕	1064
1070	07 RUSSIA-24	视频 H.264	1071

（续）

LDPC译码前误比特率	0.308%
BCH译码前误比特率	0%
误帧率	0%
调制误差比	19.76dB
误差向量幅度	10.32%
传输流3	
传输流标识	3
调制类型	64-QAM

		音频 MPEG-1 ISO/IEC-11172	1072
1080	08 CARUSEL	视频 H.264	1081
		音频 MPEG-1 ISO/IEC-11172	1082
		字幕	1084
1090	09 OTP	视频 H.264	1091
		音频 MPEG-1 ISO/IEC-11172	1092
1100	10 TV CENTR	视频 H.264	1101
		音频 MPEG-1 ISO/IEC-11172	1102
		字幕	1104
		保留	1105
1110	VESTIFM	音频 MPEG-1 ISO/IEC-11172	1112
1120	MAYAK	音频 MPEG-1 ISO/IEC-11172	1122
1130	Russian Radio	音频 MPEG-1 ISO/IEC-11172	1132

▲8.8　数字电视载波的高精度频率估计

　　数字电视系统对信号载波频率的精度提出了严格要求。这涉及这样一个事实：一般情况下，接收机可同时接收来自在单频道（单频网络）中工作的不同发射机的信号。对于这种情况，为了有效接收电视信号，载波频率的最大允许偏差在 DVB - T/H 标准下不应超过 1Hz，在 DVB - T2 标准下不应超过 0.5Hz[15-16]。

　　为此，测量设备的频率测量误差应不劣于 0.1 ~ 0.05Hz。

　　数字电视信号载波频率的高精度估计包括以下步骤[17]：

　　（1）搜索数字电视信号。

　　（2）初始时间频率同步。

　　（3）FFT 点数和保护间隔长度的估计。

　　（4）FFT。

　　（5）时间和频率跟踪。

　　（6）载波频率的高精度估计。

　　电视信号载波频率的高精度估计框图如图 8.16 所示。

输入数字基带信号

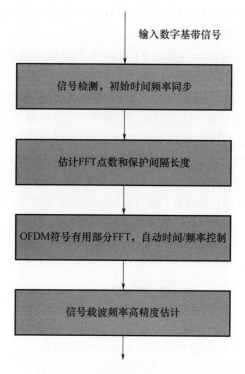

图 8.16　载波频率高精度估计框图

为了获得输入数字基带信号,对接收无线电信号进行放大,并进行模数转换、下变频为基带、滤波和过采样。

DVB – T/H 信号的检测、N 和 N_{CP} 的估计,是基于每个 OFDM 符号中都存在的前缀进行的。对于所有可能的 N 和 N_{CP} 的集合,构造这些重复片段的相关函数。确定相关函数的绝对值的最大值后,与阈值进行比较。如果超过阈值,则确定存在电视信号。该最大值对应的 N 和 N_{CP},给出了 FFT 点数和保护间隔长度的估计,明确了导频信元的总体情况。

初始时间同步是准确确定 OFDM 符号开始时刻的必要条件。它是在分析 OFDM 信号导频分量对应的滤波器输出信号的基础上进行的。

频率偏移的初始估计可以用 $F = F_1 + F_2$ 表示,其中,F_2 是相邻子载波频率差 $1/NT$ 的倍数,且 $|F_1| < 1/NT$。

根据 OFDM 符号重复部分之间的相位差,确定第一个频率偏移量 F_1 的估计。根据相邻两个 OFDM 符号中假设的导频子载波的相关函数的最大值,得到频率偏移量 F_2。根据 F_1 和 F_2 的估计,对基带信号样本进行校正。对 DVB – T/H 信号的处理算法细节见文献[3 – 4]。

根据每个 T2 帧开始处的 P1 信令,对 DVB – T2 进行信号检测和初始频率时间同步。为此,使用特定的 P1 符号结构。

然后,接收 P1 符号信令,包含 FFT 点数 N 和可能的前缀长度集合。从该集合中估计 N_{CP} 的方法与 DVB – T/H 相同[3]。

与 DVB – T/H 初始时间同步方式类似,DVB – T/H 和 DVB – T2 根据信号导频分量,进行连续、逐步的时间跟踪。区别在于,上一次时间同步时估计出的 OFDM 符号有用部分的第一个样本位置,可合理假设为分析时段的中心。

为了在 OFDM 符号有用部分对应的每个块上完成频率跟踪,进行 FFT。

根据连续信号导频子载波,对 DVB – T/H 和 DVB – T2 进行自动频率跟踪。使用相位差法[14],定期(周期为 I 帧)估计频率偏移。频率控制的第 p 阶段的频率偏移估计为

$$f_p = \frac{1}{2\pi T_{fr}} \arg(U_p) \tag{8.24}$$

$$U_p = \sum_{i=pI+1}^{pI+I-1} \sum_{k \in \Omega_{CP}} \sum_q X_{q,k}^{(i)} X_{q,k}^{(i-1)*} \tag{8.25}$$

式中:$X_{q,k}^{(i)}$ 为 FFT 结果,q 是帧中 OFDM 符号编号,k 是子载波编号,i 是帧编号;T_{fr} 为帧持续时间;I 为自动频率控制每个阶段中的帧数。

通过基带信号相位校正,可补偿检测到的频率偏移。

通过对初始频偏估计 F 叠加附加计算量 F_p,可得到接收机与接收的数字电视信号中心频率偏移的高精度估计 $\tilde{F}$。附加计算量 F_p 为

$$F_p = \frac{1}{2\pi T_{fr}} \arg\left[\sum_{m=1}^{p} U_m \exp\left(j2\pi T_{fr} \sum_{n=1}^{m-1} f_n\right) \right] \tag{8.26}$$

式(8.26)在整个分析时段内实现了相位差法。相位差法只根据导频子载波进行,因为使用离散导频信元并不会显著提高估计精度。接收测量综合系统在接收信号时会周期性地执行频率控制。由于接收系统在估计频率偏移时已计算了 U_p 和 f_p,因此计算频率修正量式(8.26)几乎不需要额外代价。使用最后三个频率估计之差的最大绝对值 δ,可估计高精度频率测定过程的误差。

$$\delta = \max(|F_M - F_{M-1}|, |F_{M-1} - F_{M-2}|, |F_{M-2} - F_{M-3}|) \tag{8.27}$$

式中:M 为频率控制的最后阶段的编号。δ 值表征了估计精度,对复杂信道和干扰条件下的接收信号尤为重要。

DVB – T/H 和 DVB – T2 系统的频率偏移估计结果如表 8.2 和表 8.3 所列,格式为 $(\tilde{F} - F_0) \pm \delta$,其中 F_0 为实际的频率偏移。为了获得这些结果,电视信号源和接收机通过共用高稳定度参考振荡器实现同步。

表 8.2　DVB – T/H 系统频率偏移的高精度估计误差

频率偏移/Hz	FFT 点数		
	2K	4K	8K
0	0.0119 ± 0.0130	− 0.0028 ± 0.0069	− 0.0077 ± 0.0051
1	0.0113 ± 0.0037	0.0029 ± 0.008	0.0039 ± 0.0056
10	0.0041 ± 0.0098	0.0121 ± 0.0112	0.0069 ± 0.0120

表 8.3　DVB – T2 系统频率偏移的高精度估计误差

频率偏移/Hz	FFT 点数					
	1K	2K	4K	8K	16K	32K
0	− 0.0345	− 0.0710	− 0.1257	− 0.0125	− 0.02594	0.0038
	± 0.0004	± 0.00084	± 0.0014	± 0.00079	± 0.00037	± 0.0021
1	0.0032	0.0265	− 0.0565	− 0.0535	− 0.0028	− 0.0019
	± 0.00084	± 0.0003	± 0.0012	± 0.00051	± 0.0036	± 0.0022
10	− 0.0753	− 0.0922	− 0.1340	− 0.0268	− 0.0108	− 0.0009
	± 0.00055	± 0.00082	± 0.0018	± 0.0017	± 0.0022	± 0.002

可以看出,使用相同点数的 FFT,DVB – T/H 信号的估计精度略高于 DVB – T2。这可以解释为,DVB – T/H 信号中的导频子载波数量更多。对于在俄罗斯很普遍的使用 32K 点 FFT 的标准 DVB – T2,相对误差为 10^{-11} 量级。

图 8.17 展示了高精度频率偏移估计随时间收敛的一个实例。其中,DVB – T2 系统使用了 32K 点 FFT。图 8.17 对应的真实频率偏移是 1Hz。不难发现,经过 0.2s 之后,测量结果与真实结果的差异小于 0.05Hz;在给出的例子中,观测持续时间约 2s 时,获得的频率估计的总波动约为 0.01Hz。

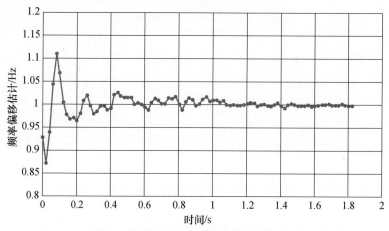

图 8.17　频率偏移估计收敛过程示例,$F_0 = 1$

DVB – T/H、DVB – T2 信号分析仪的 SMO – CT 软件部分包含了频率偏移的高精度估计程序[1,3,18]。

为了检验分析仪的工作情况,对电视信号载波频率的估计精度进行了测量。根据图 8.18 所示框图进行测量。为了减少测量无线电接收机 ARGAMAK – IS 的参考频率不稳定对测量精度的影响,测量时应连续检查参考频率偏离其标称值的情况。为此,形成了与卫星导航系统时间标记同步的高精度本地时频基准,保证相对稳定度不劣于 5×10^{-11}。与高稳定度外部振荡器 VCH – 311 同步的安捷伦 E4438C 信号发生器,作为 DVB – T/H、DVB – T2 信号源,其相对稳定度约为 1×10^{-13}。安捷伦 E4438C 信号发生器可输出不同电视信号参数的测试信号。载波频率估计结果如表 8.4 所列。

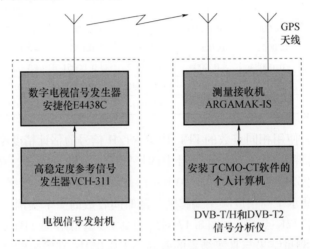

图 8.18　实验实施框图

表 8.4　DVB – T2 信号的频率偏移估计

载波频率/MHz	FFT 点数			
	4K	8K	16K	32 K
96	0.03	0.03	0.02	0.01
514	0.02	0.02	0.01	0.01
858	0.02	0.02	0.03	0.01

▲8.9　电视和广播信号的多通道自动监测

本节的目标是分析在俄罗斯制造实现的接收机基础上开发的 ARC – TVRV

综合系统的结构特点和工作原理,该系统计划在自动化无线电监测系统结构中运行,不仅提供对广播节目内容的多通道监测和记录功能,也可测量接收到的无线电信号参数[2]。

8.9.1　主要功能

ARC – TVRV 综合系统可在地理分布系统体系中独立运行,实现以下功能:

- 同时监测多达 16 个模拟和 20 个数字电视和广播频道的内容;
- 记录广播违规情况,并使用操作界面通过电子邮件、短信等方式进行通报;
- 同时录制不少于 8 个频道的模拟电视信号:SECAM、PAL、NTSC、DVB – T/H/S/T2 数字电视、模拟调频广播、数字广播字幕;
- 无线电信号参数的测量,包括带宽、电平和场强、中心频率;
- 无线电信号调制参数估计;
- 按计划执行任务,无须持续控制通道;
- 设备自诊断,支持安防信号传感器。

8.9.2　结构和工作特点

ARC – TVRV 综合系统有移动和固定两种制造实现形式,如图 8.19 和图 8.20 所示。

图 8.19　移动式系统

图 8.20　固定式系统

在移动式系统中,电子设备安装在恒温防潮箱中,供全年室外使用。固定式系统无保护箱,为室内安装而设计。ARC – TVRV 结构框图如图 8.21 所示。图 8.22展示了移动式系统的内部组成。

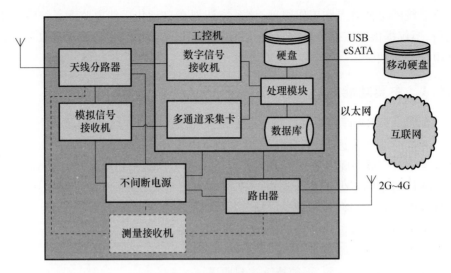

图 8.21　ARC – TVRV 结构框图

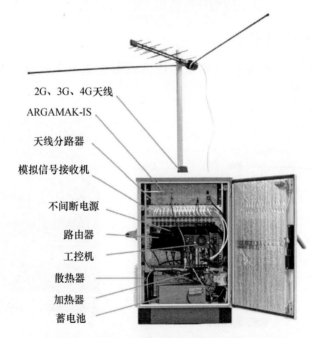

图 8.22　ARC – TVRV 移动式系统的内部组成

来自电视天线的信号进入有源分路器,然后进入模拟和数字无线电信号接收机模块。模拟信号接收机同时接收 16 路信息通道;采集卡将其转换成数字信息。工控机中的嵌入式数字信号接收机有两个独立的接收通道,并允许同时解码两个物理层管道流,确保最多20路数字电视通道的接收。工控机用于信号处理和记录、外部设备的控制,作为自动无线电监测系统 ARMADA 的本地控制服务器,支持用户接口、按计划执行任务、电源控制、无线电监测网络的自主运行和功能、设备自诊断等。

内置电源保证约 1h 的自主运行;当外接蓄电池时,该时间会增加。通过主用以太网通道或采用2G、3G、4G 技术的备用无线通道,实现远程控制。主用通道异常时,自动转换到备用通道。该系统可从工作站进行远程控制,工作站不需要使用额外的软件,所有控制都通过 Web 浏览器实现。自诊断系统可及时检测和通知异常情况和设备故障。此外,还有一个安防系统,检查箱体打开、倾斜和敲击的情况。自我诊断和安防系统使用标准 SNMP 协议。

剩余空间可用于安装附加设备,包括附加的通信设备、测量设备、蓄电池、信息记录存储。全景数字测量接收机 ARGAMAK - IS[4,13] 可纳入到系统结构中,提供全景和频谱分析、信号参数测量、电视和广播系统的服务标识符和参数分析。数字电视系统的信号测量误差符合俄罗斯标准 55696 - 2013、55939 - 2014,以及俄罗斯通用无线电频率中心规范:

- 信号电平测量误差: ±1dB;
- 基于内置参考振荡器,多频广播网络工作信号中心频率测量误差: $\pm 1 \times 10^{-9}$;
- 基于与 GLONASS/GPS 信号时间精确同步的内置参考振荡器,单频广播网络工作信号中心频率测量误差: $\pm 5 \times 10^{-11}$;
- 信号带宽测量误差: ±0.1%。

图 8.23 展示了本章前面讨论过的 SMO - ARMADA[19] 软件窗口的例子,窗口内容为 DVB - T2 数字电视信号分析仪的操作结果。

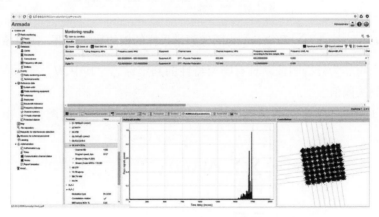

图 8.23　DVB - T2 信号测量

综合测量系统中的测量接收机 ARGAMAK - IS,可测量模拟和数字调制的无线电信号参数,具体包括调幅、调频和数字调制类型的无线电信号频率、带宽、调频信号的频率偏差、频道占用度,以及数字电视信号参数。

此外,可完成标识符确定,以及 APCO P25、DMR、GSM、UMTS、LTE、IS - 95、CDMA2000、EV - DO、TETRA、DECT 等其他数字技术的无线电信号参数估计。

8.9.3 广播干扰事件生成算法

下面考虑用于识别黑场、白场、无信号、静帧及伴音变化等电视和广播干扰的主要算法。

基于图像平均亮度估计,识别是否出现了黑白场。

$$B = \frac{1}{WH} \sum_{i=1}^{W} \sum_{j=1}^{H} \mathrm{pxl}(i,j) \tag{8.28}$$

式中:B 为图像平均亮度的估计值;W 和 H 为以像素表示的图像宽度和高度;元素 $\mathrm{pxl}(i,j)$ 包含单个图像像素亮度有关信息。如果 H_{black} 是黑场的阈值,H_{white} 是白场的阈值,那么在满足条件 $B < H_{\mathrm{black}}$ 的情况下,判定显示器中显示黑场;而对于 $B > H_{\mathrm{white}}$,判定在显示器中显示白场。

为了识别初始信号消失(传输"图像"具有噪声特性)的情况,对图像频谱与白噪声频谱的方差接近度进行估计。为此,根据二维图像频谱

$$F(m,n) = \sum_{i=1}^{W} \sum_{j=1}^{H} \mathrm{pxl}(i,j) \cdot e^{-\mathrm{j}2\pi \left[\frac{(m-1)(i-1)}{W} + \frac{(n-1)(j-1)}{H}\right]} \tag{8.29}$$

估计了谱分量强度的正态方差

$$D_F = \frac{1}{WH} \frac{1}{M_F^2} \sum_{m=1}^{W} \sum_{n=1}^{H} \left(\mid F(m,n) \mid - M_F\right)^2 \tag{8.30}$$

式中:$M_F = \dfrac{1}{WH} \sum_{m=1}^{W} \sum_{n=1}^{H} F(m,n)$ 为图像频谱采样的模的数学期望。满足条件 $D_F < H_{\mathrm{white\_noise}}$,可作为分析图像帧具有噪声特性的判定标志。其中,$H_{\mathrm{white\_noise}}$ 是"噪声"图像的判决阈值。

为了跟踪图像衰落的情况,应根据其复频谱 F_1 和 F_2 估计图像互相关的最大值。

$$F_1(m,n) = \sum_{i=1}^{W} \sum_{j=1}^{H} \mathrm{pxl}_1(i,j) \, e^{-\mathrm{j}2\pi \left[\frac{(m-1)(i-1)}{W} + \frac{(n-1)(j-1)}{H}\right]} \tag{8.31}$$

$$F_2(m,n) = \sum_{i=1}^{W} \sum_{j=1}^{H} \mathrm{pxl}_2(i,j) \cdot e^{-\mathrm{j}2\pi \left[\frac{(m-1)(i-1)}{W} + \frac{(n-1)(j-1)}{H}\right]} \tag{8.32}$$

然后,确定第二幅图像的共轭频谱。

$$F_{2c}(m,n) = \mathrm{Re}\left[F_2(m,n)\right] - j\mathrm{Im}\left[F_2(m,n)\right] \tag{8.33}$$

以及复频谱之积

$$M(m,n) = F_1(m,n) \cdot F_{2c}(m,n) \tag{8.34}$$

通过对复频谱之积进行 IFFT,可计算相关函数

$$R_{12}(m,n) = \frac{1}{WH}\left| \sum_{i=1}^{W}\sum_{j=1}^{H} M(i,j)\, e^{j2\pi\left[\frac{(m-1)(i-1)}{W}+\frac{(n-1)(j-1)}{H}\right]}\right| \tag{8.35}$$

将图像互相关最大值 $R_{12\max} = \max(R_{12})$ 与每个图像自相关峰值 $R_{11\max}$、$R_{22\max}$ 中最小值 $R_{A\min}$ 进行比较。

$$R_{A\min} = \min(R_{11\max}, R_{22\max}) \tag{8.36}$$

如果相关峰值相对于图像中心的偏移量不超过给定值 S_{XY},且满足不等式

$$\frac{R_{12\max}}{R_{A\min}} > H_R \tag{8.37}$$

图像帧被视为无变化,判定图像出现了衰落。通过改变参数 S_{XY} 和 H_R,可调整算法的灵敏度。

为了确定音量变化,可根据文献[20]提出的方法估计声音信号强度。如果音量变化超过给定的阈值 H_L,则算法生成音量干扰事件。

在执行电视信息内容检查的任务过程中,从不同频道获得的图像组成了图 8.24 所示的拼图。

图 8.24　内容可视化

每个图像帧中都有一个服务区域,其中显示频道名称、频率值等。图像的顺序、帧重复频率、大小和内容由用户自行调整。而且,可根据操作员的选择,将一个或多个频道实时显示在独立窗口中。软件事件机制生成有关广播违规的事件,并保存事件发生时的图像。

被监测的电视和广播频道状态,整体映射为彩色进度条构成的图形,各个彩色进度条如图 8.25 所示。进度条的颜色在适当的时间点标明了频道状态。

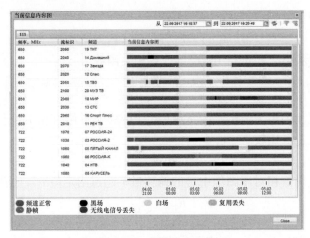

图 8.25　当前信息内容

事件发生的有关通知存储在数据库中,并通过电子邮件发送到规定地址,或通过短信发送到指定的电话号码,而且可根据全天不同时间段调整通知方式。

除了检测广播干扰外,该综合系统还提供数字和模拟电视以及广播信号的多通道信号同步记录。此外,还记录了 ARC－TVRV 的地理坐标、录制日期和时间,以及数字广播的字幕。记录使用内置、外置或网络存储器,并分成指定大小或持续时间的独立片段进行记录。存储记录的数据量取决于使用的分辨率、数字流速率和记录持续时间。表 8.5 展示了存储所需大小与记录参数的关系。

在显示分辨率为 320×256、流速率为 200kb/s 的情况下,1TB 存储器可在 60 天内同时录制 8 个电视频道。当剩余空间耗尽后,新文件将自动替换旧文件。同时,可以对那些必须保存、不得覆盖的文件进行保护。

表 8.5　记录参数对应的存储大小

像素分辨率	流速率/(kb/s)	1 小时记录文件 大小/MB	7 天记录文件 大小/GB
320×256	80	35	6
	200	88	15
	250	109	18
	1020	436	73
720×576	670	284	49
	1660	713	120
	2050	883	148
	8230	3534	594

8.9.4　在无线电监测系统中的运行

　　地域内分布的自动无线电监测系统可集中控制 ARC – TVRV 综合系统,自动监测所有监视地域内的电视和广播系统质量,执行与所属设备相匹配的任务清单,并确保通过统一的控制中心获取、比较和处理得到的结果。而且,提高了人工操作效率,定位和解决广播干扰的时间大大缩短。当综合系统在自动化无线电监测系统体系中运行时,以使用其他无线电监测设备为代价,可扩展电视和广播监测的类型。例如,借助于系统中的无线电测向设备,可确定干扰源的位置。

　　图 8.26 给出了分布式系统实现的示例。通过联合主从系统的服务器,外部的自动化无线电监测主系统可向从系统安排任务清单,完成任务的结果再返回到主系统。图中,在系统体系内展示了俄罗斯综合监测系统 ARC – TVRV,以及无人无线电监测与测向测量站 ARCA – I 和 ARCA – INM[4,13]。

　　固定设备通常采用有线或光纤信道作为主用通道,无线信道作为备用通道。通过调整访问权限和系统安全策略,可规定由特定的自动化无线电监测系统操作者控制任何设备、计划任务或紧急任务清单。因此,ARC – TVRV 的控制可从位于同一区域的自动化无线电监测系统,以及位于较高级别地区的系统这两个层次来实现。同一个自动化无线电监测系统可向不同的无线电监测设备分配任务,从而可高效完成电视和广播系统的无线电监测任务。

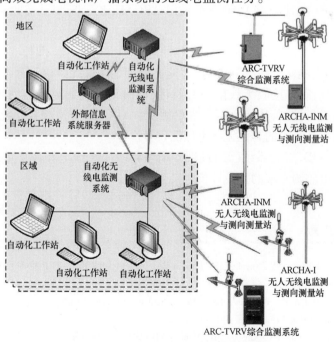

图 8.26　无线电监测网络的体系结构

◣8.10　本章小结

　　本章所述的 DVB – T2 分析仪旨在搜索数字电视台信号、接收服务数据、获取信息流、提取不同节目的子流、实现大量物理层和传输层的测量。分析仪可用于数字电视系统的规划和运行,电视发射机参数的测量,以及覆盖范围的估计。

　　该分析仪由硬件部分(ARGAMAK 系列测量接收机)和软件部分(系统数学支持应用程序)组成。利用通用测量接收机作为设备,不仅可分析 DVB – T2 信号,而且可完成其他无线电监测任务。例如,对 DVB – T/H 信号以及 GSM、UMTS、LTE、CDMA2000、EVDO、DMR、APCO P25 等各种通信系统的信号进行分析。

　　从功能和计量能力来看,该分析仪不亚于世界先进制造商的系统,且符合俄罗斯规范性文件的要求。

　　目前,分析仪作为便携式、移动式和固定式无线电监测站的一部分,用于俄罗斯联邦的无线电通信服务。

　　数字电视信号载波频率的高精度估计算法是基于相位差法设计,依靠自动频率控制接收电视信号,与具体工作模式无关。该算法在 DVB – T/H、DVB – T2 信号分析仪中实现,极大地满足了对载波频率估计精度的规范要求。分析仪的软件部分 SMO – CT 已成功应用于采用 ARGAMAK – IS 测量接收机的体系结构中。

　　ARC – TVRV 综合系统适用于全年的室内和室外操作。即使在没有通信信道的情况下,也能保证按计划运行,并能高精度地测量无线电信号参数,解码发射机服务参数,确定接收无线电信号特性,同时记录多通道传输内容。可通过 Web 浏览器进行控制,从一个工作站控制多个 ARC – TVRV 综合系统,以及地域分布的自动化系统中的其他无线电监测设备。

　　ARC – TVRV 综合系统已通过俄罗斯联邦多个无线电频率中心的认证,并得到了无线电监测专家的积极评价。

📚参考文献

1. Alexeev PA, Ashikhmin AV, Kayukov IV, Kozmin VA, Manelis VB (2016, in Russian) DVB – T2 signals analyzer. Spetstehnika i Svyaz (4):15 – 28.

2. Kozmin VA, Korochin SV, Bocharov DN (2016, in Russian) Automated multi – channel television and radio broadcasting monitoring. Electrosvyaz (10):62 – 68.

3. Ashikhmin AV, Kozmin VA, Kayukov IB, Manelis VB (2012, in Russian) Digital TV radio signal analy-

zer. Radiotekhnika (2):75 – 91.

4. Rembosky AM, Ashikhmin AV, Kozmin BA (2015, in Russian) Radiomonitoring: problems, methods, means. In: Rembosky AM, 4th edn. Hot Line – Telecom Publ. , Moscow, 640 p.

5. Cimini Jr LJ (1985) Analysis and simulation of a digital mobile channel using orthogonal frequency division multiplexing. IEEE Trans Commun COMM – 33:665 – 675.

6. van Nee R, Prasad R (2000) OFDM wireless multimedia communications. Artech House, Boston – London.

7. ETSI EN 302 755 V1.3.1 (2012 – 04) Digital Video Broadcasting (DVB); Frame structure channel coding and modulation for a second generation digital terrestrial television broadcasting system (DVB – T2).

8. Alamouti S (1998) A simple transmit diversity technique for wireless communications. IEEE J Sel Areas Commun 16(8):1451 – 1458.

9. ISO/IEC 13818 – 1: Information technology—Generic coding of moving pictures and associated audio information: Systems.

10. ETSI TS 102 606: Digital Video Broadcasting (DVB); Generic Stream Encapsulation (GSE) Protocol.

11. A14 – 2 Digital Video Broadcasting (DVB); Measurement guidelines for DVB systems; Amendment for DVB – T2 System, July 2012.

12. ETSI TR 101 290 V1.2.1 Digital Video Broadcasting (DVB); Measurement guidelines for DVB systems (2001 – 05).

13. The catalogue 2017 of IRCOS JSC. http://www. ircos. ru/zip/cat2017en. pdf. Accessed 28 Nov 2017.

14. Kayukov IV, Manelis VB (2006, in Russian) Comparative analysis of different methods of signal frequency estimation. Radioelectron Commun Syst 49(7):42 – 56.

15. Norm of State Committee on Raduo Frequencies 17 – 13 "Radio Transmitters of all categories of civil application. Requirements on the permissible frequency deviations" with modifications dated July 2015 (in Russian).

16. GOST (Russian State Standard), pp 55696 – 2013. Television broadcasting digital. Transmitting equipment for digital ground – based TV broadcasting DVB – T/T2. Technical requirements. Main parameters. Methods of measurement (in Russian).

17. Bespalov OV, Kayukov IV, Kozmin VA, Manelis VB (2016, in Russian) High – precision estimation of digital television carrier frequency. Spetstehnika i Svyaz (4):97 – 100.

18. SMO – CT Software package for digital TV signal analysis. http://www. ircos. ru/en/sw_ct. html. Accessed 28 Nov 2017.

19. SMO – ARMADA software package of automated spectrum monitoring systems. http://www. ircos. ru/en/sw_armada. html. Accessed 28 Nov 2017.

20. Recommendation ITU – R BS. 1770 – 3 (2012) Algorithms to measure audio programme loudness and true – peak audio level, Geneva, p 22.

第9章

数字辐射源的检测和识别

▲9.1 引言

对于数字无线电通信和数据传输网络的规划利用、发射机参数与频率－空域规划的一致性检验、频率干扰排查和干扰源搜索等,都需要识别信号发射台站并解码其工作参数。

本章将介绍基于 ARGAMAK 系列数字接收机的信号分析仪使用方法,包括 GSM、UMTS、LTE、IS－95、CDMA2000、EV－DO、TETRA、DECT 基站、DMR 台站、APCO P25 台站,以及无线 Wi-Fi 网络的信号分析仪。本章介绍的所有分析仪硬件结构相仿,如图 9.1 所示,仅在软件方面有所不同。

图 9.1　数字信号分析仪结构图

ARGAMAK 系列数字接收机,如 ARGAMAK－M、ARGAMAK－RS、ARGAMAK－IS、ARCHA－IN 等,可用作无线电监测单元。接收机生成数字信号的同相/正交(I/Q)分量,其信号带宽和采样频率与所分析的系统相对应,并由计算机进行进一步处理。计算机软件通过"接收—测量"算法对信号进行处理,并在分析仪上显示处理结果。

分析仪的主要功能是搜索和解码数字信号,不仅适用于特定数字技术中使用的标准频率,也适用于接收机的整个操作频率范围。

▲9.2 GSM、UMTS、LTE 基站信号分析仪

全球移动通信系统(GSM)、通用移动通信系统(UMTS)、长期演进技术

(LTE)等欧洲数字标准蜂窝网络在俄罗斯等国家广泛应用。GSM 标准的第二代网络采用的是频分和时分多址(TDMA)技术。GSM 网络于 1992 年首次投入商用,因性能可靠、功能强大、价格低廉、基础设施完善等优势,至今仍广受欢迎,用户数量已超过 20 亿。

近几十年来,为了不断提高数据传输速率和用户服务质量,蜂窝通信技术得到了快速发展。除第二代系统外,还出现了第三代(UMTS)和第四代(LTE)宽带系统,它们主要采用分组数据传输技术,能够向用户提供高速互联网、视频会议、移动电视等服务。

第三代系统基于码分多址(CDMA)技术,与 GSM 系统相比,具有更高的频谱效率和更大的容量。

第四代系统采用正交子载波复用技术,与前几代系统采用的频分、时分和码分技术相比,具有数据传输速率更高(高达每 20MHz 带宽 300Mb/s)、多径传播更稳定、信号参数选择更灵活等优势。

为了正确规划使用 GSM、UMTS 和 LTE 网络,验证需求与信号发射参数的一致性,并分析网络覆盖区域,需要定期识别活动基站并分析其信号特征。

全球处于行业领先地位的第二代、第三代、第四代蜂窝系统无线电监测设备生产商主要包括罗德与施瓦茨(Rohde & Schwarz, TSMQ、CMW – 500)、泰克(Tektronix, YBT250、K2Air)、安捷伦(Agilent, E7495A/B、N9080A LTE FDD、N9082A LTE TDD)等。

本节将介绍一款由俄罗斯生产的 GSM、UMTS 和 LTE 网络基站信号分析仪。在功能上,这款分析仪并不逊于世界领先制造商所生产的同类仪器。该分析仪适用于搜索和接收基站信号,并对信号进行识别、参数估计和定位。该分析仪的硬件[1-2]可选择基于 ARGAMAK 系列数字无线电接收机(包括 ARGAMAK – M、ARGAMAK – RS、ARGAMAK – IS、ARCHA – IN 等)的无线电监测设备。接收机生成数字信号,其信号带宽和采样频率与所分析系统相符。分析仪包括三个软件模块,可实现复杂的信号处理接收—测量算法,并具有通用接口。

下面将简要描述各蜂窝通信系统的基站信号特征,进而阐述分析仪的通用信号处理流程、系统功能,以及分析结果示例[3]。

9.2.1　GSM 信号分析

一般情况下,GSM 网络的所有基站均为多个蜂窝小区提供服务。单个基站在所辖的各个扇区(对应不同蜂窝小区)内独立收发信号。为每个蜂窝小区分配一定数量的网络运营商频道,其中一条频道用于广播数据的传播。

在 GSM 标准中,使用 TDMA 技术实现数据传输的多址接入,采用结构化的帧序列[4]表示。在序列周期中,每帧都有自己的帧号(0 ~ 2715647)。每帧分为8 个时隙,每个时隙长度为 576.9mks。在广播信道中,51 个帧形成一个复帧。数字信息流由插入时隙中的码元序列代表。在 GSM 系统中,信息调制方式为高斯最小频移键控(GMSK),信息传输速率为 270.833kb/s,即一个时隙内包括156.25 个码元。

基站发送的信号包含多个信道:同步信道(SCH)、频率校正信道(FCCH)、广播控制信道(BCCH),以及业务和其他控制信道。分析仪只分析同步信道、频率校正信道和广播控制信道,不分析业务信道。

广播信道的复帧结构如图 9.2 所示。复帧中的帧被分成 5 组,每组 10 帧,此时 1 帧空闲。每组的第 1 帧包含频率校正信道,第 2 帧包含同步信道,剩下 8 帧分成两个 4 帧的块。复帧组 1 的第一个信息块用于广播控制信道,其他 9 个信息块用于其他逻辑信道。

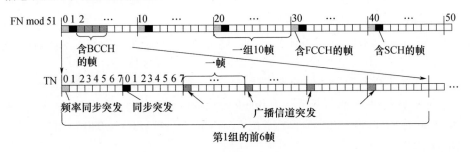

图 9.2　广播信道的复帧结构

同步信道的信息码元在同步突发脉冲的适当字段中进行解释,同步脉冲在每个复帧的 1、11、21、31、41 帧的时隙 0 中传输。同步突发脉冲的结构如图 9.3(a)所示。

频率校正突发脉冲在频率校正信道中传输,不携带任何信息码元,位于复帧的第 0、10、20、30、40 帧的时隙 0 中。频率校正突发脉冲的结构如图 9.3(b)所示。

广播控制信道的信息码元位于正常突发脉冲的适当字段中,通常在每个复帧的第 2 ~ 5 帧的时隙 0 中发送,在某些模式下也会在其他位置发送。正常突发脉冲的结构如图 9.3(c)所示。

在给定频率范围内,分析仪对 GSM 标准中所有可能频道的蜂窝小区信号进行搜索、识别和参数测量。

对于每个频道,形成必需带宽和采样频率的基带信号,进行基站信号搜索、时间频率同步、同步信道和广播信道消息接收,这样才能提取蜂窝小区识别数据。

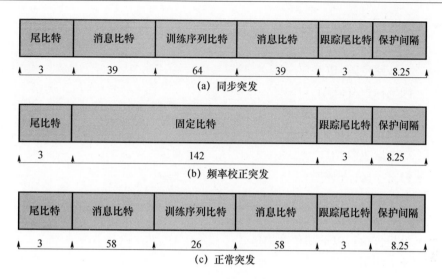

图 9.3 GSM 突发的结构

GSM 数字信号处理框图如图 9.4 所示。GSM 系统接收—测量算法组件的工作原理详见文献[2]。

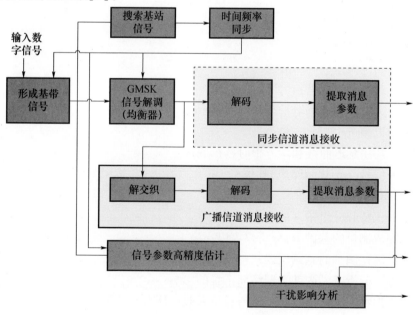

图 9.4 GSM 信号处理框图

GSM 网络的基站信号分析仪能搜索到所需频段内的基站广播信号,并接收下列数据:

- 基站识别码(BSIC)：
  - 网络标色码(NCC)；
  - 基站色码(BCC)。
- 区域标识符(LAI)：
  - 移动国家代码(MCC)；
  - 移动网络代码(MNC)；
  - 区域码(LAC)。
- 蜂窝小区标识符。
- 分配给特定蜂窝小区(CA)的频道。
- 广播相邻蜂窝信道(BA)的频道。
- 分析仪执行以下高精度测量。
- 频谱测量：
  - 频移；
  - 带宽(99%的功率)。
- 功率测量：
  - 信号的平均功率；
  - 信号码元的能量。
- 信号质量测量：
  - 相位误差；
  - 载波抑制电平；
  - 突发脉冲功率电平与时间的关系。
- 信道测量：
  - 功率延迟曲线和均方根时延扩展；
  - 信号/(干扰+噪声)比率；
  - 载波/噪声比；
  - 比特和分组错误的概率。

在完成测量的基础上,分析仪可以：

- 计算检测到的基站位置；
- 逐个分析基站内部和网络间干扰的影响；
- 根据给定的标准计算总信道质量系数以便有效监测通信；
- 在区域数字地图上显示网络覆盖区域。

9.2.2 UMTS 信号分析

码分多址原理[5]是通用移动通信系统(UMTS)技术的基础,来自不同网络小区的信号和每个小区不同信道的信号在同一频段内同时传输。每个小区都有自己的扰码,以便接收方能够提取该小区的信号。对于小区的不同物理信道,则采用正交信道编码来进行划分。

UMTS 标准允许使用两种双工模式:频分双工(FDD)和时分双工(TDD)。在 FDD 模式中,下行链路和上行链路信道(从基站到用户为下行,反之为上行)有独立的频段。在 TDD 模式中,下行链路和上行链路信道在同一频段中使用不同的时间段。

小区的 UMTS 信号包括不同的物理信道:主公共导频信道、主/辅同步信道、主公共控制物理信道,以及其他服务和信息(业务)信道。每个物理信道由持续时间为 10ms 的帧构成,每帧由 $N_{\rm sl}=15$ 个时隙构成,每个时隙长为 $N_{\rm ch}=2560$ 个单元(码片)。

用户站持续发送导频信号并用于传输信道的同步和估计。在同步信道的基础上,搜索小区信号、确定加扰序列,并执行时隙和帧同步。在主公共控制物理信道中,发送包括小区标识参数的广播信息。

小区组信号形成流程如图 9.5 所示。

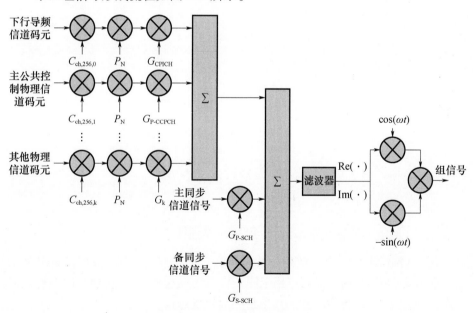

图 9.5 小区组信号形成流程

每个物理信道(除同步信道外)的复调制符号由信道码 $C_{\rm SF,k}$ 完成频谱扩展。所获得符号的码片序列被加扰单元码 $P_{\rm N}$ 的码片逐个单元地相乘。码片序列的频率为 3.84MHz。物理信道的信号样本乘以表示信道相对功率的系数 $G_{\rm k}$,再通过逐个单元复数求和来整合所有物理信道的信号。将获得的信号滤波加载到载波频率上,滤波后以这种方式形成的组信号进入发射机通道,放大后向外广播。

在 UMTS 系统中,可以使用 512 个主扰码。每个主扰码对应 15 个辅扰码。主扰码集分为 64 个编码组,每个编码组由 8 个主扰码组成。

扰码表示长度为 38400 个码片的复杂伪随机序列,其在每帧中周期性地重复,扰码的实部和虚部是 Gold 序列的不同部分。

为了确保各物理小区信道之间的正交性,在 UMTS 中使用信道正交可变扩频因子(OVSF)码。OVSF 码由码树表示,如图 9.6 所示,码树上的码可以表示为 $C_{\text{SF},n}$,其中 SF 是码扩频因子(码扩频因子是一个符号中伪随机序列的码片数量),n 是码号,$n = 0, 1, \cdots, SF-1$。完整的代码树由 8 个级别组成,对应 SF = 256。OVSF 代码的集合取决于码扩频因子的使用数量。公共导频信道通常使用信道代码 $C_{256,0}$,主公共控制信道通常使用代码 $C_{256,1}$。其他物理信道的信道代码可以是不同的。

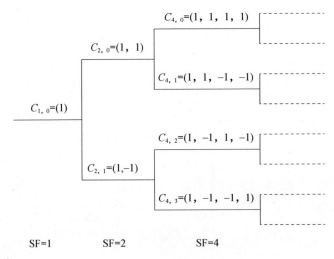

图 9.6　OVSF 代码形成的代码树

UMTS 标准考虑了下行链路中传输分集的可能性,用于天线切换的时间交换发射分集(TSTD)模式仅可应用于同步信道。在这种模式下,偶数时隙通过第一副天线发送信号,奇数时隙通过第二副天线发送信号。

空时发射分集(STTD)模式可用于所有业务和控制信道,在该模式下,数据传输由 4 比特组成的块来执行。STTD 编码方案如图 9.7 所示。UMTS 基站可能不支持发射分集模式。但是,用户站和分析仪必须支持该模式。

同步信道的时序结构如图 9.8 所示。

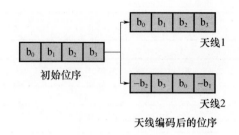

图 9.7 空时发射分集(STTD)编码方案

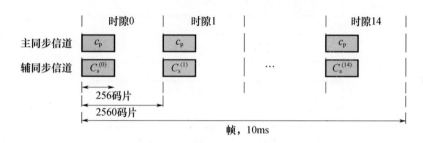

图 9.8 同步信道的时序结构

每帧的主同步信号表示周期性的发送(在每个时隙的起始位置)256 个码片长度的复同步码 c_p,对所有网络小区来说,主同步信号是相同的。

每帧的辅同步信号由 15 个不同码序列 $C_s^{(m)}$ 组成,在时隙 $m=0,1,\cdots,14$ 起始位置传输 256 个码片,其中 m 是时隙号。每个时隙可以使用 15 个辅同步码中的一个,它们表示具有相同实部和虚部的已知正交复数伪随机序列。帧中辅助同步码的组合定义了小区扰码所属的编码组。

导频信道连续传输并携带已知的符号序列,符号中的码片数为 256,因此时隙中的符号数为 10。在发射分集模式下,导频信道通过两副天线、用相同信道和扰码发送,此时第一副和第二副天线的已知符号序列不同。

除了每个时隙的前 256 个码片之外,主公共控制信道是连续发送的,该信道的扩频因子 SF=256,因此每个时隙中的符号数等于 9。将广播消息比特转换成主公共控制信道符号的流程,如图 9.9 所示。

图 9.9 主公共控制信道的符号转换

UMTS 信号处理流程如图 9.10 所示。接收-测量算法组件的工作原理详见文献[2]。

图 9.10　UMTS 信号处理流程

UMTS 基站信号分析仪能够检测给定频谱范围内的小区信号、接收识别数据,并进行大量的电平测量。该分析仪实现以下功能:

- 检测 UMTS 基站信号并显示信号频谱。
- 确定被检小区的加扰序列号。
- 确定多个小区发射天线。
- 接收检测到的小区属性参数:
  - 小区标识符;
  - 移动网络代码(MNC);

　　– 当地区号(LAC);

　　– 移动国家代码(MCC);

　　– 小区用户禁止接入标识符 CB(小区禁止接入);

　　– 估算频移。

- 功率测量:

　　– 估算 UMTS 信号的平均功率;

　　– 估算导频信号功率、主同步信号功率、辅同步信号功率和主公共控制信道功率;

　　– 编码方程——所有代码信道的信号功率;

　　– 计算代码信道的利用系数;

　　– 确定 UMTS 信号的峰值因子。

- 信号质量测量:

　　– 可视化主公共控制信道的调制符号估算;

　　– 估算导频信号和主公共控制信道的 EVM;

　　– 导频信号的信号/(干扰 + 噪声)比;

　　– 估算噪声电平;

　　– 估算载波抑制电平;

　　– 估算比特和分组错误概率。

- 传播信道的测量——确定多径分布和有效信道长度。

- 根据测量结果,分析仪能够:

　　– 基于来自区域数字地图的数据生成 UMTS 网络覆盖范围;

　　– 计算检测到的基站位置。

9.2.3　LTE 信号分析

　　正交频分多址接入(OFDMA)是 LTE 系统技术[6]下行链路信道工作的基础。基站发送的数据流被分成几个低速率流,这些低速数据流通过不同的正交子载波传输。这种操作可使用宽带传输,能够在不减少符号时间长度并保持较低程度的码间干扰情况下,实现高数据率传输。系统的频率—时间资源由表示正交频分复用(OFDM)符号的子载波的一组基本小区组成,频域中资源块的大小为 180kHz,时域为 – 0.5ms。

　　数据传输面向多个用户。通常情况下,不同用户的调制类型和编码率不同。在 OFDMA 信号中,采用动态分配的方式为每个用户提供其使用的频率—时间信号域资源块的数量,分配数量由用户需要的数据传输速率和小区占用率决定。资源块在频率—时间域中的位置取决于用户的传播信道特性。多用户之间的频率——时间资源分配如图 9.11 所示。

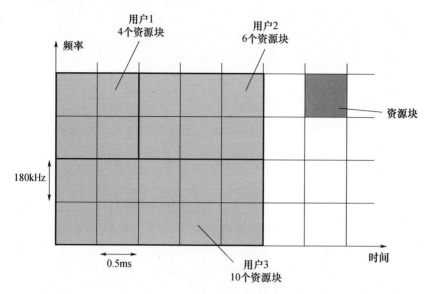

图 9.11　频率—时间资源分配示例

不同网络小区的信号在一个频谱范围内同时发送,每个小区都有自己的标识符,标识符决定不同小区信道的信号参数及其在频率——时间域中的位置。

信号在时间上由持续时间为 10ms 或 307200 个单元(采样点)的帧构成,采样频率 f_{LTE} = 30.72MHz。一帧由 20 个时隙组成,每个时隙持续时间为 0.5ms,每对连续的时隙形成一个子帧。

在 LTE 中,OFDM 符号可以使用两种类型的保护间隔(前缀):常规循环前缀和扩展循环前缀。在 15kHz 的子载波的典型间隔处,对于常规循环前缀,1 个时隙内 OFDM 符号的数量等于 7;对于扩展循环前缀,1 个时隙内 OFDM 符号数量等于 6。此时,对于初始时隙符号,常规循环前缀的长度等于 160 个单元;对于其他时隙符号,常规循环前缀长度等于 144 个单元;对于所有时隙符号,扩展循环前缀的长度等于 512 个单元。

LTE 标准有两种双工模式:频分双工(FDD)和时分双工(TDD)。对于 FDD 模式,所有子帧都在不同载波的下行链路和上行链路信道中进行传输;对于 TDD 模式,一部分子帧用于下行链路信道的信号传输,而其他子帧用于上行链路信道的信号传输。帧配置有 7 种不同的可能,分配至下行链路和上行链路信道的子帧数量以及它们在帧中的分布不同。

LTE 系统的带宽可取以下值:1.4MHz、3MHz、5MHz、10MHz、15MHz、20MHz。

LTE 小区信号包括多种物理信道:主/辅同步信号、参考信号、物理广播信道

（PBCH）、物理混合自动重传指示信道（PHICH）、物理控制格式指示信道（PC-FICH）、物理下行链路控制信道（PDCCH）、物理下行共享信道（PDSCH）。每个信道在确定的频率—时间基本信号单元中传输。小区信号的形成流程如图 9.12 所示。

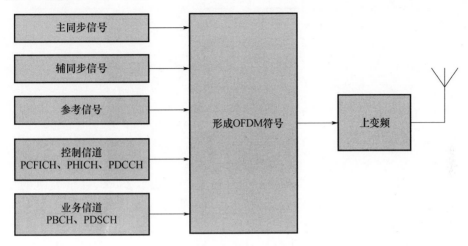

图 9.12　LTE 小区信号形成流程图

根据同步信号来进行小区搜索、时隙和帧同步,确定小区标识符和双工模式（FDD/TDD）。

用户站通过参考信号来进行发射天线数量、传播信道频率响应和频率跟踪的估计。

在广播信道中,发送的 MIB 消息中包含帧号、信号带宽和 PHICH 参数,这些是广播信道和其他信道的定位码所必需的。PCFICH 含有控制信道 PHICH 子帧中的 OFDM 码的数量。

在 PDCCH 中,传输其接收所需的参数。在 PDSCH 的信息流中,发送的是包含标识和其他数据的 SIB 消息。

LTE 标准为下行链路信道中的多天线传输提供了可能性。空分复用模式只能用于业务信道,在该模式中,不同的天线发送不同的数据流,这种传输方法能够使通信系统的容量最大化。然而不仅在发送端,而且在接收端也需要使用多天线（MIMO 技术）。空间频率编码模式可用于业务和控制信道,使用 2 副或 4 副发射天线。该模式中,通过 2 副不同天线的相邻子载波同时发送的符号来进行数据传输。2 副发射天线 0 和 1 的编码方案如图 9.13 所示。

在使用 4 副发射天线的情况下,对不同天线以类似方式交替执行空间频率编码:0,2 和 1,3。LTE 基站可能不支持分集传输模式,然而,对于用户站和分析仪,其对分集传输的支持是强制性的。

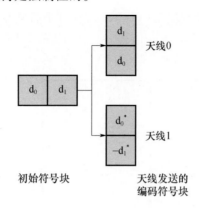

图 9.13　空间 – 频率编码方案

基站扇区定义了三个参数值,主同步信号由其中表示 Zadoff – Chu 序列的复数单元表示。Zadoff – Chu 序列在频域和时域中良好的自相关性。对于具有扇区号的所有网络小区来说,主同步信号是相同的。在频分复用模式中,它在时隙0 和时隙 10 的最后一个 OFDM 符号发送;在时分复用模式中,在每帧的子帧 1 和子帧 6 的第三个 OFDM 符号发送。从频域角度看,主同步信号在信号频谱的中心频率发送。

辅同步信号符号在子帧 0 和子帧 5 中传输,且取决于组标识符。最后,与扇区标识符共同定义物理层的小区标识符。

传输辅同步信号使用的天线与发送主同步信号的天线相同。在频分复用模式中,在每帧的时隙 0 和时隙 10 的末尾第三个 OFDM 符号中发送辅同步信号;在时分复用模式中,在每帧的时隙 1 和时隙 11 的末尾第二个 OFDM 符号中发送辅同步信号。在频域中,传输是在与主同步信号相同的子载波上进行的。

参考信号的符号由长度为 31 的 Gold 序列,以及帧的时隙号、时隙中的 OFDM 符号数、前缀长度和物理层的小区标识符确定。发送的参考符号数量取决于 LTE 信号的带宽。

每个传输的天线都可用来发送参考信号。在时域中,天线 0 和 1 的参考符号在第 0 和第 4(常规前缀)或第 3(扩展前缀)OFDM 符号中发送,天线 2 和 3 的参考符号在每个时隙的第一个 OFDM 符号中发送。在频域中,子载波使用数量取决于时隙中的 OFDM 符号的数量、帧的时隙数量、天线数量和物理层的小区标识符。多天线传输时,其他发射天线不使用参考信号占用的小区。在扩展前缀的情况下,不同发射天线的参考小区在频率 – 时间域中的位置如图 9.14 所示。

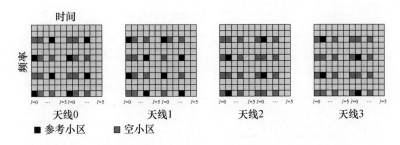

图 9.14　不同发射天线的参考小区在频率 – 时间域中的位置

将表示 MIB 消息的数据包用作输入数据,以形成广播信道的符号,数据包以 40ms 的周期传输,每条消息占用 4 帧的间隔。广播信道在每帧的时隙 1 前 4 个 OFDM 符号的 72 中心子载波上发送。广播信道的符号形成过程如图 9.15 所示。

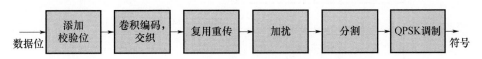

图 9.15　广播信道的符号形成过程

在 PCFICH 中,符号的每个值以适当的比特序列编码。加扰后,比特序列被映射到 QPSK 调制的符号中。这些符号通过 4 个四元组(每组 4 个符号),被放在每个偶数帧的第一个 OFDM 符号的时隙 10 的 16 个小区中。

控制信道由一个或多个控制信道单元组成,每个单元包括 9 组小区。一组由 1 个四元组符号组成,可在子帧中发送多个控制信道。结合 SIB1 消息,每个控制信道可包含 4 个或 8 个控制信道单元。针对控制信道消息的比特,执行的程序包括增加校验位、卷积编码、交织、重传、复用、加扰、调制,循环移位和符号四元组的交织,而有些程序的参数取决于传输消息的格式。

在 PDSCH 中,广播 SIB1 消息以 80ms 为周期发送。与控制信道相反,PDSCH 不存在四元组循环移位和交织的过程,用 Turbo 编码取代卷积编码,并在资源块上表示所形成的符号。

LTE 信号处理流程如图 9.16 所示。

LTE 基站信号分析仪能够检测小区信号,接收其属性参数并在给定的频谱范围内进行大容量的物理测量。

技术成熟的 LTE BS 分析仪具有以下功能:

- 检测广播 LTE BS 信号,显示信号频谱。
- 估计 LTE 信号的前缀长度。
- 估计双工模式(TDD/FDD)。

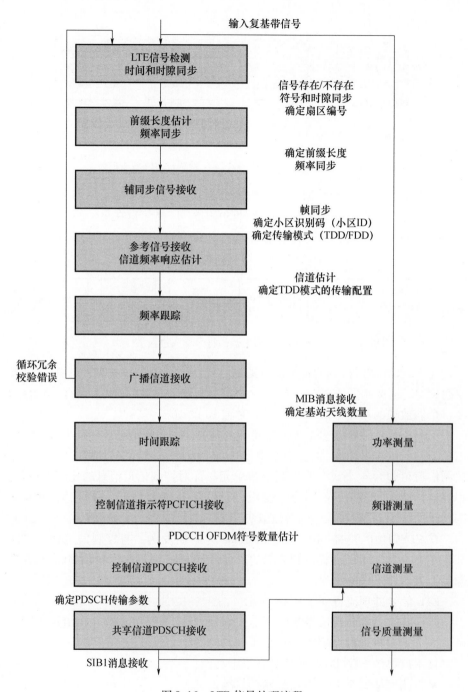

输入复基带信号

LTE信号检测
时间和时隙同步

信号存在/不存在
符号和时隙同步
确定扇区编号

前缀长度估计
频率同步

确定前缀长度
频率同步

辅同步信号接收

帧同步
确定小区识别码（小区ID）
确定传输模式（TDD/FDD）

参考信号接收
信道频率响应估计

信道估计
确定TDD模式的传输配置

频率跟踪

循环冗余
校验错误

广播信道接收

MIB消息接收
确定基站天线数量

时间跟踪

功率测量

控制信道指示符PCFICH接收

频谱测量

PDCCH OFDM符号数量估计

控制信道PDCCH接收

信道测量

确定PDSCH传输参数

共享信道PDSCH接收

信号质量测量

SIB1消息接收

图 9.16　LTE 信号处理流程

- 确定和验证物理层的 BS 扇区号和小区标识码。
- 确定小区发射天线的数量。
- 接收广播信道消息,确定 LTE 信号的带宽。
- 接收检测到的小区属性参数:
  - 移动国家码(MCC);
  - 移动网络码(MNC);
  - 区域跟踪码(TAC);
  - eNB 网络中的 BS 的标识符(ID);
  - BS 小区的标识符(小区 ID);
  - E - UTRAN 小区全局标识符(ECGI);
  - 小区用户禁止接入标识符(禁止接入小区)。
- 频谱测量:
  - 估计频移;
  - 估计占用频率带宽(99% 的功率);
  - LTE 信号频谱可视化。
- 功率测量:
  - 估计 LTE 信号的平均功率;
  - 形成 LTE 信号瞬时功率的分布函数;
  - 形成 LTE 信号瞬时功率互补的累积分布函数;
  - 计算 LTE 信号的峰值因子;
  - 估计主同步信号、辅同步信号、BCH、PDCCH 和 PDSCH 的平均功率与参考信号平均功率的比值。
- 信号质量测量:
  - BCH 和 PDSCH 调制符号估计的可视化;
  - 估计主同步信号、辅同步信号、参考信号、BCH 和 PDSCH 的调制误差比(MER)和误差向量幅度(EVM);
  - 参考信号 MER 和 EVM 的可视化与频率;
  - 估计 BCH 和 PDSCH 的系统目标误差;
  - 估计 BCH 和 PDSCH 的幅度不平衡;
  - 估计 BCH 和 PDSCH 的正交误差;
  - 估计 BCH 和 PDSCH 的相位抖动;
  - 估计 BCH 的误码概率和分组错误概率。
- 传播信道的测量:
  - 估计参考信道的信噪比;

　　　　－估计信道频率响应；

　　　　－估计信道脉冲响应；

　　　　－确定功率时延曲线和 RMS 时延扩展(有效信道长度)。

　　● 根据执行的测量结果,分析仪能够:

　　　　－实现 LTE 网络覆盖区域,分析区域数字地图的数据;

　　　　－定位检测到的基站。

9.2.4　分析仪工作实例

　　GSM、UMTS、LTE 蜂窝通信网络基站信号分析仪的软硬件如图 9.17 所示。其硬件部分是便携式测量接收机 ARGAMAK－M;SMO－BS 3GPP 软件部分包括实现 GSM、UMTS、LTE 信号处理和接口的接收机测量算法包的模块[7]。

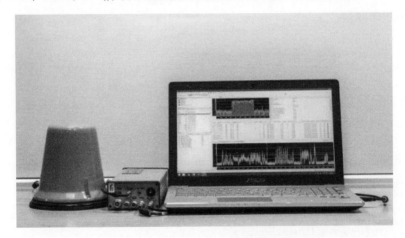

图 9.17　基站信号分析仪的软硬件

　　图 9.18 ~ 图 9.22 展示了 SMO－BS 3GPP 软件窗口。信号接收在业务中心的固定站点进行。在窗口的左上方,检测到的小区按网络运营商分组的树状图。在窗口左下方有一个任务列表,可以选择标准、网络运营商和分析频率范围。在窗口的下方,接收信号的频谱按预设频段显示。

　　如图 9.18 所示,从 GSM 窗口的中心位置,我们能看到可检测到小区信号的运营商信道数量。窗口下方为检测到的小区列表,包括检测时间和主要属性参数。窗口右上方是所选小区的扩展列表,包括接收和测量信号参数。

　　如图 9.19 所示,在 UMTS 窗口的中心位置,主同步信号相关器的输出信号在所选频道的图表中展示。该信号描绘出接收点一般信号干扰情况,特别是能够对检测到的小区相对信号功率进行估计,电平线对应搜索阈值,我们看到在被检测的频道中有 5 个小区,其信号功率足够大。

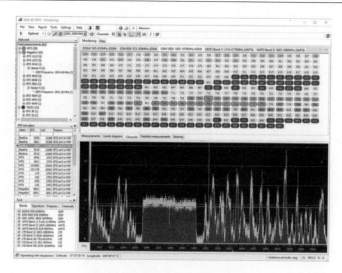

图 9.18　GSM 信号分析软件窗口

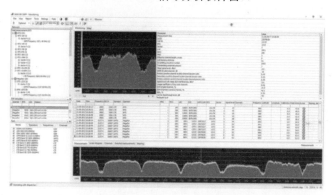

图 9.19　UMTS 信号分析软件"测量"模式窗口

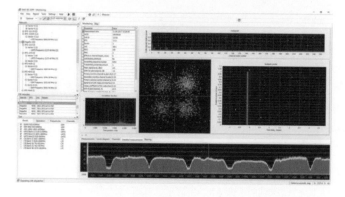

图 9.20　UMTS 信号分析软件"细节测量"模式窗口

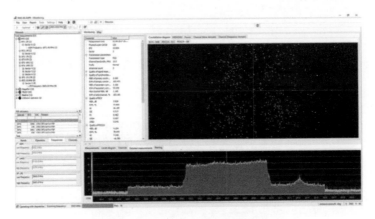

图 9.21　LTE 信号分析软件窗口

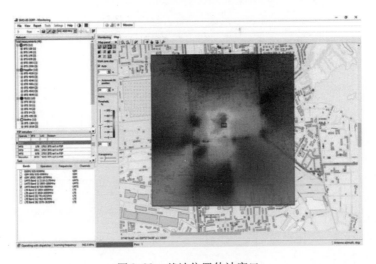

图 9.22　基站位置估计窗口

　　图 9.20 的 UMTS 窗口展示了所选单元的三张图。上方显示码域流信道功效——信号功率估计与其代码数量之间的函数,编号为 0 的信道编码对应于导频信号,编号为 1 的信道编码对应于主公共控制信道。为展示解调质量的估计,左下方显示对主公共控制信道的调制符号的估计。右侧显示对传播信道的多径分布估计,路径的相对信号功率为 1、0.32、0.26。

　　在图 9.21 的 LTE 窗口中,中心的图像表示给定小区所选信道(在这种情况下为 PDSCH)的调制符号(信号星座)的估计,图左侧为解调质量的参数。

　　图 9.22 是基站位置估计窗口的示例。基于二维决策函数的最大值进行所选基站的位置估计。

▲9.3　IS－95/CDMA2000/EV－DO 基站信号分析

码分多址(CDMA)技术允许所有用户在同一频率范围内工作。CDMA 方法于 1995 年开始应用于蜂窝通信。在此之前,码分法被广泛用于军事通信系统。

基于 CDMA 技术的蜂窝通信标准已经经历了 IS－95 标准(2G)到 CD-MA2000 标准(2.5G),再到 V－DO 标准(3G)的发展。

码分原理可用于提取所有此类系统中不同基站的信号。IS－95 系统和 CD-MA2000 系统基于 CDMA 原理、EV－DO 系统基于 TDMA 原理来区分信号。

通过 CDMA 技术的不断改进,技术解决方案更加简便,同时最大限度地实现了前反向技术和频率的兼容性。

9.3.1　IS－95 / CDMA2000 信号结构

本节分析一下 IS－95 / CDMA2000 基站信号结构[2]。基站发送信号的中心频率由多个频道决定。根据标准,信号同步由两个固定频道——主频道和辅助频道来实现。每个基站需要在主信道或辅信道的频段内,至少建立一个导频信道和一个同步信道。CDMA 蜂窝通信的频道数量通常是已知的。

CDMA 信号包括一组并行信道:导频信道、1 个同步信道、7 个寻呼信道,以及一定数量的业务信道。根据配置的不同,CDMA2000 系统基站信号可以包含其他控制信道、导频信道和业务信道。移动基站通过连续发送和使用导频信号实现初始同步。同步信道消息中含有标识参数、移动台中的帧同步参数,以及寻呼信道的加扰和数据接收的长码参数。寻呼信道用于向移动台发送服务信息,包括广播信息在内的各类型信息在寻呼信道中被周期性地发送。

信道信号通过正交 Walsh 函数和通用伪随机序列(PRS)实现在频谱中的扩展。对于采用 IS－95 标准的基站信号,使用长度为 64 个码片的 Walsh 码进行扩频;对于采用 CDMA2000 标准的基站信号,可以使用各种长度(128、64、32 和 16 个码片)的 Walsh 码进行扩频。在 IS－95、CDMA2000 这两种标准下,导频信道通过 Walsh 函数 W_0^{64} 进行扩频,同步信道通过 Walsh 函数 W_{32}^{64} 进行扩频,寻呼信道通过 Walsh 函数 W_1^{64} 进行扩频。在 Walsh 函数中 W_k^n 指定中,下标 k 是 Walsh 函数的长度,上标 n 是它的数量。其他正交 Walsh 函数应用于系统的业务信道、控制信道及其他活动信道。

CDMA 信号的不同信道的时序结构如图 9.23 所示。

导频信号是持续时间为 26.67ms 周期性重复的 PRS,码片(PRS 基本符号)频率为 f_{rep} = 1.2288MHz。导频信号的周期从(最接近偶数秒开始的时刻)偶数

秒 × PILOT_PN × 64 码片开始。每个基站的偏移索引 PILOT_PN 值是不同的。所有导频信号位均为 0。

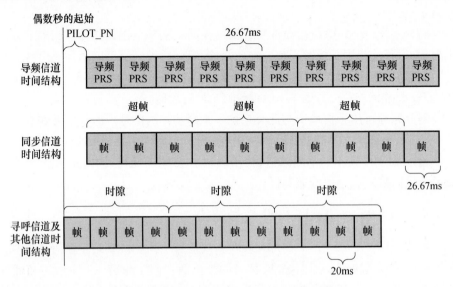

图 9.23　CDMA 信号的不同信道的时序结构

同步信道由超帧序列构成,每个超帧持续时间为 80ms,并被分成持续时间为 26.67ms 的多个帧,同步信道帧间隔与 PRS 的帧间隔相等。在偶数秒加导频 PRS 偏移索引 PILOT_PN 的时刻,同步信道超帧开始连续传送消息,数据传输速率为 1200b/s。同步信道消息由消息体比特位组成,包括编码的消息参数、消息长度和校验位。在同步信道消息位后增加与零比特位,使得同步信道消息包(图 9.24)占用三个超帧的长度。特殊比特位(SOM——消息起始)被周期性地插入到消息块中,它是每帧的第一比特位,指示同步信道消息包开始的位置。消息包比特经卷积编码、重复和交织后,在同步信道帧中发送。

图 9.24　同步信道消息结构

寻呼信道的信号是持续时间为 80ms 的时隙序列。寻呼信道的时隙被分成持续时间为 20ms 的帧,这些帧又被分成持续时间为 10ms 的半帧。每个寻呼信道的第 25 个时隙与偶数秒的起始一致,偶数秒独立于偏移索引 PILOT_PN 值。寻呼信道的数据传输速率为 4800b/s 或 9600b/s。寻呼信道消息由消息体比特组成,消息体包括编码的寻呼消息参数、消息长度和校验比特。寻呼信道消息包由消息比特与零比特位相加形成,数量取决于消息类型和数据传输速率,以及实际发送消息是否同步(从半帧开始)。特殊的同步包指示(SCI)比特被周期性地插入到消息块中,它是每个半帧的第一个比特,指示寻呼信道同步消息包开始的位置。消息包比特在卷积编码、重复、交织和加扰(长码的叠加)后,在寻呼信道帧中发送。

对于寻呼信道的大量消息,分析仪分析其中两类消息:一是包含基站标识符及其坐标的系统参数消息;二是小区信道的消息(即 CDMA 信道列表消息)。对于寻呼信道的其他消息,分析仪不进行分析。

其他信道的时序结构与寻呼信道的时序结构相似,即信道帧的时间间隔相同。

上述 CDMA 信号的所有信道比特流是 CDMA 基带调制信号的初始数据。通过信道加权、正交信道扩展、符号信道流复用、伪随机导频序列的信号扩展以及带通滤波,将比特值(0;1)变换为集合(1;−1)。CDMA2000 标准的基带信号形成过程如图 9.25 所示,IS −95A、IS −95B 标准的基带信号形成过程与此相似。

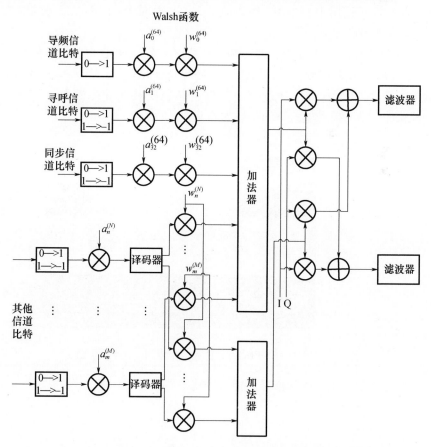

图 9.25 CDMA2000 标准的基带信号形成过程

在用户端交织后,速率为 28.8kb/s 的数据流被分成 6bit 片段。$64(2^6 = 64)$ 个 Walsh 序列与每个片段相关联。完成这个程序之后,在类似基站序列的长码序列的帮助下,307.2kb/s 数据流实现传输。Walsh 序列的每个单元由伪随机序列的 4 个单元表示。最后,数据流被划分到不同的信道中,通过短码序列进行转换,并在正交信道中延迟半个符号,正如在 PSK 处需要移位那样,数据流在滤波后被传送到调制器。

9.3.2 IS－95／CDMA2000／基站参数分析仪

CDMA 基站信号分析仪用于 CDMA 基站网络无线电信号的识别和参数测量,其操作符合 IS－95A、IS－95B、CDMA2000(IMT MC－450)标准。分析仪还可以对上一代(如 1xEV－DO、1xEV－DV)CDMA 基站信号进行测量。分析仪仅分析广播数据,不分析用户业务信道的信息。由于分析的信道带宽为 1.25MHz,因此分析仪不仅适用于 1x 网络,还适用于 2x、3x 等网络。CDMA 信号的结构在9.3.1 节有详细描述。

与 GSM、UMTS、LTE 基站信号分析仪一样,CDMA 分析仪也包括软件和硬件部分,硬件部分为 ARGAMAK 系列的测量 DRR,软件部分为 SMO－BS CDMA 系统数学支持软件[7],软件可通过统一软件安装包安装在计算机上。SMO－BS CDMA 软件在基站监测模式下的窗口如图 9.26 所示。

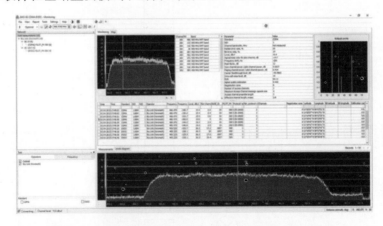

图 9.26 SMO－BS CDMA 软件在基站监测模式下的窗口

分析仪能够识别的基站信号广播数据特征参数有:
- 系统标识符;
- 网络标识符;
- 协议级别(标准);

- 移动基站正常工作的最小信号电平；
- 导频 PRS 的偏移量；
- 基站的标识符；
- 基站位置的经度和纬度；
- 注册区；
- 网络频道的数量。

在此基础上，实现了 CDMA 基站信号参数估计算法，包括：

- 频移；
- 带宽；
- 总信号功率；
- 峰值功率与平均功率之比；
- 导频信号功率；
- 码域流信道功效——解调码信道功率；
- 代码信道的利用系数；
- 寻呼信道功率与导频信道功率之比；
- 同步信道功率与导频信道功率之比；
- 小区间干扰电平；
- 载波抑制电平；
- 误差向量幅度（EVM）；
- 信号的质量参数 ρ；
- 功率延迟曲线；
- 传播信道的 RMS 延迟扩展；
- 多径电平；
- 导频信号的信号/（干扰 + 噪声）比。

此外，还能确定检测到的基站信号功率。

9.3.3　广播数据接收算法和参数测量算法

广播信息的接收过程包括：基于采样频率生成基带信号、搜索基站信号、频率—时间同步、确定基站信号的多径分量和信道估计，以及同步和寻呼信道消息接收。信道估计是对路径信号复包络的估计。SMO – BS CDMA 软件中的 CD-MA 基站信号处理流程如图 9.27 所示。

采样频率为 F_s = 6.4MHz、带宽为 2MHz 的中频数字信号用于基带信号生成，将其输入到软件部分。具体实现过程为：用采样的样本值减去输入样本流的均值，以此补偿接收机的 ADC 均值。转到基带执行，通过信号滤波来抑制高次谐波,并将初始信号带宽改为 1.25MHz,接着进行信号过采样,以将采样频率转换为 $F_s = 6.4MHz$。

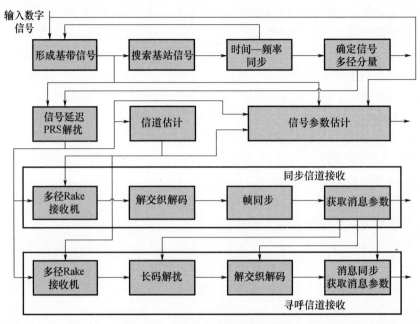

图 9.27   CDMA 基站信号处理流程

为了搜索导频信号,在 1/2 码片后持续时间 26.67ms 的时间间隔内使用决策函数。决策函数由与导频 PRS 匹配的滤波器输出信号决定。将决策函数值与自适应阈值进行比较,如果这些值在时间间隔内没有超过阈值,则说明该信道中的导频信号不存在,需要中断该信道的下一步操作;如果某些时间位置上的值超过阈值,则说明导频信号存在,同时将该时间位置作为基站信号时间位置的近似估计。不同基站信号的初始时移通过 64 码片进行分割,可用来识别基站的多径分量,并区分不同基站的信号。

根据检测到的基站导频信号,估计发送端到接收端的频率偏移。如有需要,还可以对输入基带信号进行频率校正。

进一步确定基站信号的多径分量,同时,分析在基站信号较早时间位置附近取的 1/4 码片的决策函数值。这些估计值用于信道估计和数据解调时 Rake 接收机的单波束接收机的同步。

对于检测到的基站信号多径分量,使用 1/4 系数进行信号抽取,形成单波束接收机每个码片 1 个样本的样本流,再进行导频 PRS 解扰,抽取的信号样本乘以参考复数伪随机导频序列的值,其结果信号样本作为同步信道和寻呼信道的估计数据块和信息接收数据块。

对于每个单路径接收机,使用滑动窗口方法进行信道估计。估计值用于寻呼信道和同步信道的解调和信号接收。

在接收同步信道消息时,输入端是包含多径分量的 Walsh 函数 W_{32}^{64},输出端是多径分量的同步信道码元的相关响应。在这个基础上,对多径分量相关响应的实数部分进行加权,权重表示(Rake 接收机)多径分量的复共轭信道估计。对符号块解交织和相同(重复)符号复用,进行维特比(Viterbi)解码。由 SOM 比特确定解码符号流中同步信道消息的开始位置。由校验位执行解码消息验证,如果连续多次解码同步信道消息错误,则判定接收条件差,需要中断频道对该基站信号的进一步操作。在正确解码的情况下,提取表征基站的主要参数:系统标识符(SID)、网络标识符(NID)、协议级别(标准)和移动站的最小支持协议级别。此外,确定辅助参数,用于寻呼信道接收,包括导频 PRS PILOT_PN 的偏移索引、系统时间、长码的状态、寻呼信道中的数据传输速率。

在接收寻呼信道消息时,信号传送至对应多径分量的 Walsh 函数 W_1^{64} 相关器。因此,在输出端形成多径分量的寻呼信道码元的相关响应。在这个基础上,对多径分量的相关响应实部求和进行加权,权重表示多径分量的复共轭信道估计。当寻呼信道重复时,进行符号块解交织和相同符号复用,执行 Viterbi 解码。由 SCI 比特确定解码符号流中的消息类型(同步或非同步)和解码的起始位置。由校验位执行解码消息验证,如果寻呼信道消息连续多次解码错误,则说明接收条件不良,需要中断对该基站寻呼信道的进一步操作。在正确解码的情况下,提取表征接收基站的参数:基站标识符 BASE_ID、基站位置的经度和纬度、注册区域、网络的频道。

表9.1 列出了分析仪接收的广播数据和被估计的 CDMA 网络基站信号主要参数。

表 9.1　接收广播数据和测量参数

接收数据	同步信道数据:
	● 系统标识符
	● 网络标识符
	● 协议级别(标准)
	● 移动台协议的最低级别
	● 导频 PRS 的偏移量
	寻呼信道数据:
	● 基站的标识符
	● 基站位置的经度和纬度
	● 注册区
	● 网络频道的数量

（续）

频谱测量	频移
	带宽
	频谱图
功率测量	总信号功率
	峰值功率与平均功率之比
	检测站的相对信号功率
码域测量	导频信号功率
	码域流信道功效
	代码信道的利用系数
	同步信道功率与导频信道功率之比
	寻呼信道功率与导频信道功率之比
信号质量测量	误差向量幅度（EVM）
	信号的质量参数 ρ
	载波抑制电平
传播信道特性	功率延迟曲线
	传播信道的 RMS 延迟扩展
	多径电平
	小区间干扰电平
接收质量估计	导频信号的信号/（干扰＋噪声）比
	比特误码率
	误包率
基站位置计算	使用不同位置的信号功率测量值的幅值法实现
覆盖区域构建	使用数字地图不同位置的磁场强度构建
发射机发射功率估计	扇区天线的发射功率在已知基站的坐标、天线悬架高度、天线阵列模式、场强测量结果和数字地图数据的情况下估算

检测到的基站频率偏移量 ΔF，是基站信号的平均频率与指定信道平均频率的差。根据导频信号和插值算法[8]估计频率偏移量，通过插值算法估算的频率偏移量是高斯无偏的，其方差在计算区间内有足够数量的样本，（在这种情况

334

下）实际上是最佳估计的方差。

CDMA 信号频宽定义为99%的发射功率落入给定频段范围内的频谱间隔。

当 CDMA 的信号带宽是 1.25MHz 时,信号总功率被估计为基站信号的平均功率。众所周知,CDMA 信号拥有一个高峰值因子,因此,进行估算还需确定峰值功率与和信号平均功率之比。

图9.28 给出了 CDMA 信号瞬时功率 P_s 与时间 t 的函数关系,图中峰值功率与平均功率之比为 10.2dB。

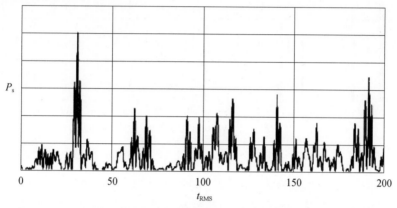

图 9.28　CDMA 信号瞬时功率与时间的函数关系

CDMA 信号是一组通过正交 Walsh 函数扩展的并行信道。对 CDMA 信号来说,代码区是特定的,也是最重要的,因此必须进行详细分析。考虑到 CDMA 信号的多径特性,需对所分析的 CDMA 信号中所有可能信道的功率进行估计和可视化。与已知的 CDMA2000 网络基站分析仪不同,码域流信道功效图显示了不同长度的 Walsh 码。

编码信道的利用系数 ν 是所使用的代码与总代码资源之比,表示被分析基站信道的利用率。

导频信号功率 P 作为最重要的特征参数,决定基站的覆盖范围。分析仪能够计算所有检测到的基站的导频信号功率。

CDMA 信号的信道功率是不同的,同步信道和寻呼信道的功率与导频信号功率之比分别为 γ_{SC} 和 γ_{PC}。

CDMA2000 网络信号的码域流信道功效图如图 9.29 所示,横坐标轴是 Walsh 信道码的数量,纵坐标轴是信道相对功率的估计值。图中被填充的线对应长度为 64 码片的 Walsh 码信道;未被填充的线对应长度为 32 码片的 Walsh 码信道。Walsh 函数值为零对应导频信号;码数量为 32、长度为 64 码片的 Walsh 函数对应同步信道;码数量为 1、长度为 64 码片的 Walsh 函数对应寻呼信道。业

务信道对应长度为 32 码片和 64 码片的其他 Walsh 函数。示例中代码信道的利
用系数是 0.203,同步信道功率与导频信道功率之比是 −10dB,寻呼信道功率与
导频信道功率之比为 −4.5dB。

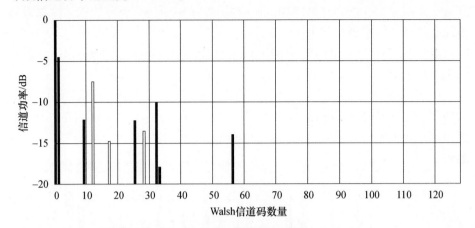

图 9.29　CDMA2000 网络信号的码域流信道功效图

　　基站信号质量的表征参数有:误差向量幅度(EVM),数值上等于发送和接
收向量差的均方根;表征信号质量的参数 ρ,包括同步误差、信号形状失真,以及
载波抑制电平——非调制信号功率与调制信号功率之比。

　　接收信号衰减的原因之一是时延色散或传播信道的多径特性。功率延迟分
布通过导频信号进行估计,由多路信号分量搜索的决策函数来决定。传播信道
的功率延迟分布如图 9.30 所示。

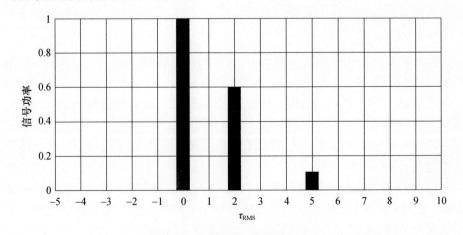

图 9.30　传播信道的功率延迟分布

此外,根据功率延迟分布计算传播信道的辅助参数:RMS 延迟扩展 τ_{RMS}——功率延迟分布的第二中心矩的平方根,多径级别——所有路径的信号功率减去最大功率值与总功率之比。

输入信号干扰可能是由传播信道的多径特性引起的小区内干扰,以及由频道的其他基站信号引起的小区间干扰。小区间干扰基本上超过了接收机的内部噪声电平,分析仪使用导频信号功率、多径干扰和噪声功率的平均值来估计小区间干扰电平 σ^2。

用误码率(BER)和丢包率(PER)来衡量信号的接收质量。误码率定义为同步信道未成功解码的比特数与成功解码数据包的接收比特总数的比值。丢包率是指同步信道未成功接收数据包与接收数据包总数的比值。此外,考虑到传播信道的多径特性,分析仪还需计算导频信道的信号/(干扰 + 噪声)比(SINR)。

基站定位算法是基于坐标测定的幅值算法,而坐标测定则基于源场幅与基站的距离。用于计算的初始数据包含场幅样本、测量时的分析仪坐标,以及发射天线的阵列模式。利用多点磁场测量值得出发射机功率规格。为此,操作员在确定的范围内离散地搜索功率值,以搜索能够最大限度确保测量结果与理论计算一致的功率值。并且,考虑当地地形、建筑和植被等因素,使用 SMO – KN 软件包[9]来计算基准位置,构建覆盖区域,并确定发射机功率。

为了提高结果的准确性,应在基站附近测量相关信号参数,包括频带、信号总功率、EVM、ρ 和载波抑制电平等。

在覆盖区域的任意位置,对与传播信道和接收质量有关参数进行测量,包括导频信号功率、功率延迟分布、传播信道的 RMS 延迟扩展、信号/(干扰 + 噪声)比、比特率和分组误差。

9.3.4　分析仪工作实例

下面以 IS – 95B 和 CDMA2000 系统的基站信号分析为例。将两者分别置于 881.25MHz 和 463.975MHz 两个频点,于某大城市的固定点进行测量。

针对 CDMA2000 网络中导频 PRS PILOT_PN 的不同偏移索引值搜索决策函数如图 9.31 所示。横坐标是搜索阈值。从图中可以看出,在所分析的频段内检测到 5 个基站,其中一个基站的导频信号功率很大。在偏移索引超过阈值时,搜索决策函数值表示检测到的基站信号的相对功率值。

接收数据以及检测到的基站信号测量参数如表 9.2 和表 9.3 所列,表中空白部分表示接收相应消息时解码错误。

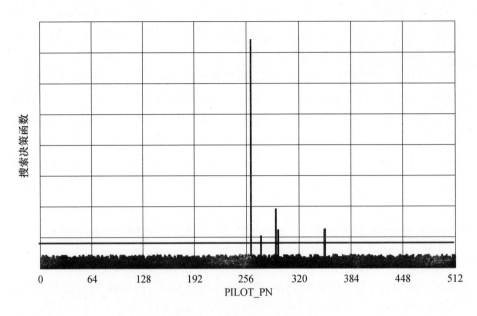

图 9.31 搜索决策函数示例

表 9.2 IS－95B 系统的分析仪测量结果

序号	NID	SID	PILOT_PN	BASE_ID	$\Delta F, r_{\text{ч}}$	P,дБ	σ^2,дБ	τ_{RMS},MKC	SINR,дБ	ν	γ_{c}	$\gamma_{\text{п}}$
1	0	4	240	896	18.63	25.09	33.47	0.00	－8.88	0.27	0.09	0.32
2	0	4	424	275	12.80	23.63	33.92	0.00	－11.09	0.47	0.09	0.30
3	—	—	—	—	－145.00	21.30	34.56	1.85	－20.21	—	0.03	0.09

表 9.3 CDMA2000 系统分析仪测量结果

序号	NID	SID	PILOT_PN	BASE_ID	$\Delta F, r_{\text{ч}}$	P,дБ	σ^2,дБ	τ_{RMS},MKC	SINR,дБ	ν	γ_{c}	$\gamma_{\text{п}}$
1	1	12061	261	936	－19.42	40.79	43.19	0.00	－2.45	0.20	0.10	0.35
2	1	12061	291	4364	－34.02	34.83	45.71	0.00	－11.29	0.81	0.10	0.35
3	1	12061	273	—	－170.00	31.94	45.76	0.00	－16.12	—	0.09	0.25
4	1	12061	351	—	33.47	32.95	45.31	0.00	－15.88	—	0.08	0.22
5	1	12061	294	—	－5.40	32.90	45.45	0.83	－15.99	—	0.07	0.20

　　从表 9.2、表 9.3 可知,在 IS－95B 网络中检测到 3 个基站,而在 CDMA2000－
5 中检测到 5 个基站。当 SINR 比值大于－11dB 时,两个网络都能成功接收到两
个基站的同步信道和寻呼信道的消息;当 SINR 值约为－16dB 时,能够成功接收到
同步信道消息,而接收的寻呼信道消息错误;当 SINR 值约为－20dB 时,接收到两

个信道的消息都存在错误;当信号特别弱(SINR < -15dB)时,部分测量特别是频率偏移的测量是不可靠的。

▲9.4　TETRA 基站信号分析仪

泛欧集群无线电(Trans - European Trunked Radio,TETRA)系统是最受欢迎的集群通信系统之一。基于 GSM 标准的技术解决方案和建议,该系统可创建数字媒体,实现复杂的监视和通信。TETRA 是由欧洲电信标准协会(ETSI)为取代旧标准 MPT 1327 而制定的开放性数字集群无线电通信标准[10]。

开放性是标准的主要优势之一,兼容所有符合标准的不同制造商的设备。全球标准认定使开发者将"TETRA"的缩写含义更改为"地面集群无线电"(Terrestrial Trunked Radio)。

除标准功能集外,TETRA 通信系统从根本上提高了数据传输速率,这是开发各种应用程序的关键,如移动对象的定位系统、移动访问远程数据库的系统。TETRA 系统还支持统一的数字空间,而不是几个不兼容的系统,这是模拟系统无法实现的。

9.4.1　TETRA 集群无线电通信系统的信号

TEATRA 系统有两个标准——用于数据传输的 TETRA PDO 标准以及传输语音和数据的 TETRA V + D(语音 + 数据)标准。后者支持数据传输和语音交换,后续将介绍该标准的信号特点。

在 TETRA V + D 标准中,使用时分多址(TDMA)——在一个频带中用 4 个时隙顺序地传输。这 4 个信道间隔(时隙)形成 TDMA 帧。与一般通信系统一样,相邻无线电信道的偏移量为 25kHz。接收和发射的双工信道偏移量为 10MHz。对于 TETRA 标准的系统,可以使用几个子频率范围。在欧洲国家,为安全机构分配的范围是 380 ~ 385MHz/390 ~ 395MHz,而商业组织则采用 410 ~ 430MHz/450 ~ 470MHz。在亚洲(主要是中国),TETRA 系统的使用范围是 806 ~ 8670MHz。

消息传输采用多帧方式,一个多帧持续时间为 1.02s,是由 18 个简单的 TDMA 帧组成的。60 帧构成超帧。多帧中的最后一个 TDMA 帧是控制帧,持续时间为 56.67ms。上面说到 TDMA 帧由 4 个包(时隙)组成,帧中的分组对应一条独立的数据传输信道。一个包占用 14.167ms 的间隔并包含 510bit,其对应 255 个调制符号。在每个包的中间,是接收机中的自适应信道均衡器用来同步和训练的同步序列。多帧结构如图 9.32 所示。

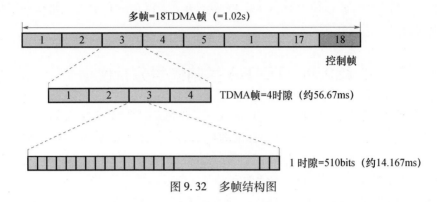

图 9.32　多帧结构图

具有码激励线性预测（CELP）算法的低速率语音编码器提供 25kHz 频带内的 4 个语音信道的传输。编码器输出的数据流速率为 4.8kb/s。在本标准中使用的 π/4 - DQPSK 数字调制，允许信息流传输速率从 36kb/s 降低到 18kb/s。

物理信道的复杂时序结构、逻辑信道类型的多样性和整个系统及其独立单元的大量操作模式，使其能在物理层面逻辑信道位置上呈现出不同变体，并在操作中呈现出各种动态变化。TETRA 标准假设物理信道的三种状态：控制物理信道（CP）、业务物理信道（TP）、未分配的物理信道（UP）。根据物理信道的状态，各种类型的数据包和一组控制命令在该信道中循环。

控制信道包括主控制信道（MCCH）和特定控制信道（SCCH）。每个基站都有一个主控制信道。标准中控制信道分为 5 种类型的控制逻辑信道：广播控制信道（BCCH）、线性化信道（LCH）、信令信道（SCH）、接入分配信道（AACH）和窃取信道（STCH）。广播控制信道分为广播网络信道（BNCH）和广播同步信道（BSCH）。

为实现基站与移动台的同步和控制信号的传输，在基站的广播控制信道中发送同步数据包。同步数据包内部有数据块，其中发送的服务信息包括：

- 广播信道码；
- 基站区别码（颜色代码）；
- 移动国家码（MCC）；
- 移动网络码（MNC）；
- 主载波频率（主载波）；
- 当地（LA）的标识符。

从同步数据包中提取服务信息并将其与频率—空域规划进行比较后，可以对基站操作的后续问题做出决策。

9.4.2　TETRA 基站信号参数分析仪

9.4.1 节分析了 TETRA 标准信号结构,本节介绍 TETRA 信号分析仪。

TETRA 基站的信号参数分析仪用于搜索给定频谱范围内的基站信号、解码广播信息,这对于监视与频率—空域规划相对应的基站参数来说是必不可少的。

分析仪由硬件部分(ARGAMAK 系列的 DRR)和软件部分(SMO – BSTET-RA)组成,软件可以通过统一软件数据包[1-2,7]安装在计算机上。

广播信息的接收流程包括:用必要的采样频率形成基带信号、基站信号搜索、时间同步,以及同步信道消息的直接接收。TETRA 信号数字处理方案流程图如图 9.33 所示。

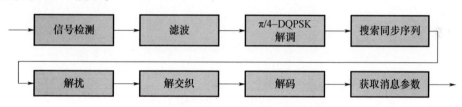

图 9.33　TETRA 信号数字处理方案流程图

为将形成基带信号的采样频率为 $F_S = 6.4\text{MHz}$ 的中频数字信号输入处理系统,首先需计算频道的位置,确定广播控制信道(BCCH)。基站信号频率由频道的数量决定,其电平通过与检测阈值进行比较来估计。基站信号传输后经滤波处理,以抑制高次谐波,初始信号带宽被减小至 25kHz。最后,分析的频道的每个信号加到 $\pi/4$ – DQPSK 解调器,在解调器输出端输出比特流。

在得到的比特流中进行同步序列的搜索。接下来开始进行帧运算,运算数据传递到解扰器,进行解扰操作,再将转换后的比特流进行去交织处理。完成去交织处理后,比特流传递到 Viterbi 解码器,输出解码后的比特流,根据校验位进行消息解码验证。在成功完成对校验和检查后,从比特流中提取信息数据。

分析仪的 SMO – BS TETRA 软件是基站自动监测组件中计算支持系统的组成部分。该软件具有以下功能:

● TETRA 标准广播基站的检测和信号频谱的呈现;

● 提取基站发送的服务信息、测量信号电平、基站定位,并完成结果的数据库存储;

● 检查广播基站与频率 – 空域规划(FSP)的一致性;

● 生成测量结果报告。

SMO – BS TETRA 软件有两种操作模式:"监控模式"和"FSP 控制模式"。

"监控模式"用于实时检测 TETRA 广播基站、测量其参数、在数据库中登记结果以供进一步分析、在延迟模式下观察频段扫描结果、根据数据库中保存的测量结果确定基站位置,以及生成测量结果报告。

在基站监控模式下,SMO – BS TETRA 软件窗口如图 9.34 所示。在窗口的左侧即"网络"面板上,操作员和基站列表以分层结构("操作员树")的形式呈现。窗口右侧显示频谱图和测量结果。

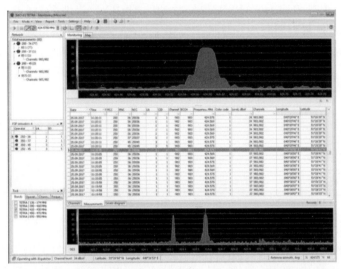

图 9.34　基站监控模式下的 SMO – BS TETRA 软件窗口

◢9.5　DECT 信号分析仪

欧洲数字无绳电信系统(DECT)标准由欧洲电信标准协会(ETSI)于 1990 年初开发。DECT 标准主要应用于大中型机构的微蜂窝通信系统、家庭和小型办公室的单一信元自动电话站(ATS)。在众多家用和小型办公室所使用的单一信元自动电话站中,西门子公司研发的 GIGASET 最为常见,它包含 1 到 2 个外部城镇线的基础模块,以及 1 到 8 路无绳电话。

9.5.1　无绳电话的 DECT 信号

DECT 无线接口基于多载波、时分多址和时分双工(MC/TDMA/TDD)原理的无线接入方式。不同国家分配给 DECT 的频率范围各不相同。在欧洲,DECT 标准的频率范围是 1800 ~ 1900MHz。

DECT 系统中,每帧长 10ms,16 帧为一个复帧。每帧又被单独分成 24 个时隙,480bit(约 416.7μs)。起始的 12 个时隙用于基站的信号传输,其余 12 个时隙用于便携式个人终端的信号传输。由 12 个时隙的移位形成一个双工通道。话音传输使用 320bit，其他为同步码（32bit）、信令码（48bit）、错误保护码（16bit）、校验符号（4bit）和保护间隔（60bit）[11]。

　　DECT 基站至少通过广播模式中的一个信道，在复帧中持续传输一个信号，该信号起到用户信标的作用。传输的信号中包含了完整的系统信息，该系统实现了连续的动态信道选择，其中每个用户终端都可以访问 120 个信道中的任何一个。在连接过程中，电话选择通信质量最好的信道，而信道可在当前会话中进行切换。这需要在所有频率—时间位置上进行背景扫描和信号电平估计。

　　DECT 标准中，基本调制类型有高斯最小频率移键控（GMSK）和参数 BT = 0.5 的高斯平滑滤波器。数据传输速率为 1152kb/s。为提高数据传输速率，DECT 标准也可以采用更复杂的调制方案（$\pi/2$ – DBPSK、$\pi/4$ – DQPSK、$\pi/8$ – D8PSK、16 – QAM 以及 64 – QAM）。数据在相同的频点上接收和传输，每 10ms 重复一次包含 24 个时隙的正常时间循环，这样构成一个数据帧，排列在每个载波频率上。一个数据帧包含 24 个时隙，每个时隙 DECT 设备可独立使用，即实现时分多址（TDMA）原理。这种工程解决方案使 DECT 系统能够为每个收发器提供最多 12 个同步语音连接，与每个活动连接都需要一个收发器的技术相比，DECT 系统在成本上更有优势。

　　如前所述，为便于 DECT 基本标准的实施，时间帧被分成两个部分（TDD – 时分双工），前 12 个时隙用于基站信号传输，另外 12 个时隙用于用户无线信号模块传输，如图 9.35 所示。

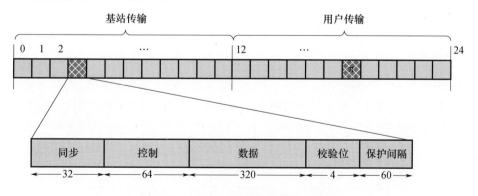

图 9.35　DECT 时间周期和数据包结构

　　每个完整的时隙包含 480bit 的间隔，这些间隔从逻辑上被分成同步域、控制域和可选数据域。同步域包含同步序列，用于启动信息接收。控制域包含传输信息的类型、控制命令，以及控制接收准确性的正确校验和。数据域包括用户数据，可提供语音或数据传输。控制域包含 5 个数据信道，如表 9.4 所列。

表9.4 "控制"字段的数据通道

逻辑信道	信道功能
C	控制有效连接
M	控制无线信道接入
N	控制活动连接的信道选择
P	关于来电的选择消息
Q	系统消息的广播传输

DECT 基站至少在一个信道中持续传输一个信号,充当与 DECT 移动电话(用户无线信号模块)连接的信标。基站信标信号的传输包括有关基属性、系统可用性和状态的服务信息,以及提供呼入功能的寻呼信息。

DECT 基站可在单一模式(这种模式最典型的应用是家用无绳电话)和微蜂窝网络结构中工作。在该网络中,当用户转换到其他基站的活动区时,支持漫游和消息转发服务传输,这使得 DECT 标准在大型办公场所很受欢迎。DECT 标准支持微蜂窝 DECT 网络与 GSM/UMTS 网络的连接,以及在无基站参与的情况下用户无线信号模块之间的直接连接。但是,并非所有用户设备都支持这种功能。

9.5.2 DECT 基站信号分析仪

DECT 基站信号分析仪用于家庭 DECT 区块的无线信号识别和参数测量。分析仪包括:硬件部分——用于测量 ARGAMAK 系列 DDR 的参数值;软件部分——SMO – BSDECT 系统数学支持软件[7]。分析仪软件可以通过统一安装包安装在计算机上[1]。

广播信息的接收程序包括:用必要的采样频率形成基带信号、搜索基站信号、时间同步,以及直接接收信息。DECT 信号数字处理流程如图 9.36 所示。

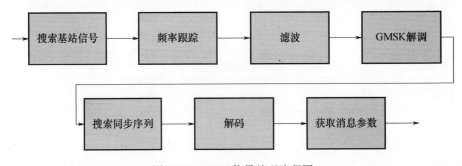

图 9.36 DECT 信号处理流程图

将可形成基带信号的采样频率为 6.4MHz 的中频数字信号输入处理装置。

根据能量准则搜索基站信号,检测到的信号经预频率调谐和滤波,输入解调器并在输出端生成比特流,完成同步序列搜索。完成信号检测后,将 480bit 的数据包输入到解码模块,并对参数信息进行提取。在接收的数据包中验证校验和。若校验不一致,则任务数据包不可靠,并且不再做进一步验证。

属性信息是从清晰的广播消息中提取的,这些消息被传输到"控制"字段中。分析仪能够从中提取以下信息:网络分类(信号基站、专用或公用微蜂窝系统、GSM/UMTS/LTE 网络的公共接入、直接连接)、设备生产商代码(EMC)、DECT 网络代码(固定部件号码,FPN),以及网络(无线电固定部件号码,RPN)中的基站码。

为了接收基站配置和工作条件的有关信息,需要使用逻辑信道 P 和 Q 的服务信息——第一部分代表可用调制类型和当前发射机功率的信息,第二部分包含接收机数量及可用频道。

SMO – BS DECT 软件包,与 SMO – BS TETRA 软件包类似,提供下列功能:

- 检测符合 DECT 标准的广播基站、显示信号频谱;
- 提取基站传输的服务信息、测量信号电平、确定基站位置、将分析结果存入数据库;
- 检查广播基站与频率—空域规划的对应关系;
- 生成测量结果报告。

软件包含两种工作模式:"监视模式"和"FSP 控制模式",两种模式的目的与 SMO – BSTETRA 的模式相似。"监视模式"下软件窗口如图 9.37、图 9.38 所示。在图 9.37 中,当前软件窗口显示"测量"标签页,表格显示检测到基站的测量结果,左侧"操作员树"显示检测到的基站列表。图 9.38 则根据车载分析仪的测量数据,给出基站的搜索结果。

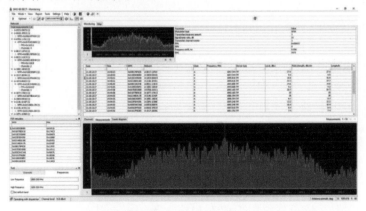

图 9.37　SMO – BS DECT 软件在"监视"模式下的窗口

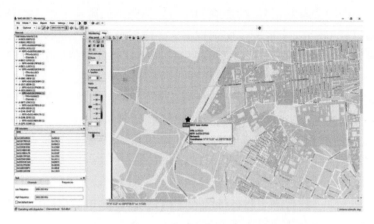

图 9.38　SMO – BS DECT 软件确定基站位置

分析仪的运行结果存储在 SMO – BS DECT 软件的嵌入式数据库中,将来可用于信号参数的自动监测、与频率—空间计划的比较、覆盖区域的创建等。

9.6　DMR 台站信号分析仪

数字移动无线电(DMR)标准是一种使用最为广泛的窄带专业无线通信标准。该欧洲标准的第一个版本于 2005 年制定,后来经过了进一步发展和改进。

在不影响自身工作的前提下,DMR 数字无线电台还能够与类似的模拟无线电台兼容,并具有如下优势:

- 高效频率资源利用;
- 可进行语音数据加密;
- 可传输短消息和其他数据,特别是移动电台导航参数;
- 可连接因特网;
- 延长了蓄电池的工作时间等。

DMR 无线电台在俄罗斯等许多国家广泛应用,数量也在持续增长。摩托罗拉公司作为全球最大的 DMR 设备生产商,现已生产数百万部 DMR 无线电台。

对于 DMR 网络的规划和开发,需要检查必要的发射机参数和频率 – 空间规划,以识别正在运行的无线电台并定期分析其无线电信号参数。

世界领先的 DMR 无线电台信号分析设备制造商包括:Anritsu(LMR Maste-rS412E)、SATCOM Technologies(R8000)、Keysight(N7608B)。

本节拟研究 DMR 无线电台信号分析仪,该分析仪并不逊色于上述世界领先企业[12]的产品。该分析仪用于搜索和接收无线电台信号、进行属性识别、估计信号参数和位置。ARGAMAK 系列的一款无线电测量接收机可作为分析仪的硬件基础。接收机生成数字信号,其带宽及采样频率与 DMR 信号的参数匹配。分析仪的 SMO - BS TRUNK 软件部分包括可实现 DMR 信号处理的接收—测量算法软件模块及接口[7]。此外,SMO - BS TRUNK 还有 ARSO R25 信号处理模块。

9.6.1 DMR 信号结构

DMR 标准[13-16]适用于不同的通信模式:移动无线电台之间直接通信(直接模式)和通过集群网络基站连接。在这两种模式中,均由集群网络集中进行信道分配。

DMR 信号的带宽为 12.5kHz,采用 TDMA 多站接入。设计了两个时隙结构,可在一个载波上传输两个用户的语音和业务数据。时隙长 30ms,在两个时隙内可传输时长 27.5ms 的数据包,数据包之间的保护间隔为 2.5ms。公共广播信道(CACH)数据在基站信号的包间排他传输。在激活模式下,基站连续传输信号。DMR 信号的时序结构如图 9.39 所示。物理信道的时隙用数字 1 和 2 表示。

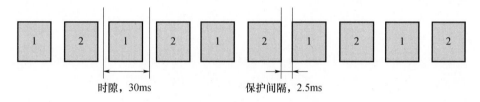

图 9.39 DMR 信号的时序结构图

每个数据包中,传输 264bit 数据。其中,中间的 48bit 用作同步序列或服务信息传输。接收机通过同步序列检测 DMR 信号及其时间—频率同步信息。同步序列共有 10 种,其中对数据包内容信息进行了标识。通过同步序列,可判断:
- 信号源在直接模式下工作还是通过集群网络基站工作;
- 直接模式下占用的时隙数量;
- 集群网络工作模式下,信号源是基站还是移动电台;
- 数据包中传输的信息类型(语音还是数据)。

DMR 语音包结构如图 9.40 所示。语音数据区包括语音编码帧。

语音数据包包含在 360ms 时长的语音超帧中,每个超帧包含 6 个语音数据包(图 9.41)。数据包标记为从 A 到 F。每个超帧中的第一个数据包为 A,其中大多包含同步序列。在剩下的个包中的 4 个包中,消息链路控制(LC)通过嵌入式服务信息字段传输。

EMB 语音数据包的编码信息说明该数据包是否参与 LC 消息字段的传输以及字段数。

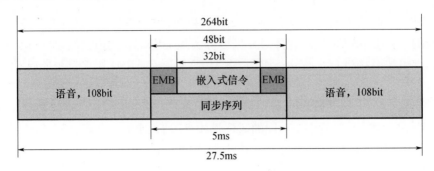

图 9.40　DMR 语音包结构图

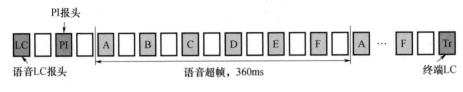

图 9.41　语音超帧

在 LC 消息中,传输的内容包括信源、信宿、地址类型(个人还是集群),以及其他业务参数。

在发送端,LC 消息的 72bit 与 5 个校验比特相加,然后进行块 Turbo 编码、交织,并分割成 32bit 的 4 部分。这些字段包含在超帧语音包的内部服务信息字段中。

语音传输包含服务数据包语音 LC 帧头、语音传输开始时的 PI 帧头和语音传输结束时的 LC 帧尾。数据包语音 LC 帧头启动语音传输,数据包 LC 帧尾结束语音传输。在这些数据包中与同样传输 LC 消息。加密模式下,发送服务数据包 PI 帧头用于接收端解密。

DMR 数据包结构如图 9.42 所示。在"信息"字段中传送信息或服务比特位。同步序列占数据包中间的 48bit。同步序列左右两侧的两个 10bit 字段是时隙类型的服务信息。时隙类型的编码服务信息说明数据包中传输数据的类型。有如下几种数据类型:PI 帧头、语音 LC 帧头、传输 LC、CSBK、MBC 帧头、MBC 其余部分、数据头、1/2 速率数据、3/4 速率数据、基本速率数据、空闲字段。

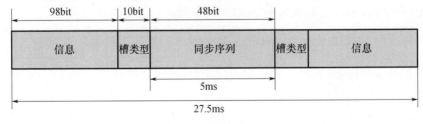

图 9.42　DMR 数据包结构图

在发送端,数据包的信息或服务比特与校验比特求和,然后进行块 Turbo 编码和交织处理。使用 Trellis 编码的 3/4 速率数据和没有进行编码的基本速率数据排他传输。由此得到的比特作为结果体现在数据包的"信息"字段中。

CSBK 数据包、MBC 帧头和 MBC 其余部分字段包含服务信息。此外,有些CSBK 数据包包含集群网络的系统标识符:网络的 MODEL 大小、NET 网络标识、SITE 基站标识、网络注册的必要性参数 REG。固定类型包 MBC 帧头、MBC 其余部分块包含基站的发送和接收频率信息。

数据包的包头总是排在数据包比特流之前,并标识数据包中的数据内容。在 CSBK 数据包和 MBC 头中,信源信宿标识、信宿类型标识(个人或集群)以及服务参数在信息字段中传输。1/2 速率数据包、3/4 速率数据包基本速率数据包不传输标识服务信息,它们用于传输移动站导航参数 NMEA 等业务信息。空闲数据包用于提供连续的基站数据传输。

在公共广播信道中,基站可传输短的 LC 消息。公共信道包括一系列字段,4 个字段组成一个消息。每个字段还包括一个服务信息块 TACT。该信息块中的字段编号在发送消息中进行编码,消息用于接收端。公共广播信道可以传输不同的消息,特别需要指出的是,消息的 SYS_Parms 短链路控制字用于传输系统标识。

DMR 信号传输速率为 4800Baud,每个字符用 2bit 传输,采用四位调频 4FSK技术。比特和字符的对应关系如表 9.5 所列。

表 9.5　比特和字符的对应关系表

信息比特		字符	4FSK 偏差/kHz
比特 1	比特 2		
0	1	3	1.944
0	0	1	0.648
1	0	−1	−0.648
1	1	−3	−1.944

四位调频 4FSK 技术包括升余弦均方根滤波器和调制器,具体可参见图 9.43 的级联图。

图 9.43　4FSK 调制器

9.6.2 DMR 信号接收

为了接收 DMR 数字基带信号,需要对接收到的无线信号进行放大、模数转换,再输出到基带,进行滤波及过采样,以确保其与 DMR 信号参数之间的对应。

对于以其自身时隙为特征的两信道中的每一个信道,DMR 基带信号处理做如下考虑:

- 数据包同步序列检测流程,时间和频率同步,确定传输类型。
- 对于检测到的语音数据包:
  - 解调。
  - 若未收到给定语音信息的语音 LC 帧头。

提取并解码 EMB 服务数据部分,从数据块中提取语音超帧数据包中的服务 LC 信息、去交织、解码并校验;

确定传输加密状态(加密/未加密);

确定信源信宿,以及信宿类型(个人/集群);

  - 记录语音数据。
- 对于检测到的数据包:
  - 解调。
  - 提取并解码时隙类型数据包中的服务数据部分。
  - 判断数据类型,对检测到的数据包数据类型进行统计计算。
  - 对于语音 LC 帧头类型的数据包:

提取数据包中的信息部分、解码并进行解码校验;

确定传输加密状态(加密/未加密);

确定信源信宿以及信宿类型(个人/集群)。

  - 对于数据帧头类型的数据包:

提取数据包中的信息部分、解码并进行解码校验;

确定传输加密状态(加密/未加密);

确定信源信宿以及信宿类型(个人/集群);

提取数据包数据帧头信息部分的 DPF 数据域,检查 UDT 数据传输的统一协议;

提取数据包信息部分的 UDT 格式数据域,检验其与 NMEA 导航数据的一致性;

提取数据包信息部分 UAB 数据域,确定 NMEA 数据格式;

解调,提取后续一个或多个包含 NMEA 数据的数据包(其数据类型必须为 1/2 速率数据)的信息部分、去交织、解码、解码校验;

提取 NMEA 导航数据参数。

－对于 CSBK 类型的数据包：

提取数据包中的信息部分、去交织、解码并进行解码校验；

确定传输加密状态（加密/未加密）；

提取信息数据区 CSBK 部分中的 LB 和 CSBKO 数据域，检查与广播通知的一致性；

提取系统验证参数 MODEL，NET/SITE 和 REG。

－对于 MBC 帧头类型的数据包：

提取数据包中的信息部分、去交织、解码并进行解码校验；

确定传输加密状态（加密/未加密）；

提取 MBC 帧头信息数据区部分中的 CSBKO 数据域，检查与广播通知的对应关系；

提取 MBC 帧头信息数据区部分中的"公告类型"数据域，检查与频率通知的对应关系，解调；

提取下一个数据包（其类型必须为 MBC Continuation）的信息部分数据、去交织、解码、解码校验；

从消息中提取基站的发送和接收频率。

- 对于基站信号，如果在 CSBK 数据包中未收到系统验证码：
  －解调 CACH 数据包标识符。
  －对每个 CACH 数据包去交织。
  －提取并解码 CACH 数据包中的 TACT 服务部分。
  －从 TACT 的 LCSS 数据域中提取 CACH 服务消息字段。
  －去交织、解码、验证 CACH 消息解调信息。
  －从 CACH 消息中提取 SLCO 数据域，检验是否包含系统验证码。
  －提取系统验证码 MODEL、NET/SITE 和 REG。

DMR 信号处理流程如图 9.44 所示。

设计开发的 DMR 基站信号分析仪可在给定分析时间间隔和频率范围内，实现下列信号处理功能：

- 检测 DMR 信号；
- 检测传输信号类型（BS 源语音、BS 源数据、MS 源语音、MS 源数据、MS 源独立 RC 码、TDMA 直接模式时隙 1 语音；TDMA 直接模式时隙 1 数据；TDMA 直接模式时隙 2 语音；TDMA 直接模式时隙 2 数据）；
- 确定检测到的数据包类型；
- 检测传输加密状态：加密、未加密、未定；

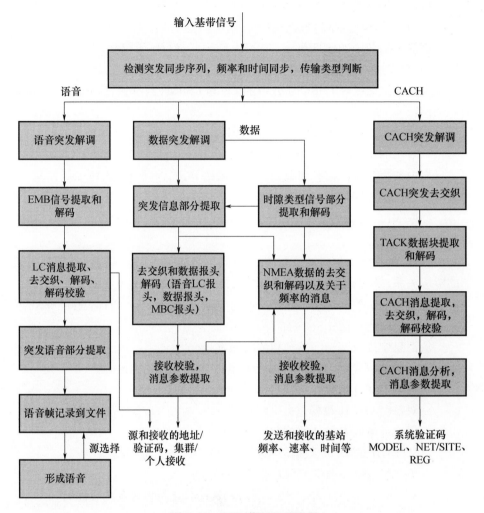

图 9.44　DMR 信号处理流程

- 计算被检测数据包的传输类型、包类型、传输加密状态统计数据；
- 估计被检测到的无线电台站误码率；
- 接收和记录被检测到的语音数据；
- 确定信源信宿的地址和标识符，以及语音和数据包的信宿类型（个人/集群）；
- 在集群系统中接收系统标识符；
- 在集群系统中搜索并接收 NMEA 导航数据（坐标、时间、速率等），在本地电子地图显示坐标；
- 在集群系统中搜索并接收基站收发频率消息；

● 构建并分析被检测到无线电台站的网络拓扑图；

● 将分析结果存储在数据库中，能够自动监控状态变化；

● 用不同的格式创建分析结果：XML、MS Word、Excel，灵活选择输出信息以及其显示方式。

SMO－BS 集群软件主窗口界面如图 9.45 所示。在业务中心的固定站点进行信号接收。在窗口左上部分，被检测到的无线电台站树状图按照不同的标准和传输类型分组。窗口左下部分为任务面板，在此可进行频率数值的分析和范围选择。在窗口底部，显示所选频段的接收信号频谱。在窗口中央，显示被检测到的无线基站列表，包含检测时间、载波频率、信号电平，以及主要传输参数。在窗口顶部，显示所选无线电台站的接收和测量信号参数列表。

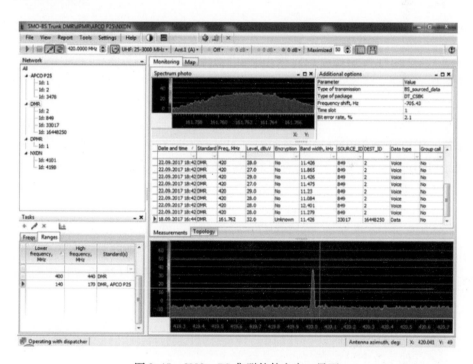

图 9.45　SMO－BS 集群软件主窗口界面

△9.7　APCO P25 信号分析仪

美国国际公共安全通信官员协会（APCO）P25 数字通信标准在国际上具有

重要地位,澳大利亚、加拿大及英国的政府机构和行业代表积极参与其中。中国、丹麦、法国、德国、荷兰、新西兰、西班牙等也表现较为积极。Project 25(P25)标准的主要目标是开发新的开放数字标准,用于安全机构常规和集群无线电通信,并反向兼容现有的模拟单元。

正如上面所述,APCO P25 标准的广播电台在包括俄罗斯在内的许多国家得到广泛应用,且数量持续增长。摩托罗拉公司参与制定本标准并做出了重要贡献。由于投入巨额资金,摩托罗拉公司现在能够提供 ASTRO 25 品牌的全系列 APCO P25 产品。作为 APCO P25 全球领导者,摩托罗拉公司已向全球消费者提供超过 350 部无线电通信系统和超过 200 万部 ASTRO 25 用户终端。

本节主要介绍 APCO P25 标准的信号结构、信号处理程序和分析仪的主要功能[17]。

9.7.1　APCO P25 标准

APCO P25(P25)标准是消费者协会制定的开放性标准,特别是针对北美安全机构的需求。无线电台可以与现有的模拟无线电台一起工作,也可以与其他 P25 无线电台一起以数字或模拟模式工作。该标准的无线电通信系统具有极高的交互性和兼容性,第一阶段系统在模拟、数字或混合模式下以 12.5kHz 的频率步进工作。其中,连续 4 位频率调制(C4FM)的速率为 9600b/s,改进的多频带激励(IMBE)语音解码器以速率 7.2kb/s 数字流(包括来自错误保护 FEC 前向纠错的信息)工作。该标准的第二阶段将采取更有效的载波调制方法——具有相位平滑的 4 位相位调制,其调制速率与第一阶段保持一致。

APCO P25 标准支持在一个网络中容纳超过 200 万个无线电台和 6.5 万个群组。在每个超帧中连续传输完整的呼叫信息,确保了用户连接的最小延迟。

P25 标准包括射频子系统和 8 个接口,这些结构 APCO P25 系统开放式架构的一部分:

- 通用应用程序接口(CAI);
- 数据传输终端接口;
- 其他系统 ISSI 的接口;
- 电话网接口;
- 网络控制子系统 NMI 接口;
- 数据传输网络接口;
- 控制台子系统 CSSI 接口;
- 基站 FSI 的接口。

CAI 的参数如表 9.6 所列。

表 9.6　CAI 的参数

	阶段 1	阶段 2
接入方式	FDMA	TDMA
信道宽度	12.5kHz	12.5kHz(6.25)
调制类型	C4FM/CQPSK	上行链路 H – CPM 下行链路 H – DQPSK
控制信道数据传输速率	9.6kb/s	9.6kb/s
语音信道数据传输速率	9.6kb/s	12.0kb/s
声码器	IMBE	AMBE

完整的标准介绍包括一百多个文档,通用结构详见文献[18],射频接口和所用语音编码器详见文献[19 – 20]。

9.7.2　APCO P25 信号接收

APCO P25 信号的接收包括以下 3 个阶段:

一是信道检测和基带信号形成。

二是处理基带信号(分组检测、频率—时间同步、解调、解码)及获取比特流。

三是比特流分析处理——信息提取。

在信道检测阶段,进行宽带信号处理。APCO P25 标准(136 ~ 174MHz、403 ~ 512MHz、806 ~ 870MHz)推荐网络频率总带宽为 214MHz,这对算法性能提出了更高的要求。

以下是快速信道检测算法。

(1) 计算快速傅里叶变换(FFT)的维数 n_F:

$$n_F = 2^{\mathrm{ceil}\left(\frac{\ln(2F_S) - \ln(200)}{\ln 2}\right)} \tag{9.1}$$

式中:ceil 为向上舍入到最接近整数的运算,F_S 是采样频率。

(2) 以对数形式计算信号频谱幅值:

$$A = 20 \log_{10}(|\mathrm{fft}(z * w_F)|) \tag{9.2}$$

将 FFT 的运算指定为 fft($\cdot$),z 是长度为 n_F 的样本片段,$*$ 是分量乘法的运算,w_F 是具有 n_F 长度的 Blackman 窗口。

如果分析的间隔长度超过 FFT 大小,则必须在可用间隔内重复 FFT,并且必须对结果求均值。

(3) 计算相关器对信道掩码的响应(具有 n_F 宽度的 Blackman 窗口可用作此

掩码）：

$$n_\mathrm{C} = 2\,\mathrm{floor}\!\left(\frac{s \cdot n_\mathrm{F}}{2\,F_\mathrm{S}}\right) + 1 \tag{9.3}$$

floor 是向下舍入到最接近整数的操作，$s = 6000\mathrm{Hz}$ 是信号频谱宽度。

（4）计算 w_c 窗口样本，数值从 $-(n_c-1)/2$ 到 $(n_c-1)/2$。这种情况下，在允许的索引值区域内，根据以下公式计算相关器响应：

$$c_i = \sum_{k=-(n_c-1)/2}^{(n_c-1)/2} A_i + k(w_c)k \tag{9.4}$$

（5）分析感兴趣的区域内相关器响应 c，可按照以下标准检测信道：c_m 信道中心的响应是 $m \pm (n_c-1)/2$ 区间的最大值，同时，超过分析区间范围的平均响应不小于给定值 d。在这种情况下，必须满足以下条件：

$$c_m \geqslant \frac{\left(\sum\limits_{k=-(n_c-1)/2}^{(n_c-1)/4} c_i + k\right)}{\left(\dfrac{n_c-1}{3}\right)} \text{ 和 } c_m \geqslant \frac{\left(\sum\limits_{k=+(n_c-1)/4}^{(n_c-1)/2} c_i + k\right)}{\left(\dfrac{n_c-1}{3}\right)} \tag{9.5}$$

信道中心数 m 使用 c_{m-1}、c_m、c_{m+1} 值的抛物线近似值来具体规定，典型过程中精度约为 $200 \sim 300\mathrm{Hz}$，具体由样本长度和 SNR 决定。

对于每个检测到的信道，基带信号形成的标准过程与 8kHz 带宽的信号滤波一起执行，此时的基带信号频率为 F_v，且是符号率的倍数（$F_v = m \cdot 4800$，其中 m 是整数）。

APCO P25 信号处理流程如图 9.46 所示。

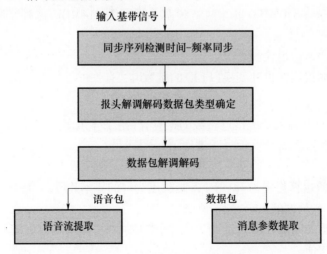

图 9.46 APCO P25 信号处理流程

APCO P25 标准的信号存在 C4FM 和 CQPSK 两种调制类型,解调器对频率检测器输出信号进行处理,不需对两种类型的调制进行附加修改和调整。

确定频率偏移的同时进行信号检测。在每个 APCO P25 信号数据包(图9.47)的开头,发送固定前导码(同步序列),数据包允许对该操作进行相关处理。

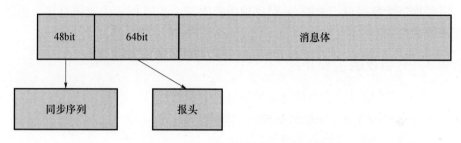

图 9.47　APCO P25 标准信号数据包结构

考虑到 APCO P25 信号随机接入前导码($\$5575F5FF77FF$)具有多种正偏移量和负偏移量,每个点的两个响应由公式计算正、负前导码部分:

$$a_k^+ = \sum_{j=0}^{23} p_j^+ \cdot b_{k+m \cdot j} \tag{9.6}$$

$$a_k^- = \sum_{j=0}^{23} p_j^- \cdot b_{k+m \cdot j} \tag{9.7}$$

其中,$p = [1,1,1,1,1, -1,1,1 -1, -1,1,1, -1, -1, -1, -1,1, -1,1, -1, -1, -1, -1, -1]$ 是在每个数据包开头传输的随机接入前导码,p^+ 是由序列 p 的正单元组成的随机接入前导码(负数单元被零替换),p^- 是由序列 p 的负单元组成的随机接入前导码(正数单元由零替换)。

在正随机接入前导码部分,有 11 个非零符号,而在负随机接入前导码部分,有 13 个非零符号。当样本与随机接入前导码一致时,a_k^- 将是

$$13 \cdot (\Delta f - 3 F_s) 2\pi / (m F_s) \tag{9.8}$$

a_k^+ 将是

$$11 \cdot (\Delta f + 3 F_s) 2\pi / (m F_s) \tag{9.9}$$

式中:F_s 为频率偏差;Δf 是频率移动(偏移)。

频率偏移可以通过以下公式估算:

$$\Delta f = \frac{1}{2} \frac{m f_d}{2\pi} \left(\frac{a^+}{11} + \frac{a^-}{13} \right) \tag{9.10}$$

相关响应值可以通过公式 $c_k = (a^+ + a^-) - 24\Delta f \cdot 2\pi / (m f_d)$ 获得。如果相关器响应大于 $0.65 \times 72.2\pi / (m F_s)$ 则认为数据包可以检测。最大相关器响应

的索引是数据包开始的索引。

在激活幅度相关器之后,对接收的随机接入前导码进行检查,检查通过解调测试序列和计算比特误差量完成。

下一阶段是对帧头符号的解调,这会生成信息比特的硬判决。在解调之后,确定接收的数据包类型。

根据每个数据包的类型,采取单独的方案进一步解调并生成信息比特的硬判决或软判决。

9.7.3 分析仪的主要功能

APCO P25 信号分析软硬件系统具有以下功能:

- 确定无线电电子系统类型和信号参数:
  - 设备类型(基站或用户站);
  - 标识符(地址);
  - 信号的平均电平;
  - 最近一次激活时间;
  - 频率偏移;
  - 传输的数据包类型;
  - 传输类型;
  - 是否加密;
  - 加密类型;
  - 误码率;
  - 网络访问码(NAC)。
- 使用截获的数据包进行网络拓扑分析。
- 通过构建可能的定位区域确定无线电设备位置,并通过 GLONASS/GPS 数据坐标在电子上呈现无线电监测结果。
- 通过不同的标志(包括定位区域、当前状态、日期/时间、所属网络)对数据进行分类和选择。
- 将分析结果存储在数据库中,用于状态变化的自动监测。

分析仪由 ARGAMAK 系列设备的硬件部分和软件部分组成,软件可以使用统一数据包与其他软件一起安装在计算机上,例如,用于进行不同蜂窝通信系统的基站信号分析软件。

当使用 DRR 时,系统硬件根据所需的采样频率生成基带信号,从而提高了分析仪的性能。当信号出现时,软件对其进一步处理并提取广播信息。

SMO – BS TRUNK 软件主窗口的外观如图 9.48 所示[7]。

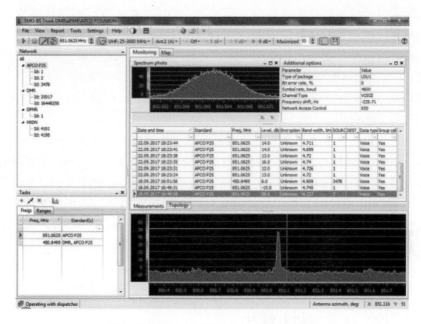

图 9.48　SMO – BS TRUNK 软件的主窗口

在窗口的左侧"网络"面板上,以层次结构的形式展现子网络列表及其客户端。分析信号时,只有我们能够接收到电台标识符,该电台才会出现在"网络"面板中。在台站间进行数据交换时,标识符在操作开始时被发送。此时,需为每个台站注册以下参数:

- 数据类型(数据、语音数据);
- 台站标识符。

对于每个分析结果,保存包含信号中心频率和 20kHz 带宽的频谱图。

为便于跟踪特定台站的信号电平变化,设计了时间—电平图关系图,图中显示了所选台站的信号电平变化情况。

9. 8　Wi-Fi 网络和接入点信号分析仪

用于 Wi-Fi 网络参数分析的现有设备可以分为下述几种类型:

第一类设备是一些世界领先的无线电监测设备制造商(Rohde&Schwarz, Keysight,Tektronix)生产的全功能频谱与信号分析仪,能够提供快速数字频谱分析,确定包括 802. 11 系列标准在内的多种标准的无线电信号参数。然而通常情况下,此类设备不支持频率 – 空域规划监视、网络拓扑的构造,以及其他一些参数的估计,但这些对于无线电监测机构而言至关重要。此外,分析仪构建的基础技术通常以实现通用功能为导向。集成的分析仪往往不含信号预选模块,因此难以满足无线电监测任务的需求。

第二类设备主要是用于监测广播无线电系统的特殊适配器。与频谱分析仪相比,适配器能够测量的信号参数更少,采用非校准天线系统,并且仅在 2412 ~ 2484MHz 和 5170 ~ 5320MHz[21] 的许可频率范围内工作,限制了适配器在无线电监测设备中的应用。

第三类设备是在通用数字无线电测量接收机基础上构建的宽带无线网络分析仪。DRR 必须具有完成无线网络测量的所需性能参数,包括参考振荡器的高频稳定性、宽通带、幅频响应误差小、IF 信号的数字输出。此类分析仪的功能取决于测量 DRR 的性能参数和软件的算法。基于数字测量接收机的无线网络分析仪的成本与全功能频谱与信号分析仪的成本相当,但其优势在于不仅能够进行参数测量,其软件还能够完成一些其他无线电监测任务。

本节旨在分析基于 ARGAMAK 系列 DRR 的无线接入 Wi-Fi 信号分析仪的结构特性,用于参数估计和测量[22] 的无线电信号接收与处理特性。

9.8.1　802.11 系列标准概况

Wi-Fi 网络的工作频率为 2.4 GHz(802.11 b/g/n)或 5 GHz(802.11 a/n)。从网络结构来看,该标准同时考虑了自组网(Ad Hoc)和基础架构(Infrastructure)两种使用模式[21]。在 Ad Hoc 模式中,网络节点彼此直接连接;而在 Infrastructure 模式下,节点通过接入点连接。为访问数据传输介质,采用具有载波检测和冲突消解的联合访问方法。

802.11 系列标准定义了一组物理层实现技术,其中包括[23]:
- 采用直接序列方法扩频的 802.11b 标准物理层;
- 使用正交频分复用(OFDM)技术的 802.11a 标准物理层。

802.11b 标准支持 4 种数据传输速率:1Mb/s,2Mb/s,5.5Mb/s 和 11Mb/s。在低速率下,采用 Barker 码进行扩频;而在高速率下,则采用 8 码片补码(CCK)。为了对信息比特进行编码,需使用二相或四相对相位调制。

IEEE 802.11a 标准采用 OFDM 技术,使用具有 64 个频率子信道窗口的傅里叶逆变换来划分信道。此时,每个正交子载波在 20MHz 的总带宽内占用 312.5kHz。在低传输速率下,使用二相(BPSK)和正交(QPSK)相位调制进行子载波调制。BPSK 用于 6/9Mb/s 速率的数据传输,而 QPSK 调制用于 12/18Mb/s 速率的数据传输。进行更高速率(最高 54Mb/s)的传输时,需要使用正交幅度调制 16 – QAM 和 64 – QAM。

802.11g 标准是 IEEE 802.11b 规范的进一步发展,可提供 2.4GHz 相同频率范围内的数据传输。由于 OFDM 技术的应用,该标准支持的最高数据传输速率可达 54Mb/s。

　　OFDM 技术也用于 802.11n 标准,该标准下数据传输速率高达 600Mb/s。实现速率提升的关键在于以下两个因素:一是 MIMO 技术的使用;二是该标准下终端设备工作带宽已扩展到 40MHz。

　　尽管 802.11 标准与其他现行标准存在显著差异,但它们的物理层帧结构相似:即由随机接入前导码和服务信息组成的帧头与信息数据共同添加至 MAC 帧。802.11a 标准的帧结构如图 9.49 所示[21]。

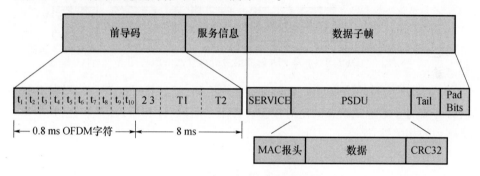

图 9.49　802.11a 标准的帧结构

　　从图中可以看出,每帧从持续 $16\mu s$ 的随机接入前导码开始。前导码由 10 个持续 $0.8\mu s$ 的短学习符号(SLS)和 2 个持续 $3.2\mu s$ 的长学习符号(LLS)组成。OFDM 学习符号用于信号检测、时频同步,以及信道频率响应估计。在前导码之后,发送包含传输速率、调制类型、帧内消息长度等数据的服务信息。

　　接下来是数据子帧,该子帧由 4 个字段组成:SERVICE、PSDU、TAIL 和 Pad Bits。PSDU 字段(信息字段)直接包含发送的数据,其持续时间可变,可能持续达 3ms。在信息块的开头,发送 MAC 层的帧头,其中包含数据包的类型(控制、服务、信息)、发送和接收的硬件地址、网络标识符信息。应该注意的是,(从无线电监测的角度来看)广播信息并非在所有数据包类型中都可用[21]。用于控制和验证的 32bit 序列位于信息块的末尾。

　　在 802.11b 标准中,使用了 $144\mu s$ 和 $72\mu s$ 两种不同长度的随机接入前导码,两个前导码以 1Mb/s 的最小速率传输,使用二进制相对相位调制和 Barker 码进行扩频。

9.8.2　802.11 a/b/g/n 标准信号的接收

　　Wi-Fi 信号的接收和必要广播信息的提取过程包括:用必要的采样频率形成基带信号、数据包检测、时频同步、比特流获取,以及必要广播信息的提取。由于物理层实现技术的差异,802.11b 和 802.11a/g/n 标准的信号处理算法存在显著差异。

图 9.50 为 802.11b 标准信号处理算法的流程图。

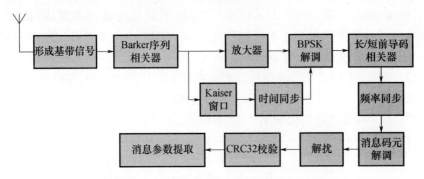

图 9.50　802.11b 标准信号处理算法的流程图

802.11b 信号的检测是基于 Barker 序列检测、消息符号解调,以及解调后信息与已知前导码解调信息的比对校验。在第一阶段,计算输入信号与已知 Barker 序列的相关性:

$$U_n = \sum_{s=0}^{S-1} b_s^* \cdot z_{s+n} \tag{9.11}$$

式中:z_n 为输入信号样本的序列;b_s 为已知长度 S 的 Barker 序列。

来自相关器输出的信号乘以 Kaiser 的窗口函数:根据获得的最大信号值,连续监视前导码符号到达时间以进一步的解调。在完成前导码符号解调之后,对解调结果与 802.11b 信号已知前导码的一致性进行估计,判断信号是否存在。数据包检测时,在前导码间隔中测量相位干扰,并进行频率同步。在获取调制类型消息帧头的服务信息基础上,完成信息符号解调、解扰和 CRC 校验,之后提取无线电监测所需的广播消息参数。

802.11a/g/n 标准的信号处理流程图如图 9.51 所示。

信号检测分两个阶段进行:第一阶段,检测 SLS(短学习符号序列)并进行频率时间粗调,之后进行 LLS(长学习符号序列)搜索和精确的时频同步。短前导码是否存在,需要通过将统计量 m_n 与第一阶段的阈值 h_1 进行比较来判断:

$$m_n = \left| \sum_{l=0}^{L-2} \frac{\sum\limits_{j=0}^{J-1} z_{n+j+l\cdot J} \cdot z_{n+j+(l+1)J}^*}{0.5 \cdot \sum\limits_{j=0}^{J-1} |z_{n+j+l\cdot J}|^2 + 0.5 \cdot \sum\limits_{j=0}^{J-1} |z_{n+j+(l+1)\cdot J}|^2} \right|^2 <> h_1 \tag{9.12}$$

式中:z_n 为输入信号的复样本序列;$L=10$ 为 SLS 符号的数量;$J=16$ 为学习序列的一个短 OFDM 符号中的样本数。

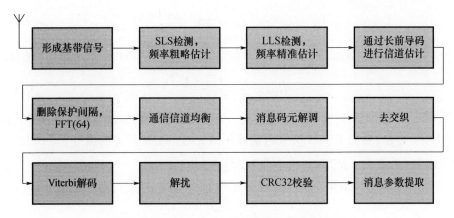

图 9.51　802.11a/g/n 标准的信号处理流程图

发射机和接收机之间频率失配的粗略估计是

$$\Delta f = \frac{1}{2\pi \cdot \tau_0} \cdot \arg \sum_{l=1}^{L-2} \sum_{j=0}^{J-1} z_{\theta+j+l\cdot J} \cdot z_{\theta+j+(l+1)J}^* \qquad (9.13)$$

式中：τ_0 为短学习序列一个符号的持续时间；arg 函数值是在 $\pm\pi$ 间的复数的相位；$\theta = \arg\max_n m_n$ 为 SLS 时间位置的估计。

在 SLS 检测的情况下（结果统计 m_n 超过阈值 h_1），进行长前导码符号检测，同时补偿 Δf 频率失配的粗略估计。将第二阶段的决策函数与 h_2 阈值进行比较，若超过阈值则视为检测到数据包：

$$U_n = \frac{\left| \sum_{s=0}^{S-1} a_s^* \cdot z_{s+n} \cdot \exp\left(-j \cdot 2\pi\Delta f \cdot \frac{(i+n)}{F_s}\right) \right|^2}{\sum_{s=0}^{S-1} |z_{n+s}|^2} \quad <> h_2 \qquad (9.14)$$

式中：a_s 为已知 LLS；S 为 LLS 的一个 OFDM 符号中的样本数；$n = \tau_1 \cdots \tau_1 + 3S$ 为决策函数值的搜索区间，τ_1 是在检测的第一阶段基于决策函数最大值 m_n 获得的 LLS 开始时间位置的估计。

在数据包检测的情况下，最终频率失配估计如下：

$$\Delta f = \Delta f + \frac{1}{2\pi\tau_1} \cdot \arg\left(U_{\max 1} \cdot U_{\max 2}^*\right) \qquad (9.15)$$

式中：τ_1 为 LLS OFDM 符号的持续时间；$U_{\max 1}$ 为函数 U_n 的最大值；$U_{\max 2}$ 为函数 U_n 的第二大值。数据包开始时间位置的精确估计根据最大值 $U_{\max 1}$ 的时间位置确定。

在考虑到频率失配的最终估计值的情况下，完成时间采样信号校正如式（9.15）：

$$U_n = U_n \cdot \exp\left(j \cdot 2\pi\Delta f \cdot \frac{(i+n)}{F_s}\right) \qquad (9.16)$$

至此,可认为已经完成时频同步过程。之后,根据 LLS 进行初始信道估计 $\dot{H}_{k,0}$:

$$\dot{H}_{k,0} = \frac{1}{2} \cdot \frac{\dot{Y}_{k,0} + \dot{Y}_{k,1}}{L_k} \qquad (9.17)$$

式中:k 为子载波号;L_k 为 LLS 子载波值。对 OFDM 符号有效部分的每个块进行快速傅里叶变换(对应于 LLS 符号的编号 0 和 1 的 OFDM 符号的编号 $r = 0,1,\cdots,$ $R-1$)得到结果 $\dot{Y}_{k,r}$,R 是消息中的 OFDM 符号的总数。

根据信道估计结果对 OFDM 符号子载波进行校正:

$$\dot{Y}_{eq_{k,r}} = \frac{\dot{Y}_{k,r}}{\dot{H}_{k,r}} \qquad (9.18)$$

将校正的子载波进行解调,形成编码比特的软解调。例如,为确定 QPSK 软解调,可计算以下变量:

$$\begin{cases} \Omega_i^x(k,r) = \left[\operatorname{Re}(Yeq_{k,r}) - \frac{\operatorname{Re}(z)_i}{\gamma}\right]^2, i = 0,1,\cdots,\sqrt{M}-1 \\ \Omega_i^y(k,r) = \left[\operatorname{Im}(Yeq_{k,r}) - \frac{\operatorname{Im}(z)_i}{\gamma}\right]^2, i = 0,1,\cdots,\sqrt{M}-1 \end{cases} \qquad (9.19)$$

式中:$\operatorname{Re}(z)_i$ 为调制点沿 x 轴从左到右的值;$\operatorname{Im}(z)_i$ 为调制点沿 y 轴从下到上的值。对于 QPSK,$M = 4$,$\gamma = \sqrt{2}$。同样,为其他调制类型定义软解调:BPSK、16 - QAM、64 - QAM。

在解调每个 OFDM 符号之后,软解调数据流传递到解交织、维特比解码和解扰的数据块。在解码结果与校验和一致的情况下,该消息被认为是准确解码,同时发送到消息类型确定数据块,进行必要的广播信息提取。

9.8.3 Wi-Fi 网络和接入点分析仪的主要功能

SMO - BS Wi-Fi 无线通信系统信号分析仪的软硬件具备下列功能:

● 使用外部适配器,在带宽为 20MHz, 2.412 - 2.484GHz 和 5.17 ~ 5.905 GHz 频率范围,检测 IEEE 802.11 a/b/g/n 标准宽带数据传输的无线网络。

● 使用 ARGAMAK - IS 全景接收机在 5MHz、10MHz、20MHz 的整个工作频段内,使用 ARC - D11 双通道无线电接收机在 5MHz、10MHz、20MHz、40MHz 的整个工作频段内,检测 IEEE 802.11 a/b/g/n 标准的宽带数据传输的无线网络。

● 确定宽带数据传输无线网络结构中的无线电设备参数:无线网络的子系统标识符(SSID)、网络设备的物理(MAC)地址、使用的信道数和频率标称值、信号电平以及设备类型。

●根据截获的数据包分析网络拓扑结构:自动确定连接的设备数、物理(MAC)地址和连接类型。

●根据数据库对比的结果,识别并验证宽带数据传输无线网络中合法无线电子单元信号以及非法发射机信号。

●进行宽带数据传输网络无线设备定位,包括设备概率分布范围和无线电监测结果,并辅以 GPS/GLONASS 信息后标记于电子地图上。

●通过不同的标志(包括定位区域、当前状态、所属网络、是否有许可证等)对获得的数据进行分类和选择。

●将分析结果存储在数据库中,用于状态变化的自动监测。

分析仪由硬件部分——ARGAMAK – IS 或 ARC – D11 接收机,或图 9.52 所示的外部适配器,以及软件部分组成。软件可以由包含其他功能的统一安装包(例如,蜂窝通信系统的基站信号分析软件。)进行安装。当使用外部适配器时,分析操作可在没有数字接收机的情况下进行,但此时仅支持在 Wi-Fi 标准频率且20/22MHz频带内的信号进行扫描。使用 ARGAMAK – IS 或 ARC – D11 接收机,可以在9kHz ~8GHz 范围的任意频率搜索 Wi-Fi 信号,还可搜索 802.11a/g/n 标准带宽为 5MHz、10MHz 和40MHz 的信号。

图 9.52　外部 Wi-Fi 适配器

使用 DRR(数字无线电接收机)时,系统硬件部分能够在所需采样频率完成基带信号形成,以及监测频率范围的 Wi-Fi 信号检测,从而显著提升了分析仪的性能。当发现信号时,系统软件还将进一步提取和处理广播信息。

SMO – BS Wi-Fi 软件主窗口的外观如图 9.53 所示[7]。

在窗口的左侧,"Detected (I)BSS"面板以层级结构的形式,显示子网络及其客户端的列表。每个(I)BSS 都需登记注册以下参数:

●网络类型(Ad Hoc,基础设施);

●服务集标识符(SSID);

●基本服务集标识符(BSSID);

●子网络客户端的硬件地址。

窗口右侧是"监测"和"地图"选项表单。在"监测"表单的上半部分,有一个随扫描期间累积的测量结果表。此外,还有两个频率－空域规划(FSP)监测表:"信道比较"和"SSID 比较",用于验证以太网和计划中的信道/ SSID。在表单的下方,是进行测量时显示 20MHz 带宽信号频谱的图形面板。在"时间－电平图"面板中,所选节点的信号电平图在"Detected (I) BSS"树中表示。"客户端"表单包含有连接到网络的客户端信息(MAC 地址和上次活动的时间)。

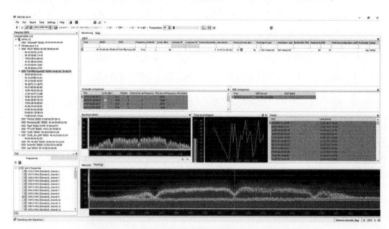

图 9.53　SMO－BS Wi-Fi 软件的主窗口

如图 9.54 所示,在"拓扑"表单中,检测到的子网络以图形方式加以排列。"基础设施"类型的子网以"星形"图的形式表示,其中心有接入点,从中心发出的波束连接到给定子网的客户端。"Ad Hoc"类型的子网络以"环形"图表示,所有客户端分布在圆周上,并且相互间通过特定的线连接。客户端以矩形的形式呈现,其中包括 MAC 地址和 SSID。

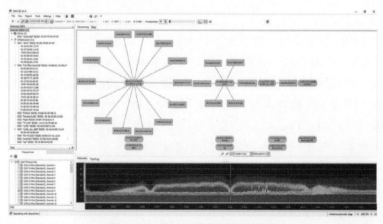

图 9.54　分析结果的网络拓扑图

在移动无线电监测站基础上进行软硬件操作时,以及测量不同位置点处的信号电平时,可以计算接入点位置。为此,每个接入点自动构建自己的操作区域。从不同测量接入点获得的信号功率出发,对区域中的定位概率进行估计,获得的估计值在地图上以概率矩阵的呈现,如图 9.55 所示。

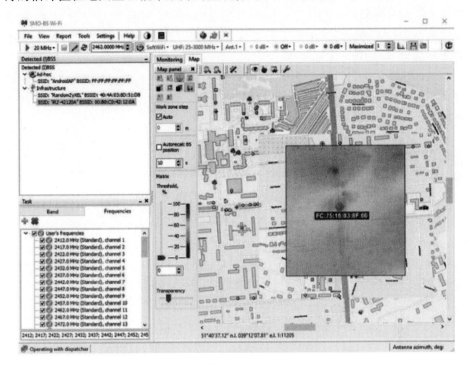

图 9.55　确定本地 Wi-Fi 接入点

接入点在特定点位中出现的概率越高,矩阵的颜色越红。在接入点位置的最大概率处,可用标识符标记其周长。

分析仪操作的结果记录在嵌入式数据库中,并且可以进一步用于信号参数的自动监测、与频率 – 空域规划进行比较及射频设备电磁兼容性问题分析等。

在真实城市条件下,基于 ARGAMAK – IS 接收机的 SMO – BS Wi-Fi 硬件和软件的测试结果表明,这套系统具备的 Wi-Fi 设备的检测和识别能力,不仅可用于 20/22MHz 带宽和频率范围为 2412 ~ 2484MHz、5170 ~ 5320MHz 中的信息传输,而且还可以在非授权频率范围内工作,包括 5MHz 和 10MHz 带宽。

◣9.9　本章小结

本章介绍的数字信号分析仪用于识别和测量基站信号参数,包括 GSM、

UMTS、LTE、CDMA 标准的蜂窝通信系统，DECT 标准的微蜂窝系统，TETRA、DMR 和 APCO P25 标准的集群网络等，以及无线接入点和 Wi-Fi 用户。分析仪能够实现信号搜索、信号广播身份数据接收、参数测量、可视化呈现和结果分析。分析仪包括硬件部分（ARGAMAK 系列的 DRR）和软件部分（可以安装在个人计算机上的与其他软件一起使用的统一数据包）。例如，用于数字电视系统、其他通信基站和数据传输系统的信号分析软件。分析仪可以在该数字技术标准使用的标准频率下和 DRR 工作频率范围内的非标准频率下工作。

本章所介绍的数字信号分析仪，并不逊色全球领先制造商的同类设备，它们可用于信号参数的自动监测、与频率－空域规划的比较、射频设备电磁兼容性问题的分析，以及无线电系统的规划和开发。

参考文献

1. The catalogue 2017 of IRCOS JSC. http://www. ircos. ru/zip/cat2017en. pdf. Accessed 28 Nov 2017

2. Rembosky AM, Ashikhmin AV, Kozmin BA (2015) Radiomonitoring: problems, methods, means (in Russian). In: Rembosky AM (ed) 4th edn. Hot Line – Telecom Publ. , Moscow, 640 p

3. Alexeev PA, Ashikhmin AV, Bespalov OV, Kaioukov IV, Kozmin VA, Manelis VB (2016) GSM, UMTS, LTE base station signal analyzer (in Russian). Spetstehnika i Svyaz (4):50 – 59

4. Haine G (1999) GSM Networks: Protocols, Terminology and Implementation. Artech House, London, p 447

5. Castro JP (2001) The UMTS network and radio access technology: air interface techniques for future mobile systems. Wiley, 354 pp

6. Sesia S, Toufik I, Baker M (2009) LTE—The UMTS long term evolution, From theory to practice. Wiley, 611 p

7. SMO – BS software packages for wireless data communication system analysis. http://www. ircos. ru/en/sw_bs. html. Accessed 28 Nov 2017

8. Kayukov IV, Manelis VB (2006) Comparative analysis of different methods of signal frequency estimation (in Russian). Radioelectron Commun Syst 49(7):42 – 56

9. SMO – KN navigation and cartography software package. http://www. ircos. ru/en/sw_kn. html. Accessed 30 Nov 2017

10. ETSI EN 300 392 – 2 V2. 3. 2. Terrestial Trunked Radio (TETRA); Voice plus Data; Part 2: Air Interface. European Telecommunications Standards Institute, 2001

11. Prosch R, Daskalaki – Prosh A (2015) Technical handbook for radio monitoring VHF/UHF. Edition 2015. Books on Demand GmbH, Norderstedt, Germany, 437 p

12. Bocharov DN, Kayukov IV, Kozmin VA, Manelis VB (2016) DMR radio station signal analyzer. (in Russian). Spetstehnika i Svyaz (4):106 – 110

13. ETSI TS 102 361 – 1 Electromagnetic compatibility and Radio spectrum Matters (ERM); Digital Mobile Radio (DMR) Systems; Part 1: DMR Air Interface (AI) protocol V2. 3. 1 (2013 – 07)

14. ETSI TS 102 361 – 2 Electromagnetic compatibility and Radio spectrum Matters (ERM); Digital Mobile Ra-

dio（DMR）Systems；Part 2：DMR voice and generic services and facilities V2.2.1（2013 – 07）

15. ETSI TS 102 361 – 3 Electromagnetic compatibility and Radio spectrum Matters（ERM）；Digital Mobile Radio（DMR）Systems；Part 3：DMR data protocol V1.2.1（2013 – 07）

16. ETSI TS 102 361 – 4 Electromagnetic compatibility and Radio spectrum Matters（ERM）；Digital Mobile Radio（DMR）Systems；Part 4：DMR trunking protocol V1.6.1（2014 – 06）

17. Ashikhmin AV，Bocharov DN，Kozmin VA，Kryzhko IB，Sladkih VA（2016）APCO P25 radio station signal analyzer（in Russian）. Spetstehnika i Svyaz（4）:111 – 114

18. Project 25 Document Suite Reference（2010）

19. Tia Standard. Project 25 FDMAFDMA—Common Air Interface. ANSI/TIA – 102. BAAA（2003）

20. Tia Standard. Project 25 Vocoder Description. ANSI/TIA – 102. BABA（2003）

21. Standard for Information technology—Telecommunications and information exchange between systems—Local and metropolitan area networks—Specific requirements. Part 11：Wireless LAN Medium Access Control（MAC）and Physical Layer（PHY）Specifications. IEEE Std 802.11，2007，1184 p

22. Alexeev PA，Kozmin VA，Kryzhko IB，Sladkikh VA（2016）Determination of the Wi-Fi network and access points parameters（in Russian）. Spetstehnika i Svyaz（4）:29 – 36

23. Roshan P，Leary J（2004）802.11 Wireless LAN Fundamentals. Cisco Press

缩略语

(I)BSS (Independent)　basic service set　（独立）基础服务集

2G　second generation　第二代

3D　three dimension　三维

3G　third generation　第三代

4G　fourth generation　第四代

AACH　access assignment channel　接入分配信道

AC　alternate current　交流电

ADC　analog digital converter　模数转换器

ADS – B　automatic dependent surveillance – broadcast　广播式自动相关监视

AES – CCM　Advanced Encryption Standard（AES）in the Counter with Cipher Block Chaining Message Authentication Code（CBC – MAC）Mode（CCM）　AES 高级加密标准的具有密码分组链接 – 消息认证码的计数器模式（AES 加密标准的 CCM 模式）

AFC　amplitude frequency characteristic　幅度 – 频率特性

AGC　automatic gain control　自动增益控制

AI　amplitude imbalance　幅度不平衡

AM　amplitude modulation　调幅

AMBE　advanced multi – band excitation　高级多带激励

APCO P25　Association of Public Safety Communications Officials International Project 25　美国国际公共安全通信官员协会 P25 数字通信标准

ARMS　automated radio monitoring system　自动化无线电监测系统

AS　antenna system　天线系统

ASK　amplitude – shift keying　幅移键控

ATS　automatic telephone station　自动电话站

AWS　automated workstations　自动化工作站

BA　broadcast adjacent cells channels　广播相邻蜂窝信道

BB　baseband　基带

BCC　base station color code　基站色码

BCCH　broadcast control channel　广播控制信道

BCH　Bose Chaudhuri Hocquenghem　博斯－乔赫里－霍克文黑姆码（BCH 码）

BER　bit error rate　误码率

BIRT　business intelligence and reporting tools　商业智能报表工具

BNCH　broadcast network channel　广播网络信道

BPSK　binary phase－shift keying　二进制相移键控

BS　base station　基站

BSCH　broadcast sync channel　广播同步信道

BSIC　base station identification code　基站标识码

BSSID　basic service set identifier　基本业务集标识

BT　bandwidth－symbol time　带宽－符号时间

C4FM　continuous four－position frequency modulation　连续 4 位频率调制

CA　cell allocation　蜂窝小区分配

CACH　common announcement channel　公共广播信道

CAI　common application interface　通用应用程序接口

CB　cell barred　小区禁止标识

CCK　complementary code keying　补码键控

CDF　complex digital filter　复合数字滤波器

CDMA　code division multiple access　码分多址

CELP　code－excited linear prediction　码激励线性预测

CISPR　comité International Spécial des Perturbations Radioélectriques（in French）
国际无线电干扰特别委员会

CP　control physical channel　控制物理信道

CPM　continuous phase modulation　连续相位调制

CQPSK　compatible quadrature phase－shift keying　复四相相移键控

CRC　cyclic redundancy check　循环冗余校验

CSBK　control signaling block　控制信令块

CSBKO　CSBK opcode　控制信令块操作码

CSMA/CA　carrier sense multiple access with collision avoidance　载波侦听多路
访问/冲突避免协议

CSSI　console sub－system interface　控制台子系统接口

D8PSK　differential 8－phase－shift keying　差分八相相移键控

DB　database　数据库

DBMS　database management system　数据库管理系统

DBPSK   differential binary phase – shift keying   差分二进制相移键控

DC   direct current   直流电

DECT   digital European cordless telecommunications   欧洲数字无绳电信系统

DFT   discrete Fourier transform   离散傅里叶变换

DLL   dynamic link library   动态链接库

DMR   digital mobile radio   数字移动无线电

DOM   document object model   文档对象模型

DPF   data packet format   数据包格式

DQPSK   differential quadrature phase – shift keying   差分四相相移键控

DRR   digital radio receiver   数字无线电接收机

DSP   digital signal processor   数字信号处理器

DVB   digital video broadcasting   数字视频广播

DVB – H   digital video broadcasting handheld   手持式数字视频广播

DVB – S   digital video broadcasting satellite   数字视频广播卫星

DVB – T   digital video broadcasting terrestrial   地面数字视频广播

DVB – T2   digital video broadcasting terrestrial second generation   第二代地面数字视频广播

ECGI   E – UTRAN cell global identifier   E – UTRAN 小区全局标识符

EDGE   enhanced data rates for GSM evolution   增强型数据速率 GSM 演进技术

EIGRP   enhanced interior gateway routing protocol   增强型内部网关路由协议

EJB   enterprise java bean   服务器组件

EMB   embedded signaling   嵌入式信令

EMC   equipment manufacturer's code   设备生产商代码

eNB   E – UTRAN Node B E – UTRAN 网的 B 节点

ETSI   European Telecommunications Standards Institute   欧洲电信标准化协会

E – UTRAN   evolved universal terrestrial radio access network   演进的通用陆基无线接入网

EV – DO   evolution – data optimized   演进数据优化

EVM   error vector magnitude   误差向量幅度

FAIAS   federal automated information – analytic system   联邦自动化信息分析系统

FCCH   frequency correction channel   频率校正信道

FDD   frequency division duplex   频分双工

FDMA   frequency division multiple access   频分多址

FEC   forward error correction   前向纠错

FER   frame erasure rate   帧删除率

FFSK   fast frequency – shift keying   快速频移键控

FFT   fast Fourier transform   快速傅里叶变换

FIR   finite impulse response   有限脉冲响应

FM   frequency modulation   调频

FPGA   field – programmable gate array   现场可编程门阵列

FPN   fixed part number   固定部件号码

FPU   floating – point unit   浮点运算单元

FRMS   fixed radio monitoring station   固定无线电监测站

FSI   fixed/base station sub – system interface   固定基站子系统接口

FSK   frequency – shift keying   频移键控

FSK – MS   frequency – shift keying with minimal shift   最小频移键控

FSP   frequency – spatial plan   频率 – 空域规划

FTP   file transfer protocol   文件传输协议

GCS   generic continuous stream   通用连续流

GFPS   generic fixed – length packetized stream   通用固定长度封装流

GLONASS   Global navigation satellite system   格洛纳斯(全球导航卫星系统)

GMSK   Gaussian minimum shift keying   高斯最小频移键控

GNSS   global navigation satellite system   全球导航卫星系统

GPIO   general purpose input output   通用输入 – 输出端口

GPRS   general packet radio service   通用分组无线业务

GPS   global positioning system   全球定位系统

GSE   generic encapsulated stream   通用封装流

GSM   global system for mobile communications   全球移动通信系统

GUI   graphical user interface   图形用户界面

GWT   Google web toolkit   谷歌网页工具包

GWT – RPC   Google web toolkit remote procedure call   GWT 远程过程调用

HF   high frequency   高频

HPA   high – precision algorithm   高精度算法

HSRP   hot standby router protocol   热备份路由协议

HTML   hyper text markup language   超文本标记语言

HTTP   hyper text transfer protocol   超文本传送协议

HWCL   hardware component library   硬件组件库

I   in – phase component   同相分量

I/Q   in – phase and quadrature components   同相和正交分量

IC   integrated circuits   集成电路

ID   identifier   标识名

IDFT   inverse discrete Fourier transform   离散傅里叶逆变换

IEC   International Electrotechnical Commission   国际电工委员会

IEEE   Institute of Electrical and Electronics Engineers   电气电子工程师协会

IF   intermediate frequency   中频

IFFT   inverse fast Fourier transform   快速傅里叶逆变换

IMBE   improved multi – band excitation   改进的多频带激励

IP   internet protocol   网际协议

IP2   intercept point second order   二阶交调截点

IP3   intercept point third order   三阶交调截点

IP67   ingress protection rating 67   异物防护等级 67

IPSec   IP security   网络安全协议

ISO   International Organization for Standardization   国际标准化组织

ISSI   inter – RF sub – system interface   内部射频子系统接口

ISSY   input stream synchronization   输入流同步

ITU   International Telecommunication Union   国际电信联盟

J2EE   Java 2 Enterprise Edition   Java 2 企业版

JMS   Java message service   Java 消息服务

LA   local area   局域

LAC   local area code   区域码

LAI   local area identifier   区域标识符

LAN   local area network   局域网

LB   last block   控制信令块的尾块

LC   link control   链路控制

LCH   linearization channel   线性化信道

LCSS   link control start/stop   链接控制起止

LDPC   low – density parity check   低密度奇偶校验

LLS   long learning symbols   长学习符号

LML   labeling measuring laboratories   标记测量实验室

LNA   low – noise amplifier   低噪声放大器

LPF   low – pass filter   低通滤波器

LPT   line print terminal   行式打印终端

LSM   least‐squares method   最小二乘法

LTE   long‐term evolution   长期演进技术

LTFS   local time‐frequency scale   本地频标

MAC   media access control   媒体访问控制

MBC   multiple block control packets   多块控制分组

MC   multi‐carrier   多载波

MCC   mobile country code   移动国家代码

MCCH   main control channel   主控制信道

MER   modulation error rate   调制误差比

MIB   management information base   管理信息库

MIMO   multiple‐input multiple‐output   多入多出

MNC   mobile network code   移动网络代码

MPEG   moving picture experts group   运动图像专家组

MRMS   mobile radio monitoring stations   移动无线电监测站

MS   mobile station   移动站

MS‐DOS   microsoft disk operating system   微软磁盘操作系统

MSK   minimal shift keying   最小频移键控

NAC   network access code   网络访问码

NCC   network color code   网络标色码

NID   network identifier   网络标识符

NMEA   National Marine Electronics Association   美国国家海洋电子协会

NMI   network management interface   网管接口

NTSC   National Television Standards Committee   美国国家电视标准委员会

OFDM   orthogonal frequency division multiplexing   正交频分多址

OFDMA   orthogonal frequency division multiple access   正交频分多址接入

ONID   original network ID   原始网络标识

OOB   out‐of‐band signaling   带外信令

OQPSK   offset quadrature phase‐shift keying   偏移四相相移键控

ORMS   object radio monitoring stations   场馆无线电监测站

OS   operation system   操作系统

OSM   open street map   公开地图

OSPF   open shortest path first   开放式最短路径优先

OVSF   orthogonal variable spreading factor   正交可变扩频因子

PAL   phase alternating line   逐行倒相

PAPR   peak – to – average power ratio   峰均功率比

PBCH   physical broadcast channel   物理广播信道

PCB   printed circuit board   印制电路板

PCFICH   physical control format indicator channel   物理控制格式指示信道

PCIe   peripheral component interconnect express   外设快速互联总线

PDCCH   physical downlink control channel   物理下行控制信道

PDSCH   physical downlink shared channel   物理下行共享信道

PDU   protocol data unit   协议数据单元

PER   packet error rate   丢包率

PHICH   physical hybrid ARQ indicator channel   物理混合自动重传指示信道

PHY   physical level   物理层

PI   privacy indicator   隐私指示器

PID   program identifier   程序识别器

PJ   phase jitter   相位抖动

PLCP   physical layer convergence procedure   物理层会聚协议

PLP   physical layer pipes   物理层管道

PP   plot pattern   地块模式

PPS   signals pulse – per – second   每秒脉冲数

PPTP   point – to – point tunneling protocol   点对点隧道协议

PRS   pseudo – random sequence   伪随机序列

PSDU   PLCP service data unit   PLCP 服务数据单元

PSK   phase – shift keying   相移键控

Q   quadrature component   正交分量

QAM   quadrature amplitude modulation   正交幅度调制

QE   quadrature error   正交误差

QoS   quality of service   服务质量

QPSK   quadrature phase – shift keying   正交相移键控

RB   radio broadcasting   无线电广播

REE   radio electronic environment   无线电电磁环境

REF   reference oscillator   参考振荡器

RES   radio emission source   无线电辐射源

REST   representational state transfer   表述性状态传递

RF   radio frequency   射频

RFIC　radio frequency integrated circuit　射频集成电路

RFPI　radio fixed part identity　射频固定装置标识

RIA　recursive interpolation algorithm　递归插值算法

RIP　routing information protocol　路由信息协议

RMP　radio monitoring point　无线电监测点

RMS　root‐mean‐square　均方根

RMSE　root‐mean‐square error　均方根误差

RMSG　radio monitoring and interference search groups　无线电监测与干扰排查组

ROM　read‐only memory　只读存储器

RPC　remote procedure call　远程过程调用

RPN　radio fixed part number　无线电固定部件号码

SCCH　specific control channel　特定控制信道

SCH　signaling channel　信令信道

SCH　synchronization channel　同步信道

SCI　synchronized capsuleindicator　同步包指示

SDPSK　symmetric differential phase‐shift keying　对称差分相移键控

SDR　software defined radio　软件无线电

SDXC　secure digital extended capacity　高容量安全数字存储卡

SECAM　séquentiel couleur avec mémoire（in French）　顺序传送彩色与存储（电视制式）

SFN　signal frequency network　单频网络

SFP　small formfactor pluggable　小型可插拔接口

SHF　super‐high frequency　超高频

SIB　system information block　系统信息块

SID　security identifier　系统标识符

SIM　subscriber identification module　用户识别模块

SINR　signal‐to‐interference ratio　信号/干扰比

SLS　short learning symbols　短学习符号

SMS　short message service　短信服务

SNMP　simple network management protocol　简单网络管理协议

SNR　signal‐to‐noise ratio　信噪比

SOAP　simple object access protocol　简单对象访问协议

SoC　system on chip　单晶片系统

SOM   start of message   消息的起始

SSB   single – sideband modulation   单边带调制

SSID   service set identifier   服务集标识符

SSID   sub – system identifier   子系统标识符

STA   signal technical analysis   信号技术分析

STCH   stealing channel   窃取信道

STE   system target error   系统目标误差

STP   spanning tree protocol   生成树协议

STTD   space – time transmit diversity   空时发射分集

TAC   tracking area code   跟踪区域码

TACT   TDMA access channel type   时分多址接入信道类型

TCP/IP   transmission control protocol/Internet protocol   传输控制协议/因特网互联协议

TDD   time division duplex   时分双工

TDMA   time division multiple access   时分多址

TDOA   time difference of arrivals   到达时间差

TETRA   terrestrial trunked radio   地面集群无线电

TETRA PDO   TETRA packet data optimized   TETRA 分组数据优化

TETRA V + D   TETRA voice plus data   TETRA 语音加数据

TS   transport stream   传输流

TSID   transport stream ID   传输流标识

TSTD   time – switched transmit diversity   时间交换发射分集

TV   television   电视

UAB UDT   appended blocks   UDT 附加块

UDP   user datagram protocol   用户数据报协议

UDT   unified data transport   统一数据传输

UHF   ultra – high frequency   特高频

UMTS   universal mobile telecommunications system   通用移动通信系统

UP   unallocated physical channel   未分配物理信道

UP   unified protocol   统一协议

UP   user packet   用户数据包

UPS   uninterruptible power supply   不间断电源

USB   universal serial bus   通用串行总线

UTC   universal time coordinates   协调世界时

UUID　universally unique identifier　通用唯一标识符

VHF　very high frequency　甚高频

VLAN　virtual local area network　虚拟局域网

VPLS　virtual private LAN service　虚拟专用局域网业务

VPN　virtual private network　虚拟专用网

VRRP　virtual router redundancy protocol　虚拟路由器冗余协议

VSAT　very small aperture terminal　甚小孔径地面站

Wi-Fi　wireless fidelity　无线保真技术

WiMAX　worldwide interoperability for microwave access　微波存取全球互通技术

WSDL　web services description language　网络服务描述语言

XML　extensible markup language　可扩展标记语言

总　结

本书阐述了地理分布式自动化无线电监视系统的结构和功能,包括无线电监测硬件、软件和工程基础设施,该系统由俄罗斯 IRCOS 公司开发、制造和交付。

自动化系统基于统一的软硬件平台构建,包括以下无线电监视设备:基于 ARGAMAK－D 系列数字接收机的固定式、移动式和便携式无线电接收机以及无线电测向仪,以及 SMO－ARMADA 软件。系统的客户端/服务器体系结构包含“小型化”客户端、应用程序和数据服务器,可根据系统规模和目的独立实施自动化无线电监测工作。主要具有以下特性:

- 分层架构设计,并应用网页地理信息技术;
- 基于开放统一控制协议,能够使用不同制造商的无线电监测设备;
- 与外部信息系统交互的简便性;
- 在自动(计划、后台)和手动(操作)模式下完成无线电监测任务;
- 任务、诊断和自诊断执行的事件处理机制。

同时,可根据不同的监测目的和任务,定制自动化系统的组成、配置和功能。本书提供了特定的自动化系统构建示例,这些系统可在民用和军事机构使用:ARMADA 系统、AREAL 系统和 ASU RCHS UNIVERSIADA－2013 系统。

自动化系统结构中,基于 ARGAMAK 系列无线电接收机的无线电监测设备,可实现高精度测量、信号的频谱和矢量分析、服务标识符分析,以及电信系统信号参数的分析,如 APCO P25、DMR、GSM、UMTS、LTE 等。全球导航卫星系统(GLONASS)和 GPS 的同步功能,使系统能够基于到达时间差的方法估计无线电辐射源坐标位置,而不需要使用测角测向仪。

所有自动化系统都具有用于无线电监测的中央数据库,存储来自本地测量与测向站数据库的结果。与之相反,台账和参考数据、计划和操作任务被传输到无线电监测站。只要无线电监测系统的操作员具有相应的访问权限,就可以从任何自动化工作站实施无线电监测设备控制。

自动化系统提供了人工操作和计划两种运行模式。在操作模式下,系统工作人员实时进行设备远程控制。在计划模式下运行时,将明确一组测量任务、执行测量任务的时间段以及设备列表。然后,以自动模式执行测量任务。

采用现代技术方案进行软件开发,为自动化系统设计考虑了以下特征:

● 跨平台结构——系统能够在 Windows 和 Linux 两个操作系统下运行;

● 可扩展性——系统能够在单台计算机和国家级监测系统上部署运行;

● 容错性——在部分设备故障和/或通信信道质量严重降级(直至中断)时,能够保持系统有效工作、设备自动控制和通信信道状态;

● 开放性——通过交换格式和/或协议实现无线电监测数据与其他系统的交换,并能够使用不同制造商的无线电监测设备构建监测系统;

● 软件更新的简单性——软件更新在中央系统服务器上执行,进而在下级服务器上自动执行;

● 不同用户机构数据的独立使用——每个系统操作员与确定的一个机构(或多个机构)相关联,这避免了未经授权访问其他用户机构部门的数据的可能性。

自动无线电监控系统的运行效率不仅取决于无线电监控设备的完备程度,还取决于构成工程基础设施的辅助子系统的功能,其中包括控制中心与控制点、设备安放地、无线电监控站的运输车辆,数据传输系统等。

基于防止未授权访问的数据保护协议,在数据传输系统中提供了自动化系统各单元之间的所有交互。同时采用多层网络提高了系统的可靠性、扩展性和系统性能。

连接网络节点的关键组件是有线或无线通信通道。在因技术原因难以使用有线信道的场景(例如连接移动无线电监控站),或出于备份信道的目的,采用无线信道传输。

作为示例介绍的 ARMADA 和 ASU RCHS UNIVERSIADA‑2013 系统具有层级结构,其顶层是控制中心。在国家范围内使用 ARMADA 系统时,其中还包含一些附加的控制点,通过这些控制点能够缩短在当地条件下射频服务的响应时间,例如出现未经授权的射频设备的杂散发射而产生干扰的处置。

在 ARMADA 自动化监测系统中,用到了固定式、移动式、便携式和背负式等各种类型的无线电监测设备。它们的组成和数量取决于许多因素:当地地理特征、建筑物类型、工作的射频设备集中程度和类型等,系统成本考虑也是一个重要因素。为节省资金,可采用两级无线电监测系统,基于相对便宜的设备检测定位违规事实,基于高精度测量设备的测量结果进行违法登记和处罚意见生成。所用设备的计量特性符合俄罗斯联邦和国际电联建议书中接受的规范和规则。

ASU RCHS UNIVERSIADA 2013 是 ARMADA 自动化无线电监测系统的一种,它用于大型国际体育赛事中的无线电监测任务。该系统的特点是增加了一些附加功能,包括射频设备使用申请管理、代表团带入,以及测试和标记。在筹备和举办 2013 年喀山世界大学生夏季运动会期间,ASU RCHS UNIVERSIADA 2013 为地理分布式的固定、移动和背负式无线电监测设备提供了远程控制,对射频设备进行测试和标记,并与外部信息系统进行交互。该系统提供了有效的人员管控、任务协调规划、任务实施并实时做出必要的决策。

本书还重点关注了监测对象中未授权无线电发射的查处问题,即辐射源的搜索和定位。将无线电监视设备集成到 AREAL 自动化系统中,可以每天 24 小时以自动模式处理此类任务,并在紧急情况出现时自动通知系统工作人员。无线电监测设备的集中控制可最大程度地减少自动化工作站的数量,并可以根据检测到的无线电信号数进行统一的数据库操作。书中还介绍了 AREAL 自动化系统结构的几种典型产品,这些产品因搜索地位条件不同而有所差异。

AREAL－1 自动化系统主要用于大纵深边界的监测区域,系统由固定和移动无线电测向仪组成。AREAL－2 系统用于对监测区域的单次或定期无线电监测,而 AREAL－3 系统提供了对有限区域和邻近区域无线电辐射源的增强分析功能。AREAL－3 系统包括移动式、背负式和便携式无线电监测设备。AREAL－4 系统用于对具有固定边界的受保护区域进行长期不间断监测,并对无线电电子介质进行扩展分析,该系统由无线电信号技术分析设备组成。AREAL－5 系统用于搜索建筑物内和交通设施内未经授权的无线电辐射源,系统包括用于远程无线电监测的分布式系统 ARC－D13R 或 ARC－D15R、背负式系统 ARC－D11,以及手持无线电测向仪 ARC－RP3M。

书中介绍了数字无线电监测设备的系统组成、结构框图、技术特征和功能原理,详细描述了测量接收机 ARGAMAK－IS、射频传感器 ARGAMAKRS、无线电监测测向测量站 ARCHA－INM 与 ARCHA－IT、自动化无线电测向仪 ARTIKUL－S 和 ARTIKUL－M,手持式无线电测向仪 ARC－RP3M 以及其他设备。ARGAMAK 系列接收机重量轻、尺寸小且功耗低,可直接集成到无线电监测设备的天线系统中。与外置于天线系统、需要较长高频馈线的传统接收机相比,这种解决方案具有一系列优势,下面主要列举三方面的优点:

- 在接收机层面保持无线电监测设备的动态范围;
- 减少或完全消除天线效应对有用信号接收和测向的不利影响;
- 简化测量系统各部分的校准工作。

本书中,我们特别关注了无线电监测任务中数字信号处理的数学方法和算法的开发,其中包括接收信号的采样与二次分量的形成、复滤波算法、采样频率变化、信号检测和测向、接收机路径校准、无线电信号和干扰参数测量,以及包含带内数字信号测向的辐射源识别和定位算法。

基于幅度、测角(角度)、TDOA、频率和时间等主要的无线电工程测量类型,本书描述了解决无线电辐射源定位问题的一般方法。具体的无线电辐射源定位方案的选择,取决于待定位辐射源的无线信号类型和参数,以及无线电监测服务的技术装备。无论测量类型如何,解决定位问题的步骤顺序保持不变:

- 建立测量数学模型;
- 选择并最小化泛函;
- 建立初始近似;
- 线性化初始任务 – 简化为"小"问题;
- 解决"小"问题并得到求解精度估计。

　　本书还描述了无线电信号业务参数的分析算法,包括数字电视信号、蜂窝和中继网络信号,以及无线接入网络信号。算法通过适当形式的软件加以实现,能够搜索数字信号、提取其广播标识数据、测量参数、可视化映射并进行结果分析。